LOUIS PASTEUR

Cinq années dans les Cévennes au pays de l'arbre d'or

ou

Histoire des cinq séjours alésiens du savant pour étudier la maladie du ver à soie (1865-1869)

Jimmy Drulhon

LOUIS PASTEUR

Cinq années dans les Cévennes au pays de l'arbre d'or

ou

Histoire des cinq séjours alésiens du savant
pour étudier la maladie du ver à soie
(1865-1869)

Hermann
Histoire des sciences

Du même auteur

- *The wonder of Numbers* [Catalogue d'une exposition de machines à calculer anciennes], IBM Europe, novembre 1986.
- *Instruments de chirurgie provenant des ateliers Charrière, Robert & Collin, puis Collin*, Paris, Hôtel Drouot, 2006.
- *Frédéric Charrière (1803-1976), fabricant d'instruments de chirurgie et 150 ans de l'Histoire d'un Établissement parisien du Quartier des Cordeliers*, Paris, 2008.
- *La librairie médicale* (1810-1914), in *Histoire de la librairie française*, Paris, Cercle de la librairie, novembre 2008.

www.editions-hermann.fr

ISBN 978 27056 6837 2

Table des chapitres

Introduction 7

Chapitre 1. Le pays de *l'arbre d'or* 14

Chapitre 2. Jean-Baptiste Dumas, l'enfant du pays 42

Chapitre 3. Il faut un sauveur pour la région 66

Chapitre 4. Premier séjour alésien – 17 juin-1er juillet 1865 76

Chapitre 5. Deuxième séjour alésien – 7 février-5 juillet 1866 92

Chapitre 6. Troisième séjour alésien – 21 janvier-25 juin 1867 125

Chapitre 7. Quatrième séjour alésien – 17 mars-5 juillet 1868 144

Chapitre 8. Cinquième séjour alésien – 18 janvier-29 juin 1869 170

Chapitre 9. La ville d'Alès reconnaissante 190

Conclusion 200

Annexes
Notes et documents 209
Préfet et sous-préfets du Gard du temps de Louis Pasteur 233
Les collaborateurs de Louis Pasteur 246
Petit vocabulaire séricicole à l'usage des néophytes 248
Bibliographie 251

Index 258

Remerciements

Mes remerciements s'adressent d'abord à Annick Perrot, conservateur du Musée Pasteur à Paris qui m'a reçu pendant de longs mois et m'a laissé accéder à la belle et abondante documentation du musée dont elle a la charge, documentation qui comprend, entre autres choses, les ouvrages et plaquettes rassemblés par Louis Pasteur avant et pendant ses recherches sur la maladie du ver à soie.

Je n'oublie pas dans mes remerciements Agnès Desquand, conférencière et documentaliste, qui m'a confié ses propres documents dont beaucoup sont inédits. Ils m'ont été d'un précieux secours : je pense en particulier à l'emploi du temps de Pasteur. J'en ai fait l'ossature de mon ouvrage au départ.

Je remercie aussi Elisabeth Liber qui a complété par ses fiches des informations qui me manquaient.

Bien entendu, je n'oublie pas l'accueil reçu dans les bibliothèques et archives publiques parisiennes où les bibliothécaires, les archivistes et leurs assistants m'ont guidé pour surmonter les difficultés, nombreuses, rencontrées tout au long de mes recherches : Bibliothèque nationale de France, les bibliothèques du Muséum, du CNAM, de l'Institut national d'agronomie, de l'Institut de France, les Archives nationales et de l'Académie des sciences.

Et enfin, comment ne pas remercier le personnel des archives départementales du Gard à Nîmes et celui des archives municipales et de la médiathèque d'Alès. Tous, avec une infinie patience et une grande compétence ont su répondre à mes questions ou m'indiquer des pistes à suivre.

à Emilienne Maire,

à Louis Drulhon,

mes parents

« … Pasteur rencontra un jour un de ces faits imprévus qu'il est si utile et si dangereux de trouver sur sa route, quand on débute dans une recherche quelconque. Ils ont une physionomie de sphinx, et ils posent en effet nettement la question : devine, ou tu seras dévoré. Pasteur n'a pas deviné, et n'a pas été dévoré, c'est ce qui fait l'intérêt de l'histoire. »

Émile Duclaux

Introduction

On a beaucoup écrit sur Pasteur ; les biographies et les études de son œuvre scientifique sont innombrables. De plus, il a lui-même laissé une multitude de documents qui permettent de suivre, au fur et à mesure de ses recherches, comme l'écrit Pierre Lépine dans la préface de l'ouvrage que Jacques Nicolle consacre au savant, « l'enchaînement logique de sa pensée et la progression minutieuse de sa méthode expérimentale. »

L'œuvre de Pasteur est inépuisable ; elle est encore vivante aujourd'hui. Le professeur Jacques Monod, en parlant de la révolution pastorienne, dit qu'elle est encore « bien présente parmi nous, toujours agissante, lumineuse, bienfaisante, toujours tendue vers l'avenir et la découverte. » Cette révolution, c'est la découverte du parasite et la façon de le combattre, c'est aussi la mise en action d'une méthode qui n'est propre qu'au savant, que l'on salue et acclame, une méthode qui a fait sa force et contribue toujours aujourd'hui à sa gloire.

Il a souvent été dit, et avec raison, que la méthode scientifique de Pasteur pouvait s'apparenter à une sorte d'enquête judiciaire : elle commence par la recherche des indices et la reconstruction minutieuse de l'histoire de la maladie pour retrouver le coupable, celui qu'on appelle parfois « le microbe »[1] et ensuite elle apporte la punition qu'on nommera ici « le remède ». Nous verrons à quel point cette analyse peut s'appliquer à la mission dans le Midi qui lui fut confiée par le gouvernement impérial.

Nous n'avons pas la prétention de parler des théories de Pasteur et de la microbiologie[2]. Ce travail a été souvent entrepris par de grands spécialistes ; ils y

---

[1] J. Nicolle, *Un maître de l'enquête scientifique*, Pasteur, 1953.

[2] Pour l'origine de ce mot, une lettre de Jules Girard datée du 13 novembre 1888, apporte un peu de lumière : « Voici mon cher Charles, le billet de Pasteur. Tu reconnaîtras sa définition pour le baptême de la science qu'il a créée … Le mot *microbie*, au point de vue grec, m'avait paru pour acceptable ; *microbiologie* m'avait semblé un peu mieux fait, mais long et peu agréable à l'oreille, et je lui avais conseillé de placer dans son discours d'inauguration (la cérémonie a lieu demain), une phrase où il passerait de microbiologie à microbie… Depuis, j'ai réfléchi que le mot *microbe* est mal fait, mais qu'il est déjà consacré par l'usage et qu'en somme le mieux est d'en dériver tout simplement, sans se préoccuper du grec… Les savants allemands ont adopté le mot *bactériologie*, qui a le tort de ne désigner qu'une espèce d'animalcules, ceux qui ont la forme d'un bâton, et c'est pour cela que Pasteur le rejette avec raison. J'ajoute que l'origine allemande du mot lui est désagréable. » BnF, Département des manuscrits, NAF, 18110, folio 372.

ont excellé la plupart du temps et il n'y a plus grande nouveauté à écrire à ce sujet. Notre but est différent, et, nous l'espérons, nouveau : replacer la vie de l'illustre savant dans le cadre de ses recherches quotidiennes au cœur du pays cévenol. Cinq années durant, de magnanerie en magnanerie, et aussi dans le domaine qu'il habita au Pont-Gisquet, aux portes d'Alès[3], il étudia la maladie du ver à soie et s'appliqua à lutter contre les préjugés que les Cévenols ont manifestés, un moment, à l'égard de sa méthode. L'ordre chronologique nous a semblé préférable : il permet à lui seul de suivre tout ensemble les idées, les sentiments et les événements qui traversèrent la vie de Pasteur durant ses années alésiennes.

*
* *

Dans les Cévennes, sur le terrain, Pasteur affronte pour la première fois une épidémie. En s'attaquant à une maladie dont il ne connaît rien, il crée, hors de son laboratoire parisien, des conditions de travail qui lui permettent d'investiguer, d'expérimenter et finalement de trouver une solution à une sorte d'épizootie qui prend sur place l'allure d'un fléau et met tout une économie en détresse. Peu de temps auparavant, sur les paillasses de son laboratoire de Paris et dans les salles des académies, il menait de front des recherches sur la fermentation acétique et une lutte âpre contre les défenseurs acharnés des « générations spontanées ».

À quelques pas de la ville d'Alès, il installe un laboratoire de campagne pour traquer le « germe » de la maladie du ver à soie. Un de ses assistants a pu écrire à ce sujet que « tous les laboratoires en dehors de Paris n'étaient que des villégiatures du laboratoire de l'École normale d'où tout partait, personnel et matériel, où tout revenait, et qui se transformait suivant les sujets d'études[4]. » Nous verrons tout au long de ce récit comment Pasteur vécut et travailla, presque au jour le jour, quelques mois durant chacune des cinq longues années, dans la région cévenole : son but : trouver l'origine de l'épidémie qui touchait les vers à soie et en maîtriser son développement.

*
* *

Après cinq années passées dans le Midi, Louis Pasteur revint à Paris, triomphant : il avait indiqué la nature de la maladie qui dévastait la région et

[3] Voir annexe note n°1.

[4] Émile Duclaux, *Le centenaire de l'École normale*, p. 466.

indiqué une solution, même si ce n'était pas tout à fait un *remède*. Du coup, une industrie essentielle qui faisait la fortune du pays cévenol et aussi de la France fut sauvée. Ses travaux et l'heureuse maîtrise de la maladie des vers à soie rendaient au Midi son aisance passée et à la nation la place qu'elle avait perdue.

Mais, que seraient les recherches de Pasteur sans le trait de génie qui frappa son ancien professeur, le chimiste Jean-Baptiste Dumas ? En effet, ce natif d'Alès avait toujours gardé dans son cœur une place pour le pays de ses parents, de sa mère surtout. Éloigné de ses Cévennes par des fonctions universitaires et politiques, il y revint plus tard, selon René Vallery-Radot « en triomphateur de la science et en dignitaire de l'Empire. » Sa qualité de sénateur, cette fois-ci, le plaçait au premier rang pour y défendre les intérêts d'une industrie moribonde. Vers lui remontaient toutes les doléances de la misère silencieuse des Cévenols. Petits ou grands sériciculteurs s'adressaient à lui, touchés par une « violente épidémie bombycide » qui les dépassait et jetait la production de la soie dans le marasme. C'était de lui aussi que tous attendaient quelques secours, un miracle peut-être quand il n'y a plus rien à faire face à une telle calamité. Le plus grand service que Jean-Baptiste Dumas ait rendu à la sériciculture cévenole si compromise, ce fut d'engager, de forcer pour ainsi dire, Louis Pasteur à accepter une mission officielle : chercher et trouver l'origine de la maladie qui attaquait les vers à soie.

En entrant dans cette voie expérimentale, devenue si féconde entre ses mains, le savant ouvrait une nouvelle ère de recherches et jetait les bases d'une méthode qui fit de lui « le plus grand savant de son époque ».

*
* *

Pendant des lustres, le ver à soie avait donné à la région une activité de tout premier plan. Chacun dans le pays est concerné. Dans chaque maison à la campagne ou à la ville, dans chaque *mas* isolé au milieu de la Garrigue, l'étranger de passage peut assister à l'activité incessante de chenilles voraces qui se transforment en cocons. Cette activité engendre une richesse dont profite la grande majorité de la population paysanne. Quand le ver va, tout va. Quand il ne va plus, quand il est malade, rien ne va.

La production des cocons de soie dans le pays qui était de 26 millions de kilogrammes en 1853 ne cessa de baisser jusqu'en 1869, date du dernier séjour de Pasteur et ultimes publications de sa méthode de sélection de la graine. À partir de ce moment, la production retrouvera un bon niveau, mais plus jamais elle n'atteindra le record de l'année 1853 :

- 1853 : 26 000 000 kilogrammes
- 1856 : 7 500 000 kilogrammes
- 1865 : 5 500 000 kilogrammes
- 1869 : 8 100 000 kilogrammes
- 1874 : 11 070 000 kilogrammes
- 1877 : 11 400 000 kilogrammes

La chute spectaculaire de la production de cocons s'explique par l'ampleur de l'épidémie qui dévaste la région et alarme les autorités.

D'autres statistiques tirées des rapports fournis par Alexis Goirand de Labaume, sous-préfet d'Alès à son supérieur à Nîmes, Jean Guigue de Champvans, transmises, pour information, au ministère de l'Agriculture et du Commerce, montrent très clairement les variations de l'activité séricicole dans le seul arrondissement d'Alès[5] :

Nombre de personnes qui se livrent à l'éducation des vers à soie	1868 : 18 393
	1870 : 19 000
	1871 : 20 852
	1872 : 18 244
	1873 : 22 902
	1874 : 15 320
Nombre de personnes qui produisent de la graine (*graineurs*)	1868 : 2 549
	1870 : 1 900
	1871 : 1 230
	1872 : 825
	1873 : 538
	1874 : 990

On peut constater à la lecture de ces deux tableaux que le nombre d'éducateurs est plus ou moins stable ; les légères variations d'une année à l'autre permettent de remarquer les bons résultats de l'application de la méthode pastorienne. Durant les dernières années de l'enquête, l'influence de l'épidémie diminue, ses effets se font peu ressentir sur la population séricicultrice qui reste à peu près fixe. En revanche, on observe que le nombre de *graineurs* ne cesse de baisser ; nous verrons plus loin

[5] *Enquêtes séricicoles*. Archives départementales du Gard, 7 M 225.

que cela pourrait bien être la conséquence de la lutte menée par Pasteur et ses laudateurs contre les trafics que les graineurs avaient organisés et dont ils furent, finalement, les premières victimes. En appliquant la méthode de Pasteur pour la sélection de la graine, chaque sériciculteur peut maintenant faire ses propres *semences,* à domicile.

Superficies en hectares plantées en mûriers

Avant l'épidémie :	14 891
1867 :	13 346
1868 :	12 622
1870 :	12 400
1871 :	12 400
1872 :	13 471

Tout laissait penser que le fléau allait engendrer une réaction rapide des autorités locales ou nationales : chercher une activité de remplacement. Or, le déboisage des plantations de mûriers est à peine sensible pendant les années prises en considération ici dans les rapports de la préfecture ; en fait, il ne s'accentuera qu'au cours des années suivantes, au profit de la vigne.

Enfin, pour fixer les idées donnons ici le produit de la soie tel qu'il apparaît dans les statistiques nationales à différentes époques. La baisse très nette de la production suit d'abord la progression de l'épidémie, puis marque le déclin de cette *industrie,* déclin d'autant plus sensible qu'il se trouve donné ici en francs très dépréciés :

Production de la soie	1853 : 130 000 000 francs
	1913 : 16 000 000 francs
	1936 : 3 000 000 francs

*
* *

Lorsque Jean-Baptiste Dumas, sénateur du Gard, prit en charge le dossier délicat de la sériciculture, depuis plus de dix ans toute sa région souffre d'un nouveau mal terrible : la misère. Il faut quelqu'un pour chercher l'origine du mal qui terrasse les vers à soie et surtout trouver le moyen d'y remédier, puisque c'est dans cette maladie que la misère trouve son origine. Dumas pense à Louis Pasteur, son ancien élève, sans doute le plus brillant de tous. Et il pense bien.

Notre ouvrage raconte, au fil des jours et des années, une sorte d'épopée où l'on peut voir, sur le terrain, dans les magnaneries, là où le mal frappe le plus, un savant venu de Paris se débattre parmi des vers languissants avec des Cévenols qui ne lui mènent pas tous une vie facile. Certains, et non des moindres, lui reprochent de n'avoir rien trouvé qu'on ne savait déjà et de n'avoir rien proposé qui n'avait déjà été mis en pratique. Même si ce reproche n'est pas tout à fait infondé, force est d'admettre que sans la méthode de Pasteur et sans son prestige et sa conviction pour l'imposer aux plus réticents, le fléau n'aurait pas eu de répit. C'est le sens de ce qu'a dit Ernest Renan le jour où il le reçut sous la coupole de l'Institut : « Nous vous communiquons nos hésitations, vous nous communiquez votre assurance. »

Les relations du séjour de Pasteur à Alès n'ont pas été faites ou si peu. Elles manquent lorsqu'on veut connaître le côté pittoresque ou simplement historique, très négligé, de ses cinq séjours. Pasteur lui-même en a dit peu de choses ; en revanche il a beaucoup écrit sur ses expériences et s'est étendu en profondeur au point de vue scientifique sur la marche de ses recherches. Elles semblent un vrai labyrinthe à celui qui essaie de le suivre là où il va ; il faut souvent être biologiste pour démêler l'écheveau de ses travaux. Nous espérons apporter un peu de clarté aux coins restés dans l'ombre, nous attachant plus à sa vie quotidienne qu'au côté scientifique de ses recherches qui a été, lui, parfaitement analysé.

*

* *

Cette mission, pratique et accessoirement scientifique si l'on en juge par le sous-titre de l'ouvrage[6] qu'il donne au public à la fin de sa mission, demeure pour l'Histoire « l'histoire d'une maladie scientifiquement étudiée dans ses causes, et victorieusement combattue dans ses effets[7]. »

Pour avoir une idée bien complète de l'ampleur du fléau qui dévaste le Midi au moment où Pasteur y est envoyé en mission, il faut bien connaître la place que la sériciculture tient dans l'économie de la région à cette époque-là.

Le sénateur Jean-Baptiste Dumas avait envoyé à quelques bons observateurs locaux, dans le courant de l'année 1856, un questionnaire relatif à leur activité et principalement à « la quantité de graines que la France consomme[8] ». Le 3 décembre, un professeur de la faculté des sciences de Lyon, répondit au

---

[6] Le titre de l'ouvrage que Pasteur publie en 1870 est : « *Études sur la maladie des vers à soie* », son sous-titre : « *Moyen pratique assuré de la combattre et d'en prévenir le retour* ».

[7] Paul Brouardel, p. 10.

[8] Archives de l'Académie des sciences, papiers Jean-Baptiste Dumas, carton 14, dossier *soie*.

questionnaire sur des feuillets à l'en-tête du Muséum d'histoire naturelle de cette ville. Il fournit ainsi au sénateur quelques statistiques très intéressantes :

- la production française de la soie est répartie en cinq grands « bassins » :
  - le Bassin du Rhône (20 départements dont le Gard - Corse comprise - représentant selon Quatrefages de Bréau les 22/23e de la production séricicole française),
  - le Bassin de la Garonne (19 départements),
  - le Bassin de la Loire (21 départements),
  - le Bassin de la Seine (18 départements),
  - le Bassin du Rhin (8 départements) ;
- la quantité de graines (œufs de vers à soie) consommée en moyenne et chaque année depuis 1846 jusqu'à 1853 inclus est de 23 021 kg (dont 22 000 pour le seul Bassin du Rhône comprenant le département du Gard) ;
- le produit total des cocons est estimé à 24 254 000 kilogrammes (dont 23 323 850 pour le seul Bassin du Rhône) ;
- la valeur totale des cocons sur le marché de la soie est de 91 816 627 francs (dont 88 380 230[9] pour le seul Bassin du Rhône).

De tels chiffres, alors que la production séricicole est devenue aujourd'hui quasiment nulle, donnent une idée précise de l'importance de cette industrie. Ils permettent aussi de comprendre pourquoi le sénateur du Gard, Jean-Baptiste Dumas, chercha autour de lui un savant qui pouvait être aussi un homme de terrain. Il trouva chez Pasteur toutes les qualités qu'il fallait à un tel individu pour accomplir une pareille mission.

---

[9] Soit aujourd'hui environ 338 130 000 et 325 200 000 € (données Insee communiquées à titre purement indicatif car reposant sur des hypothèses relativement fragiles.)

Chapitre 1

Le pays de *l'arbre d'or*

De Saint-Ambroix à Saint-Jean-du-Gard s'étend la région où Louis Pasteur durant cinq années consécutives, de 1865 à 1869, étudia la maladie qui décimait les vers à soie. Depuis l'est vers les monts de l'Ardèche, jusqu'à l'ouest vers la montagne héraultaise, la Cévenne gardoise expose au soleil ses parcelles de vignes et ses terrasses de pierres sèches au-dessous du « bloc sombre et puissant de la châtaigneraie[10] ». C'est la *Gardonnenque*, le pays des *serres* et des *valats*[11]. Sur ces terres ingrates poussent depuis plus de deux cent cinquante ans les mûriers, qui font partie du paysage : vergers touffus, aux corps tordus, aux branches bien taillées et dont la feuille sert de nourriture aux fameux vers à soie.

M. Gardie, membre de la Chambre consultative d'agriculture et surtout du Conseil général du Gard, présente ainsi sa région aux sénateurs à qui il adresse, le 5 décembre 1864, une pétition[12] pour signaler la détresse de son département :

« Le département se compose de trois zones distinctes :

« La première, située au Midi et à l'Est, comprend les rives du Rhône et la plaine qui s'étend jusqu'à la mer…

« La seconde (sic) zone située au Centre du département, offre un sol en général tourmenté, argileux, sans profondeur et peu fertile, à l'exception de quelques vallées étroites où coulent des cours d'eau d'un caractère torrentiel. On y rencontre des fourrages peu abondants, des céréales peu productives, quelques oliviers et partout le mûrier. L'arbre de Sully, planté pour ainsi dire sous notre climat par ordre royal, s'était multiplié à ce point qu'il était devenu la richesse principale du pays.

« La troisième zone, située au Nord du département, en comprend toute la partie montagneuse. Elle serait la zone du châtaignier si une population vigoureuse et âpre au travail n'avait dépensé 60 années d'une activité inopportune à substituer le mûrier à l'arbre qui produit la châtaigne partout où la substitution a été possible.

---

[10] Emmanuel Le Roy-Ladurie : la châtaigneraie, au flanc des Cévennes, occupe l'essentiel de la surface agricole des arrondissements d'Alès et du Vigan.

[11] Les *serres* sont les crêtes allongées des montagnes qui séparent les petites rivières qu'on nomme ici *gardons* ; les *valats* sont des ravins creusés par les torrents.

[12] Voir annexe note n°2.

« La terre végétale, fouillée d'abord au pied des collines, plus tard sur les coteaux, arrêtée par des murs épais lorsque la déclivité du sol le recommandait, parfois transportée à dos d'homme là où elle fesait (sic) défaut, telles sont ces terrasses en mûriers suspendues au flanc des pentes les plus abruptes. Le châtaignier, chassé peu à peu devant ces travaux herculéens, s'est réfugié sur le sommet des montagnes ou sur les rochers inattaquables, et si jamais on est fatalement conduit à replacer le châtaignier dans les lieux qui le voyaient autrefois prospérer, qui oserait affirmer qu'un demi-siècle suffira à cette tâche, et qui précisera le prix auquel ce résultat pourrait être obtenu ?[13] »

Sur cette large bande de terre, la population d'une dizaine d'arrondissements vit depuis des lustres de l'élevage, de l'éducation doit-on dire, d'une graine jaunâtre qui se transforme, par mues successives, en vers gloutons qu'ici on appelle « magnans[14] ». Leur rapide métamorphose fournit quelques semaines plus tard les cocons, objets de tant de soins et aussi d'inquiétude. Dans les mas isolés, dans les maisons de village, des familles entières comptent sur le rapport de leurs petites éducations installées ici dans un coin de la cuisine, là dans le grenier, ailleurs dans des locaux aérés, vastes comme des granges, appelés magnaneries, sortes de casernes où les brigades de vers mangent au pas.

Au hasard des visites, on peut voir dans les maisons des claies couvertes de vers. À l'occasion de l'inspection d'une magnanerie, plusieurs témoins ont rapporté la forte impression provoquée par le bruit si particulier qui fait la joie des magnaniers : celui des mandibules de milliers de vers à leurs repas comme la pluie qu'un orage abat sur les arbres. Toute la campagne aux alentours est plantée de mûriers alignés dans les champs ; les feuilles de ces mûriers-là servent aux « éducations industrielles ». Ailleurs, « quelques plants de mûriers placés près des habitations, sur les limites des champs, au bord des chemins, [fournissent] la feuille nécessaire aux petites éducations[15]. »

---

[13] Archives nationales, pétitions présentées au Sénat, année 1865, CC/482/3.

[14] *Magnan* est un mot du patois languedocien. Il désigne le ver à soie terriblement vorace : *maniar* signifiant manger. De là dérivent tout une série de noms que la tradition a plus ou moins conservés : *magniassié* et *magnagnié*, noms donnés à l'homme et à la femme chargés de leur éducation, mais l'usage a préféré *magnanier* et *magnanarelle* ; l'atelier dans lequel on éduque les vers à soie était appelé *magnaghiéiro*. C'est ainsi que le baron L.A. d'Hombres-Firmas, dans sa notice biographique sur l'abbé Boissier de Sauvages, en 1838, définissait le vocabulaire de l'éleveur de vers à soie. Il est curieux de noter que cet auteur nîmois n'ait pas choisi *magnanerie* que la pratique avait entérinée. Regrettons enfin que le mot *coucouniéiro* (cocounière) qu'il proposait pour le lieu où l'on met les vers qui montent à la bruyère n'ait pas été retenu : sa poésie le rendait sans doute totalement impropre à désigner un local aussi technique.

[15] A. Laurent, de L'Arbousset.

*
* *

L'éducation des vers n'est pas seulement une affaire de magnaniers professionnels, c'est surtout une affaire de femmes, en même temps que le soin des enfants, la préparation des repas, l'entretien du jardin potager, la surveillance du poulailler, l'engraissage du cochon, la « bugade[16] », et bien d'autres tâches encore. Elles sont chargées de cueillir chaque jour les brassées de feuillage pris aux mûriers qui assurent, en même temps que la santé de l'insecte, la supériorité de la soie à venir :

« Dans nos campagnes… ce sont surtout les femmes qui dirigent l'élevage ; les hommes se contentent de prêter la main pour le ramassage de la feuille au moment de la grande *frèze* [sixième et septième jours du cinquième âge] et pour placer les rameaux de bruyère destinés à recevoir les cocons[17]. »

Frédéric Mistral a chanté dans *Mireille,* avec une sensualité voilée mais frémissante, le beau geste des jeunes filles qui cueillent avec délicatesse les feuilles tendres qu'elles déposent dans des paniers à grandes tresses ; le geste des hommes, moins beau au regard du poète, n'a pas été loué :

« Chantez, chantez magnanarelles
Car la cueillette aime les chants,
Les mûriers sont pleins de jeunes filles
Que le beau temps rend alertes et gaies,
Telles un essaim de blondes abeilles… »

Ce sont elles encore, ces jeunes filles, qui veillent à « la montée » sur le *brusc*[18] ou à défaut sur des branches sans épines, liées en arceaux et disposées sur les claies quelques semaines après l'éclosion de la graine. Sur ces plants séchés formant des voûtes, les vers se fixent puis s'enroulent dans leur cocon. Pendant trois jours, ils tissent leur prison d'un fil de soie jaune d'or ou blanc d'argent qui peut atteindre, sans rupture, huit cents mètres.

Émile Nourrigat, propriétaire, éducateur de vers, marchand de graine et suppléant du juge de paix de Lunel (Hérault), dit avoir occupé aux soins des vers et des cocons, pour la seule année de 1850, neuf cent soixante-trois journées de femmes à l'intérieur, contre seulement soixante-douze pour les hommes, et quatre cent trente-quatre journées de femmes à l'extérieur pour le ramassage de la feuille.

[16] Mot du patois cévenol qui signifie la lessive que l'on fait dans une lessiveuse placée sur un foyer de pierres sèches ou de briques, en général installé au fond du jardin.
[17] Mozziconacci, *L'industrie séricicole…* Nîmes, 1912, p. 78. Notons que l'Héraultais Marcel Roland place la *grande frèze* au troisième âge.
[18] Nom provençal de la bruyère à balai.

Cette opération-là n'étant pas du tout une affaire que l'on confie aux hommes[19]. Le travail d'une femme est payé 50 francs par mois[20] (35 francs pour son salaire et 15 francs évalués pour sa nourriture).

*

* *

Dès les premiers signes du printemps, on peut reconnaître de loin, les jours de marché, ces *magnanarelles*[21], paysannes cévenoles descendues à la ville, qui portent dans leur corsage le *nouet*, petit sac de toile fine, contenant la graine[22]. À l'intérieur d'un carré fait d'étoffe en général usée, dont les quatre coins sont noués deux à deux, elles y placent la graine et la couvent à la chaleur de leurs seins. Certaines la portent sous leurs aisselles, d'autres l'attachent sous leurs jupes, tout en haut des cuisses. La précieuse graine est ainsi tenue au chaud lorsqu'elles vaquent à leurs activités hors de la maison. En certaines occasions, ces nouets déposés dans une corbeille, sont placés, au matin, sous l'édredon qui conserve encore la chaleur des corps[23]. Utiliser la chaleur du lit ou celle du corps humain est considéré en général comme une bien mauvaise habitude. Au contraire, pour d'autres, tel le duc d'Acquaviva, sériciculteur des environs de Nice, la cause de la maladie qui frappe actuellement le Midi est dans l'abandon de l'ancienne méthode de couvaison. Il adresse le 18 mai 1867 un mémoire à Jean de Forcade La Roquette, ministre de l'Agriculture et du Commerce, pour dire son sentiment à ce sujet :

« L'éclosion… est la cause du mal. Du temps passé et aujourd'hui, en Syrie, chez les petits éleveurs des campagnes, en France et en Italie, et il en est ainsi en Chine et au Japon, à l'époque de l'éclosion qui varie un peu suivant la température, les fermières et paysannes prenaient le linge sur lequel le papillon de l'année précédente a déposé ses œufs et appliquaient le linge sur leur poitrine, principalement entre les mamelles. Elles se couvraient suffisamment et se couchaient, cette opération ayant généralement lieu le soir. La chaleur naturelle du

---

[19] *Le Messager du Midi*, Montpellier, le 4 septembre 1850.

[20] Soit environ 184 € (données Insee communiquées à titre purement indicatif car reposant sur des hypothèses relativement fragiles).

[21] *Magnanarelle* : femme chargée de la cueillette des feuilles de mûrier et du soin des *magnans*.

[22] Françoise Clavairolle cite un poème de l'obscur François Béroalde de Verville, *Histoire des vers qui filent la soie ou sérodokimasie*, publié au début du XVIIe siècle, et chez qui certains auteurs ont senti la patte de Rabelais :

> « Pour couver ces bons œufs aucuns font qui les monstrent,
> Aux chaleurs de Soleil ou à d'autres chaleurs,
> Mais ceux qui les tétons des pucelles rencontrent,
> Vivent mieux et ont plus de vie et de vigueur. »

[23] Voir annexe note n°4.

corps et je ne sais encore quel mystère de fécondation dont le secret échappe à l'homme le plus instruit fait éclore le ver dans un temps plus ou moins long, mais dépassant rarement 48 heures. Un imperceptible grouillement annonce l'éclosion. La femme retire alors avec précaution le linge qui se trouve couvert de vers imperceptibles qui, comme l'enfant, ne doivent pas être nourris aussitôt leur naissance. La science peut-elle combattre ce vrai principe de la nature contenant le secret de la fécondation ?... L'éclosion est toujours à terme quand elle est produite par la chaleur naturelle du corps de la femme[23a]. »

Louis Pasteur, à son tour, cherchera à combattre ces habitudes malsaines qui rendent le contrôle de la température d'incubation bien difficile. En effet, on ne peut obtenir une bonne couvée qu'exposée constamment à un même degré de chaleur[24]. Il préfère et de loin la couveuse artificielle, à vapeur ou à pétrole, dont on peut régler avec précision la température. Mais par-dessus tout, il répugne d'avoir à parler des odeurs de la transpiration, en particulier chez les vieilles femmes. Il n'évoque même pas, bien entendu, cette terrible habitude gardée par certains paysans de faire couver leur graine à la chaleur du fumier.

Bien avant Pasteur, Olivier de Serres déconseillait déjà ce type de pratique, pour d'autres raisons, il est vrai :

« Couver cette graine sous les aisselles, ou entre les mamelles des femmes, n'est chose profitable ; non tant pour crainte de leurs fleurs, comme aucuns pensent, que pour l'agitation : ne se pouvant faire que portant la graine sur la personne, l'on ne la tracasse et meslinge[25]... »

Toujours concernant cette graine, il est d'autres traditions que les textes rapportent. Certaines magnanarelles vont à l'église, chaque année, vers la fin du printemps faire bénir leur graine nouvelle et dire des prières. L'abbé Julio dans un recueil en a rassemblé plusieurs dont celle-ci :

« Daignez dans votre miséricorde bénir et sanctifier ces semences de vers à soie ; que par leur naissance, leur mort et leur résurrection, ils représentent la Naissance, la Mort et la Résurrection de votre Fils[26]. »

Dans ce pays de parpaillots, les magnanarelles, qui pour des questions de foi ne peuvent se rendre à l'église, confient leur graine à des catholiques de leur entourage : « si ça ne fait pas de bien, ça ne peut pas faire de mal[27]. » Cette pratique

---

[23a] Archives Académie des sciences, papiers de Jean-Baptiste Dumas, carton 14, dossier *soie*.

[24] Voir annexe note n°5.

[25] Olivier de Serres, *La cueillette de la soye*, 1599 (édition de 1843).

[26] Julio (abbé), *Grands secrets merveilleux pour aider à la guérison de toutes les maladies physiques et morales...* Paris, H. Durville, 1933, (cité par Françoise Clavairolle).

[27] Françoise Clavairolle. De son côté, Marcel Roland rapporte que certains éducateurs allaient déposer en hommage, sur l'autel de la Vierge, un rameau de leurs encabanages tout garni de cocons.

courante dans les vallées cévenoles ne s'éteignit qu'avec la fin des éducations familiales.

*
* *

Pour de nombreuses familles cévenoles, l'éducation des vers à soie est une sorte de second métier et le revenu de la vente des cocons, *l'argent des vers à soie*, n'est pas à négliger. Quand la sériciculture battait son plein, chaque toit abritait une éducation et chaque maisonnée, riche ou pauvre, rurale ou villageoise, vivait au rythme des vers à soie. La tâche est certes très absorbante, mais elle occupe tout au plus quelques semaines. La récolte de la feuille de mûrier commence avec le mois d'avril, au moment où la graine se réveille. Elle se cueille au cours de l'après-midi, quand le soleil l'a « ressuyée » et ne sera donnée aux vers que le lendemain. Elle est conservée en attendant dans un local frais appelé « ramier ». Dans cette activité d'une quarantaine de jours est contenu l'espoir de toute une année. Et il n'est pas nécessaire d'être du monde des paysans pour être éducateur. Ainsi, au Vigan, M. Salles, avocat et Guérault, coiffeur, s'occupent de quelques chambrées ; à Anduze, le notaire M. Gervais, entre deux contrats, coupe la feuille de mûrier et surveille la montée à la bruyère ; à Alès, M. Despeyroux, professeur au collège, M. Meyrot, juge d'instruction, M. Gros, architecte, M. Roux vétérinaire, M. Tribes, avocat, M. Martial, instituteur, le docteur Serre, un moment premier magistrat municipal, et bien d'autres encore suivent quotidiennement l'évolution de leur graine. Tous s'inquiètent quand leurs chambrées vont mal, quand le ver est *languissant*, quand il n'a pas la vigueur nécessaire pour aller à l'assaut du repas, et surtout quand les débris de leur litière sont remplis de cadavres.

Peu de temps après la dernière guerre, le ver à soie était encore présent dans la vie de presque tous les Cévenols ; même les enfants n'y échappaient pas. En effet, chaque instituteur des *grandes classes*, chaque année à la même période, fournissait à chaque élève venu ce matin-là avec sa boîte à chaussures vide les œufs que les *éducateurs* appellent la *graine* et dont l'écolier va devoir mener l'éducation. Ce type d'activité dans le cadre scolaire était fortement encouragé par les autorités de l'inspection académique qui voyaient là une excellente discipline, à la fois pédagogique et récréative.

Par quel chemin la graine était-elle arrivée entre les mains du maître ? Venait-elle du marché d'Alès ? Peut-être ? mais plus sûrement de chez un *graineur* de sa connaissance[28]. Alors, pendant des semaines, chaque jour après l'école, les mûriers

[28] Voir annexe note n°6.

laissés à l'abandon sur les talus des jardins étaient dépouillés d'une partie de leurs feuilles. Elles servaient de repas aux vers éclos dans les boîtes tenues bien fermées et glissées sous les lits où il fait plus chaud.

Il faut un mois environ pour assister à la croissance du ver qui multiplie, durant cette période, son poids par cent et grandit d'une dizaine de centimètres. Il change quatre fois de peau pour l'émerveillement de chacun. Au nombre de quatre, les mues se succèdent jusqu'à la plus mystérieuse des métamorphoses, celle qui voit la chenille ouvrière disparaître à l'intérieur du cocon tissé entre les branches de bruyère. Alors, tout à coup, le ver cesse de dévorer les feuilles luisantes et son incompréhensible disparition - une lente transformation à l'abri des regards dans son étui soyeux - alimente les *leçons de choses* de l'instituteur. Il explique ce que l'on ne voit pas, incise l'enveloppe dure d'un cocon, retire la chrysalide brune, incise encore la carapace chitineuse et en extrait la forme molle du futur papillon replié sur lui-même.

L'éducation des vers à soie est le plus bel exemple de travail réfléchi, de conscience et de maîtrise dans l'exécution à offrir à l'enfant. De plus, elle prend la forme d'une expérience qui doit être menée à son terme : des cocons laissés à leur sort, un jour enfin venu, de gros papillons sans grâce s'échappent laissant leur enveloppe vide percée d'un trou béant. Par chance, quelquefois le papillon, le bombyx du mûrier, resté prisonnier de la boîte, avant de mourir dans les jours qui suivent, répand sur le couvercle des centaines d'œufs, la fameuse graine qui pourrait être éduquée de nouveau au printemps prochain, mais que personne ne sait ou ne veut conserver jusque-là. Donc, la plupart du temps, l'expérience ne va pas plus loin. Elle a été le prétexte à quelques belles leçons pour illustrer le phénomène de la métamorphose des vers, expliquer la nature de la soie et la diversité de son industrie à Ganges, au Vigan où l'on fabrique des bas, à Alès, à Saint-Hippolyte, à Sumène, à Pompignan où sont installées de petites filatures. Et, pourquoi pas évoquer Lyon, l'*heureuse capitale* de la soierie de luxe, où les écheveaux de soie grège sont transformés en longues pièces de tissus précieux très recherchés.

Cette initiation au développement de l'insecte était aussi pour le maître l'occasion de glisser dans ses dictées quelques mots à l'orthographe compliquée, pièges dont il fallait triompher. Ces temps ne sont plus depuis des lustres.

*

* *

De façon bricolée, artisanale ou industrielle, l'éducation des vers à soie obéit à un immuable cérémonial : quand les vers sont sortis, le premier geste est de les couvrir de jeunes feuilles où ils viennent tout de suite prendre leur pâture ; les magnaniers ensuite les portent avec ces feuilles sur des *cannisses*, claies de roseaux où les chenilles s'étalent de plus en plus au fur et à mesure de leur développement[29]. Dans son langage simple et pittoresque que notre langue moderne a de la peine à atteindre, Olivier de Serres résume dès les premières lignes de son ouvrage toute l'histoire du ver à soie :

« La Soye vient directement du Ver, qui la vomit toute filée, et le Ver procède de graine, laquelle on garde dix mois l'année, comme chose morte, reprenant vie en sa saison. Le Ver est nourri de la feuille de Meurier, seule viande que cest animal, qui ne vivant que six, sept, ou huict sepmaines, plus ou moins, selon le païs et la constitution de l'année. Dans ce peu de temps, la Soye qu'il nous laisse, paie largement les despens de sa nourriture[30]. »

Cependant, personne mieux que le professeur Grancher, ami très proche de Pasteur et parrain de son petit-fils, n'a su expliquer, avec clarté, aux auditeurs de sa conférence, l'histoire du ver à soie :

« Vous savez, Messieurs, comment se produit la soie. De la graine ou mieux des œufs pondus l'année précédente naissent au printemps des larves très petites ou vers à soie qui, après quatre mues successives et une croissance très rapide, montent à la bruyère, y font leurs cocons et se transforment en chrysalides[30a]. De celles-ci sortiront bientôt les papillons qui s'accouplent quelques heures ; puis la femelle pond de 4 à 500 œufs ou graines, d'où sortiront l'année suivante les vers à soie de la nouvelle récolte. Toute la série de ces mutations a duré deux mois[31]. »

Émile Duclaux de son côté, en donnant le compte rendu de lecture de l'ouvrage que Pasteur publie en avril 1870, résume à sa façon l'histoire de l'insecte :

« La naissance du ver à soie d'un œuf auquel sa ressemblance avec les semences de certains végétaux a valu le nom singulier de graine, ses quatre mues ou changements de peau, la prison soyeuse qu'il file pour y subir en paix sa transformation en chrysalide d'abord, en papillon ensuite, sa sortie du cocon sous ce dernier état, et sa mort rapide aussitôt que par l'accouplement et la ponte de la graine, il a assuré la perpétuité de l'espèce, tous ces phénomènes si curieux passent en quelques jours sous les yeux de l'éducateur. Six semaines à peine séparent pour lui le moment où il sème de celui où il récolte. Cette succession rapide des étapes du développement des vers à soie a toujours matérialisé pour ceux qui en faisaient

---

[29] L. Descour, p. 96.

[30] Olivier de Serres, *La cueillette de la soye, par la nourriture des vers qui la font*, 1599 (édition annotée par Matthieu Bonafous, 1843).

[30a] Olivier de Serres écrit au sujet de la disposition des rameaux de bruyère que l'on appelle *encabanage* : « Par telle disposition, l'estaudis ressemblera à galeries à arcades, à plusieurs étages les unes sur les autres, comme amphithéâtres antiques, chose plaisante à voir. »

[31] Grancher, p. 10.

leur métier la fuite vertigineuse du temps. Sans doute pour cela, autrefois, le *temps des magnans* était un temps de fête et d'allégresse, et le mûrier avait reçu le nom d'*arbre d'or*, de la reconnaissance des populations[32]. »

*
* *

Le *décoconnage* a toujours été, comme en plein hiver la mort du cochon, un moment festif. Il se faisait tour à tour d'une magnanerie à l'autre, d'une ferme à l'autre, au milieu des bavardages en patois et des rires. Il se terminait toujours par un bon repas pris ensemble dans une humeur joyeuse et même un peu gaillarde, à défaut autour d'un gâteau ou d'une fougasse et d'un peu de vin de cartagène.

À l'ombre fraîche d'un tilleul, en juin ou en juillet, c'était la grande réunion des voisines, commères et réservées ensemble, assises autour des baquets d'eau bouillante et des corbeilles. Avec une rapidité étonnante, elles faisaient glisser entre leurs doigts les petites boules de soie. Ici encore c'était une affaire de femmes - les hommes venaient seulement si l'on manquait de bras ou pour apporter les fagots de bruyère pleins de cocons – et d'enfants qui couraient partout et qui étaient si habiles avec leurs petits doigts pour détacher les cocons des branches et retirer les brindilles prises dans la soie. Le temps comptait beaucoup. Il fallait aller vite pour ébouillanter les cocons avant la sortie du papillon, les partager rien qu'au toucher suivant leur qualité, premier et second choix, et passer chez le voisin recommencer l'opération : quelques jours de plus auraient suffi pour gâcher la production d'une année.

Ces journées-là restaient dans les mémoires comme les plus beaux de la fin de la saison. C'était en quelque sorte le couronnement de plusieurs semaines de dur labeur et de soins vigilants, sans relâche. Enfin, suivaient les jours de marché avec leurs belles promesses « d'argent frais » pour acquitter les impôts, les dettes, faire quelques achats indispensables ou superflus, toujours reportés.

*
* *

Depuis le début du XIXe siècle, tout le nord du département du Gard a vécu de l'exploitation du charbon des bassins d'Alès, de Trescol, de La Grand'Combe et de Bessèges, ainsi que des quelques industries métallurgiques installées à Tamaris et à

---

[32] *Revue des cours scientifiques*, 7e année, n° 30, p. 478.

Salindres[33]. La présence du charbon avait entraîné la création de nombreuses activités aux portes d'Alès : des verreries, des tuileries, des briqueteries, des fours à chaux. À côté des industries « sales » liées à l'exploitation houillère survécurent, dans les villages des garrigues et dans quelques vallées isolées, la culture du mûrier et l'industrie de la soie. Les paysans y ajoutaient quelques plantations d'oliviers plus que centenaires qui leur apportaient avec une régularité d'horloge la provision d'olives et d'huile nécessaire aux besoins du ménage. Dans cette contrée, les terres non irrigables n'admettaient que des cultures arbustives qui, par de profondes racines, vont chercher la fraîcheur humide sous la croûte brûlée par le soleil. Sur les versants, les noyers et les châtaigniers constituaient une manne rustique très appréciée. Les nombreuses parcelles de vignes ne donnaient qu'un vin de basse qualité, une piquette qui plaisait, faute de mieux, aux mineurs et aux paysans, âmes oubliées de ces vallées longues et profondes, fermées à l'horizon du côté de Jalcreste ou de l'Aigoual et que ne pénétrèrent jamais la modernisation et l'urbanisation.

« Des scènes de récoltes variées et pittoresques se succèdent de mois en mois, dans ce charmant pays. L'élevage du ver à soie et le dévidage des cocons, la fenaison, la moisson, la vendange, la cueillette et le pressurage des olives, le gaulage des noix, l'abattage et le séchage des châtaignes, excitent tour à tour la curiosité, invitent à l'observation[34]. » Ainsi allait la vie en cette seconde moitié du XIXe siècle.

*

* *

L'Alésien d'aujourd'hui ne peut pas imaginer l'événement que fut l'arrivée du mûrier dans sa région, pas plus qu'il ne peut avoir l'idée de son étendue. Il est tout de même intéressant à savoir qu'il a été implanté dans les terres sablonneuses ou sur les flancs rocailleux des coteaux, exposés au chaud, à l'abri du Mistral, depuis des temps immémoriaux que certains font remonter au XIVe siècle, époque qui correspond au transfert du Saint-Siège à Avignon :

« Les personnes venues à la suite de ce pontife[35] furent les premières à planter le mûrier et à élever le ver à soie que l'on ne connaissait pas avant leur arrivée[36]. »

---

[33] En 1867, l'exploitation de la houille du bassin des Cévennes représente 1/10e de la production totale de la France ; elle occupe 7800 ouvriers et 190 chevaux. (Destremx, *Agriculture méridionale*, p. 34).

[34] A.-W. Hoffmann, p. 357.

[35] Bertrand de Got, 196e pape et premier pontife d'Avignon, en 1309, sous le nom de Clément V, mourut dans la ville voisine de Roquemaure.

Cette acclimatation fut à la base d'une prospère industrie locale aujourd'hui presque oubliée. Du pied du rocher de Notre-Dame-des-Doms aux livrées des prélats de Villeneuve-lès-Avignon, de l'autre côté du Rhône, il y avait plus de soie moirée et de pourpre cardinalice que dans tout le reste du royaume. Rien que pour cette fourniture, la production locale n'y suffisait pas, aussi maint et maint homme d'Église conserva son fournisseur piémontais[37].

Le temps fit à l'affaire. Pour avoir plus de soie, il fallait plus de vers donc plus de mûriers pour les nourrir puisque cet insecte dédaigne tout autre feuillage. N'a-t-on pas écrit que le mûrier n'est pour ainsi dire, qu'une mine que l'insecte exploite[38]. Mais il faut du temps pour acclimater un arbre, le mener à un bon développement ; il faut de l'intelligence pour exploiter son feuillage sans l'épuiser. Avec ces jeunes plantations, une activité nouvelle prend forme apportant une sorte de « richesse » dans les régions méridionales.

Même si dès 1554, le jardinier nîmois François Trancat se glorifiait d'avoir répandu plus de quatre millions de plants dans le Dauphiné, la Provence et le Languedoc, on peut penser sans se tromper que c'est à l'illustre Olivier de Serres, protestant ardéchois, premier jardinier et ancien coreligionnaire d'Henri IV, que le Midi doit la « vive impulsion » de la culture du mûrier qu'il avait réussi à acclimater d'abord sur ses terres. Réfugié au pied de la montagne du Coiron dans son domaine patrimonial du Pradel pour échapper à la fureur religieuse du temps, « l'affectionné ami » du roi se consacrait « à l'art paisible qui féconde les champs, humanise les peuples et alimente toutes les industries. » Il avait introduit dans sa « ferme modèle » la garance flamande, le houblon anglais, le maïs américain et le mûrier blanc de Chine. C'est là aussi qu'il rédigea l'opuscule de la *Cueillette de la soie par la nourriture des vers qui la font.* Ce traité, détaché de son *Théâtre d'agriculture*, fut publié en 1599. Dans son épître dédicatoire aux Échevins de Paris qui voulaient étendre cette culture jusque dans le nord du royaume, l'auteur déclare :

« On avait jugé votre pays comme par coutumace (sic) insuffisant à produire la soye, sans vouloir entendre les causes de ce défaut. Tout ce qu'on peut dire c'est que la cueillette sera tardive à cause de la disposition de votre ciel qui est un peu plus froid que celuy du Languedoc. Voilà tout l'intérêt... Peu de lieu excepté par tout ce grand Royaume la soye peut croître. »

Le roi lut son traité et l'aima. Il lui demanda un rapport sur la manière de « naturaliser la soie en France », contre l'avis de son ministre Sully. Celui-ci pensait

---

[36] Louis Fabre, *Manuel de l'éleveur de vers à soie et de vers à bourre de soie pour le midi de la France...* Montpellier, Gras, 1861.

[37] D'autres auteurs, dont Olivier de Serres, font remonter l'introduction des vers et du mûrier, bien plus tard, au retour des guerres d'Italie du temps de Charles VIII.

[38] Émile Nourrigat, *Notice sur la nécessité d'étendre la culture du mûrier*, Montpellier, Boehm, 1855, p. 8.

« qu'il fallait laisser à chaque climat ses fruits et ses productions naturelles », et qu'il n'était pas utile pour l'économie du royaume d'introduire le goût du luxe alors que le pays manquait de l'essentiel. Le roi passa outre et chargea Olivier de Serres d'étudier les préliminaires indispensables à l'établissement de cette nouvelle industrie.

Dans ses stances au *Ver à soye*, Pierre Perrin, en 1645, souligne bien ce goût des notables pour la *divine matière* :

« De luy les Magistrats, & les Cours des Monarques,
Tirent leur gravité,
Et c'est luy qui fournist les plus illustres marques,
De leur authorité.

Le lustre d'un Palais, la majesté d'un Temple,
L'ornement de nos corps,
Tout ce qu'icy de beau l'œil de l'homme contemple,
Nous vient de ses thrésors. »

Ce que pensait Sully était à peu de chose près ce que le baron de Benoist déclara à la Chambre des députés le 17 mai 1867 : « Il faut qu'une nation mange avant de se vêtir de soie ». Deux cent cinquante ans plus tard, certains pensaient toujours que la soie n'était qu'une matière luxueuse et superflue. Ils oubliaient qu'elle était une industrie, qu'elle occupait tout une région, faisait ainsi sa richesse et celle du pays tout entier.

*
* *

Le premier point, avant toute chose, fut d'introduire le mûrier dont la feuille offre la seule nourriture convenable aux vers qu'on « destine à filer la belle soie ». L'agronome ardéchois rapporta d'Italie où ils s'étaient acclimatés depuis des lustres les premiers plants de mûrier qu'il repiqua sur ses terres du Pradel. Un témoin digne de foi, Benjamin Vignerte, affirme avoir vu, un peu avant 1868, « deux vieux mûriers plantés de la main d'Olivier de Serres » à Chaimas[39] entre Montélimar et Loriol, dans la Drôme, sans doute les derniers témoins de ces temps immémoriaux.

Pour soutenir son jardinier, le roi Henri IV donna l'exemple. Il voulut que les mûriers fussent plantés dans tous les jardins de ses domaines. Après Fontainebleau,

[39] Nom de localité que nous donnons sous toutes réserves, n'ayant pas réussi à la localiser.

dès 1601, l'agronome fit transporter jusqu'à Paris quinze à vingt mille pieds de mûriers pris dans les vastes pépinières de François Trancat et mis en terre dans les jardins des Tuileries. On dit même que le souverain fit édifier au bout du domaine royal un immense bâtiment destiné à accueillir le personnel chargé de l'éducation des vers à soie. C'est là, dit-on encore, au bout de la terrasse des Feuillants, que commença la première industrie séricicole de la France[40].

Dès son acclimatation en France, cet arbre trouva son terrain de prédilection dans le Midi, principalement dans le Languedoc et les Cévennes ; dans la Provence et la principauté d'Orange aussi, ainsi que dans le comtat d'Avignon.

Dans les Cévennes, les variétés qui se sont le mieux acclimatées sont la reine blanche ou *colomba*, la petite reine ou *colombassette*, le mûrier rose, le mûrier de Constantinople, les espèces appelées ici la *fourcada*, la *rabalaïra* et le sauvajon[41].

Le curieux témoignage d'un touriste traversant les montagnes de l'Ardèche rappelle, même si son auteur semble forcer le trait, le changement qu'apporta l'implantation du mûrier dans la vie des paysans et, pourquoi pas, provoqua l'adoucissement de leurs mœurs :

« Au sommet des montagnes volcaniques du Vivarais, dans les entrailles même de ces volcans, sur des torrents de laves sans culture et presque sans végétation, on voyait encore, il y a peu d'années, les restes de quelques peuplades à demi-sauvages, dont la grossièreté et la férocité rappelaient les mœurs des vieux clans d'Écosse. Ces peuplades ne marchaient qu'armées, et leur misère était si grande, que la religion même n'avait pu les adoucir. Tous les dimanches, on les voyait sortir de leur maison avec leur habit de laine noirâtre, de gros sabots épais de plusieurs pouces, et le fusil sur l'épaule. Ainsi équipés, ils allaient à l'église, déposaient leurs armes à la porte ; puis, après avoir prié dans un profond recueillement, ils reprenaient leurs fusils et se rendaient à la taverne. Là, dit un voyageur qui les visitait vers la fin du siècle dernier, une joie féroce succède soudain à la prière et à la componction. Je les ai vus trente à table, chacun un pistolet à côté de soi, se disputant, criant, et se livrant à des orgies qui finissent toujours par le meurtre de quelques-uns d'entre eux.

« Telle était encore la situation du haut Vivarais en 1770 ; aujourd'hui tout est changé : plus d'hommes armés, plus de sauvages, plus d'homicides ; mais aussi, plus de terres en friche, plus de misère, plus d'isolement, des chemins faciles se

---

[40] Voici le témoignage de l'existence de cette plantation. Barthélemy Laffemas publia en 1604 chez Pontonnier, imprimeur du roi, un mémoire qu'il intitula *La Façon de faire et semer la graine des meuriers*. À la page 29, il écrit : « Le principal est d'avoir des meuriers en abondance… Ceux que Sa Majesté a fait planter aux allées du Jardin du roy aux Thuileries, il y a huit ans, et trois ans qu'ils avaient, on juge qu'ils en ont plus de vingt-cinq, tant ils sont grands et beaux. »

[41] Émile Nourrigat, in : *Le Messager du Midi*, septembre 1850.

déroulent sur toutes les montagnes, de riches villages s'élèvent sur les débris des plus misérables hameaux ; partout vous trouverez l'aisance à la place de l'indigence, l'humanité à la place de la barbarie. On dirait un nouveau peuple ; ce n'est cependant qu'une nouvelle génération née à l'abri d'un arbre inconnu des générations anciennes.
« Cet arbre, c'est le mûrier[42]. »

Avec cet « arbre d'or » arrive le ver à soie. L'insecte, selon certains, est extrêmement délicat, selon d'autres il n'existe pas sur la terre d'êtres plus robustes que lui, et il faut que sa constitution soit de bronze pour supporter à la fois les cruelles maladies qui accablent son espèce et les mauvais traitements que lui font subir quelques éducateurs brutaux, superstitieux et ignorants.

*

* *

Un débat dura longtemps qui était de savoir qui de la vigne ou du mûrier convenait le mieux au sol du pays et à la prospérité de ses habitants. Débat jamais tranché puisqu'on ne cessa, jusqu'au premier conflit mondial, d'arracher les pieds de vigne pour les remplacer par des mûriers et vice-versa quelques décennies plus tard.

Des statistiques publiées avec régularité rappellent à ceux qui l'ont oublié que la production de la soie est beaucoup plus rentable que celle de la vigne. En ce début de XIXe siècle, il apparaît que la culture de la vigne ne peut donner un rendement comparable à celui du mûrier. Et lorsqu'il est question de l'arracher pour céder la place à l'*arbre d'or*, plusieurs personnalités rappellent que la cohabitation n'est pas une mauvaise alliance ; Olivier de Serres avait déjà observé que partout où il est possible de planter des ceps, on peut cultiver le mûrier « estant ces choses tant amies, que là où l'une est, l'autre y peust-être[43]... » Alors, l'idée de substituer la vigne aux mûriers revient régulièrement dans les débats du Sénat et du Corps législatif : *Changez de culture* ! est le nouveau slogan fortement soutenu par le ministre de l'Agriculture et du Commerce.

Ainsi, monsieur Brunet de Lagrange, inspecteur de l'industrie séricicole, envoie le 5 décembre 1845 un rapport dirigé en ce sens à son ministre de tutelle :
« Un fait des plus remarquables, parmi ceux qui se rattachent au développement que prend en France la production de la soie, c'est de voir toutes les contrées où

[42] Aimé Martin, *De l'éducation des mères de famille, ou de la civilisation du genre humain par les femmes*... Paris, Gosselin, 1834.
[43] Françoise Clavairolle, p. 57.

l'industrie viticole perd de ses avantages, considérer la culture du mûrier comme la planche de salut.

« Ainsi dans le département de la Gironde, où l'industrie séricicole était à peu près inconnue il y a une quinzaine d'années, on compte maintenant plus d'un million de pieds de mûriers.

« En Bourgogne, la plupart des vignes arrachées ont été remplacées par de vastes mûraies.

« La Champagne fait également des plantations. Dans l'Hérault, un membre de la société d'agriculture, M. Cazalis-Allut a dernièrement publié un travail remarquable par la production des vues, sur la nécessité de substituer dans beaucoup de localités le mûrier à la vigne.

Dans la Charente-inférieure, où la vigne occupe un onzième de la surface du sol, au nombre des vœux exprimés par la société d'agriculture de La Rochelle nous remarquons les suivants :

« 1° Que le Conseil général affecte une somme de 1000 francs pour être distribuée, par primes de 100 francs, à ceux qui planteront 20 ares au moins de mûriers, en remplacement des vignes.

« 2° Qu'une somme de 2000 francs soit mise par le Conseil général à la disposition de chaque société d'arrondissement pour acheter et distribuer gratuitement des plants de mûriers à ceux qui en feront la demande[44]. »

Outre qu'il illustre parfaitement le balancement perpétuel des autorités, ce rapport montre à quel point l'industrie du ver à soie s'acclimata dans toutes les régions de France. Dans une pièce annexée à son rapport, l'inspecteur fait état des plantations de mûriers en France : en 1835, il en estime le nombre à 7 326 000 et, dix ans plus tard, en 1845, il est de 15 471 100. Quant au seul département du Gard, il passe de 5 710 000 pieds à 7 709 000. Durant cette décade, la France passe de trente à soixante-dix-sept départements producteurs de soie. Ces quelques chiffres, tirés des statistiques officielles, mettent en évidence l'importance de cette « industrie » ; cette ampleur est telle qu'un département au sein du ministère de l'Agriculture et du Commerce fut créé pour organiser et gérer cette activité industrielle.

*
* *

Il y eut la mode du ver à soie ; les poètes l'ont chanté. En 1645, paraissait chez Jean Duval, à Paris, un petit recueil de *Jeux de poésie* que le sieur Pierre Perrin

---

[44] Archives nationales, sériciculture, F/10/1737.

composa à l'âge de vingt ans. Il y chantait les merveilles de *Divers insectes :* la puce, le moucheron, le papillon, la formy (sic), le grillet (re sic), l'abeille. Et, en cent quarante-deux stances, dans une « pièce folastre », il écrivit en vers l'histoire naturelle du *ver à soye.* Dans le goût de l'époque, une bergère racontait à son berger :

« O si dans mes greniers Lysis l'avoit veu naistre,
Et faire son coton,
Croistre, dormir, müer, monter, filer, se mettre
Dedans son peloton,
[...]
Il est vray que les soins qu'on a de leur pasture,
Demandent des travaux ;
Dont l'homme est dispensé souvent par la nature
Aux autres animaux ».

Bien entendu, le grand félibre provençal, Frédéric Mistral, ne manque pas de placer quelques scènes de son drame lyrique *Miréio* au milieu des mûriers et des magnaneries. Il décrit le chant des magnanarelles qui rapportent pour leurs vers à soie les brassées de feuilles de mûriers. Ses vers vibrent soudain d'une émotion tendre et mélancolique au souvenir des jours heureux :

En devisant de talo sorto,
Se capitèron vers la porto,
La chatouno venié d'arriba si magnan.
[...]
Cantas, cantas, magnanarello,
Que la culido es cantarello !
Galant soun li magnan e s'endormon di tres,
Lis amourié soun plen de fiho[45]
[...]

Après le chant des mûriers et des belles Provençales, vient celui des cocons :

E, clarinèu, sus li genèsto
Quand li magnan mounton en fèsto

---

[45] Frédéric Mistral, *Mireio, poème provençal,* chant premier, traduction de l'auteur :
Et, devisant ainsi,/ Ils se trouvèrent vers la porte./ La fillette venait de donner la feuillée à ses vers à soie./ Chantez, chantez, magnanarelles !/Car la cueillette aime les chants./ Beaux sont les vers à soie, et ils s'endorment de leur troisième somme/ Les mûriers sont pleins de jeunes filles... [On dit que les vers à soie s'endorment de leur troisième somme – *s'endormon di tres.* Les vers à soie changent quatre fois de peau. À l'approche de chaque mue, ils s'engourdissent et cessent de manger, *dormon.* On dit : *dourmi de la proumiero, di dos, di tres, di quatre,* ce qui signifie littéralement : dormir de la première (mue), des deux (mues), des trois (mues), etc.]

Pèr fiela si presoun bloundinello ; e que lèu
Aquéli toro mai qu'abilo
S'ensevelisson, à cha milo,
Dins si bressolo tant sutilo
Que vous sèmblon teissudo em' un rai de soulèu
[…]
Iéu claramen siéu fourtunado !
Sus mi canisso encabanado
Quéti flo de coucoun !… Un bos miéu enseda,
Un pu riche descoucounage,
L'aviéu pu vist dins lou meinage,
Vesino, dempiei moun jouine age,
Desempiei l'an de Diéu que nous sian marida[46].

*
* *

Dès l'origine, le grenier de chaque maison servait à l'éducation des vers à soie. Pour les *éducations familiales*, ces locaux suffisaient. Cependant, des propriétaires plus ambitieux construisirent des bâtiments spéciaux pour abriter leurs *éducations industrielles*. Au fil du temps naquit une industrie découlant de cet élevage : le traitement de la soie fut pendant des lustres l'une des principales industries du nord du département du Gard. Sommières et Nîmes durant tout le XVIe siècle demeurèrent les deux principaux centres de production de la soie du Languedoc. Cette soie valait bien largement celle de l'Italie voisine. Et à Montpellier, depuis 1600, quelques tisserands proposaient, selon Barthélemy Laffemas, valet de chambre du roi et contrôleur général du commerce, « des velours, des satins, des taffetas et autres marchandises de soye ». Un autre témoignage confirme la qualité de ces tissus : en 1345, Roland, sénéchal de Beaucaire et de Nîmes, envoya à la reine Jeanne de Bourgogne douze livres de soie de Provence en douze couleurs différentes, qui avaient été achetées à Montpellier au prix de soixante-seize sols la

[46] Frédéric Mistral, *idem*, chant deuxième, traduction de l'auteur pour le chant des cocons :
Et, diaphanes, sur les genêts/ Quand les vers à soie montent en fête/ Pour filer leurs prisons blondes ; et que rapidement/ Ces chenilles, artistes consommées,/ S'ensevelissent à milliers/ Dans leurs berceaux si subtils/ Qu'ils semblent tissus d'un rayon de soleil. […] Moi, clairement, je suis heureuse !/ Sur mes claies de roseaux où la bruyère en berceaux s'entrelace,/ Quels bouquets de cocons… Une ramée plus soyeuse,/ Une plus riche récolte,/ Je ne l'avais plus vue dans la ferme,/ Voisines, depuis mon jeune âge,/ Depuis l'an de Dieu que nous nous mariâmes.

Fig. 1. Coupe d'une magnanerie idéale dans les Cévennes mettant en évidence un bon système de ventilation du bâtiment.
Dessin de Peter Lackerbauer

Fig. 2. Vue générale de la ville d'Alès dans une boucle du Gardon. Photographie prise depuis l'Ermitage au début du XXème siècle.

Fig. 3. Ci-dessous, une des rues à arcades de la vieille ville conduisant à la place du marché.

Fig. 4. Ver à soie et son repas; Dessin de Peter Lackerbauer.

Fig. 5. Rameaux de bruyères couverts de cocons.
Composition artistique photographié par Peter Lackerbauer dans la magnanerie expérimentale de Louis Pasteur au Pont-Gisquet.

livre[47]. Avant la Révolution, les cours impériales de Russie et d'Allemagne, le Vatican aussi, se fournissaient auprès des filatures cévenoles.

La soie cévenole avait une qualité et une réputation inégalées :
« La soie des Cévennes, distinguée par son élasticité, sa ténacité, son brillant et sa porosité qui lui permit de prendre admirablement la teinture ne peut être produite avec toutes ses précieuses qualités qu'avec des cocons récoltés dans les Cévennes[48]. »

Les tissus de soie pure ou mélangée furent longtemps le privilège des tisserands nîmois : foulards et fichus imprimés, cravates en gros de Naples ou en taffetas noir et tissus unis, à carreaux, ou lamés en or, en argent, en cuivre destinés à l'Algérie et à la côte d'Afrique.

*
* *

Au cœur des Cévennes, Alès est le principal marché de l'industrie séricicole :
« Environnée dans tous les sens de collines et de vallées presque exclusivement consacrées à la culture du mûrier, à l'éducation[49] du ver à soie et au dévidage du cocon, elle renferme dans son sein un grand nombre d'ateliers : vingt filatures pourvues de mille vingt bassines ou tours donnant plus de trente mille kilogrammes de soie grège, transformée en ces fils si célèbres dans le commerce des soieries, sous le nom de *tramettes* ou *organsins* d'Alais[50]. »

Chaque lundi, mais surtout à la Saint-Barthélemy[51], le 24 août, a lieu la vente des écheveaux de soie grège et des balles de cocons ébouillantés de la région et du Vivarais. Cette foire a fait d'Alès la capitale des Cévennes mais aussi celle de la soie.

---

[47] Anecdote citée par Matthieu Bonafous, in : *La cueillette de la Soye*, édition de 1843.

[48] Antoine Laurent de l'Arbousset.

[49] Selon Legay et Chavancey, on employait souvent le mot *éducation* pour parler d'un élevage, car l'élevage des vers à soie (par rapport aux autres activités agricoles) était très précis (repas distribués à heures fixes : 6 h, 11 h, 16 h et 21 h), très méticuleux (nettoyage des claies, élimination des déchets), très attentif (choix des feuilles de mûrier au moment du ramassage et de la distribution). L'objectif était une synchronisation des élevages pour arriver aux cocons à la même date. Le terme d'éducation a été choisi par analogie avec le cas des petits-enfants à qui l'on donne certaines habitudes dès leur plus jeune âge.

[50] Félix de La Farelle, *Dictionnaire du commerce et de la navigation*. En 1908, plus de la moitié des ateliers ont fermé réduisant d'autant le nombre de postes (bassines), c'est-à-dire d'emplois.

[51] La dénomination de *Saint-Barthélemy* n'a rien à voir avec le massacre des protestants, même si bien des commentateurs continuent de penser que cette date a pu être fixée par le pouvoir catholique royal du XVIIe siècle pour impressionner la turbulente communauté protestante alésienne.

Dès l'aube, sur toutes les routes et les chemins menant à la ville confluent des charrettes et des groupes de marcheurs portant leurs fardeaux à bout de bras ou sur les épaules. Les trains de Nîmes et des environs arrivent plus tard, vers dix heures. À l'époque des cocons, dès six heures, le marché de la soie se tient en plein air, sur les quais du Gardon. Rien n'est aménagé pour exposer les petites balles de cocons dont la totalité peut être estimée à quinze ou vingt mille kilogrammes certains jours ; elles sont posées à même le sol dans la poussière ou la boue, livrées aux intempéries, ou risquent même d'être gâchées par l'ardeur du soleil. En revanche, les échantillons, appelés aussi *montres*, plus fragiles s'exposent sur la place Royale, devant les cafés, les hôtels et les restaurants de la ville :

« Hommes, femmes, jeunes gens, jeunes filles, porte-faix, hommes de peine, tout le monde devient courtier[52]. »

Les transactions, aux dires des témoins, peuvent être considérables. Et aussi les trafics si l'on en croit une lettre de monseigneur de Montclus, évêque d'Alès au siècle précédent, adressée au syndic du diocèse, au sujet du commerce des cocons et des soies :

« Je crois qu'il est important, pour l'avantage de nos Cévennes et de la ville d'Alais… d'empêcher, s'il est possible, l'espèce de monopole qui a lieu dans la vente des cocons et des soies ; d'où il résulte que, les marchands s'entendent, fatiguent les vendeurs, et font entre eux les prix tels qu'ils veulent[53]. »

En un seul jour de foire, qui tient bien sa place dans le calendrier des festivités, de huit cent mille à un million de kilogrammes de cocons changent de main. Toute la ville fête dans la liesse cette activité. Les rues depuis le marché central jusque vers les faubourgs sont remplies des stands de forains. C'est une vraie concentration de commerces et de spectacles de force, d'adresse et de curiosités monstrueuses. Côte à côte se tiennent les drapiers, les épiciers, les marchands de cotonnades, les vendeurs de limonade, les quincailliers, les merciers et quelques charlatans et autres saltimbanques miteux et bateleurs d'hôtellerie. Et au milieu, tout une population qui erre et vague et trinque[54] : paysans endimanchés, bohémiens aux pratiques divinatoires, saisonniers qui cherchent à louer leurs bras, colporteurs chargés comme des mules et paysans, veste noire et mouchoir au col, poussant leur bétail de poils et de laine.

Des trois autres marchés de la région qui se partagent la vente de la soie et des cocons, celui de Saint-Hippolyte-du-Fort est le plus important. Dans cette petite

---

52 Antoine. Laurent de l'Arbousset.

53 Cité par J. Duclaux-Monteil in : *Recherches historiques sur la ville d'Alais*, p. 619.

54 On disait des paysans des environs qui descendaient à la foire : « Davalan pas res et remounto un pelhou ! » (la traduction pourrait donner : n'amènent rien à la foire, mais reviennent avec une bonne cuite).

bourgade de cinq mille habitants, vers 1875, les marchés des mardis et vendredis voient affluer producteurs, courtiers, filateurs et marchands. Mais, contrairement à l'habitude des Alésiens, les transactions des Cigalois ne commencent pas avant quatre heures de l'après-midi. La quantité traitée y est moindre, comme dans les deux autres marchés concurrents.

À Anduze, petite ville voisine de cinq à six mille habitants, les marchés du dimanche et surtout du jeudi voient affluer les mêmes acteurs qui circulent ailleurs dans la région. Autrefois première place de l'activité cévenole de la soie, elle n'est plus, au milieu du XIXe siècle, qu'un marché secondaire en dépit des prix moins élevés qui s'y pratiquent.

La petite ville industrieuse de Saint-Ambroix, avec ses deux marchés aux cocons des mardis et vendredis, est sans doute la dernière place où l'activité du commerce de la soie reste encore importante.

*
* *

La prospérité des magnaniers et des industriels du fil de soie n'est pas une chose acquise. Elle est souvent mise à l'épreuve. De temps à autre un éducateur perd sa graine, une autre fois, les vers se couvrent de taches brunes et suintent. Déprimés, languissants, ils ne montent plus à la bruyère pour y filer leur cocon. La production décline. Les filatures débauchent. C'est une année de misère pour tous.

Aussi loin que la mémoire de l'homme remonte, la maladie a toujours accompagné l'éducation des vers à soie. Elle semble liée à la nature de l'insecte. Déjà en 1645, le poète Pierre Perrin avait mis en strophes les signes de l'épidémie. En voici une :

« L'on connaît la maladie à la couleur noirastre,
Dont il [le ver] paraît souillé,
Ou quand on l'aperçoit d'une eau verte ou jaunastre
Sous le ventre mouillé. »

Pour la plupart des éducateurs, mille raisons, surtout météorologiques, en sont la cause : hiver trop rude, été trop sec, automne trop humide. Il y a toujours un bon argument pour apaiser l'angoisse née de l'ignorance. L'idée avait même été émise que le bassin d'Alès était sous l'influence de miasmes, de courants d'air empestés. Quand la maladie ne frappait pas une éducation, un fléau d'une tout autre nature pouvait accabler les malheureux éducateurs. De temps à autre, et ce n'était pas si rare, un incendie ravageait une magnanerie, surtout quand il fallait allumer des poêles pour garder la température qui convenait au bon développement du fragile ver à soie. Ainsi, le 2 juin 1865, on sonna le tocsin à La Grand'Combe, vers neuf heures du soir. Le vieux bâtiment qui servait de magnanerie à monsieur Garnier, propriétaire, venait de s'embraser. Les ouvrières avaient mis la bruyère aux vers près de deux feux très vifs. Une étincelle mit le feu aux rameaux secs. Le zèle des travailleurs et des voisins qui prêtèrent leur concours pour arroser les flammes n'y put mais. Rien n'a été sauvé, mais heureusement, le bâtiment et la récolte étaient assurés. Autre fait divers, à l'autre bout du département : le 31 mai 1865, entre deux et trois heures « du soir », le feu prit dans la magnanerie de Victor Fache, épicier à Barjac. Grâce à l'aide du voisinage, le feu fut vite maîtrisé, et ainsi une bonne partie de la prochaine récolte a pu être épargnée par les flammes. La perte a cependant été évaluée à 500 francs[55]. Par chance, le propriétaire était assuré[56]. Encore une magnanerie incendiée, cette fois-ci dans le village de Méjeanne-les-Alais. Vers sept heures du matin, une épaisse fumée donna l'alarme. Tous les habitants accoururent et rivalisèrent de zèle. Une chaîne de seaux dirigée par monsieur Polge, le maire et son adjoint Alteirac, maîtrisa le feu en attaquant les flammes à leur naissance. Le dommage se borna à la perte des vers et a quelques dégâts à la toiture. Tout heureusement était assuré[57].

*

* *

Les épidémies qui touchent les vers à soie viennent aussi du fait que très peu de savants s'occupent de connaître la vraie nature de leur maladie. En effet, la pathologie du ver à soie, depuis Olivier de Serres a fait peu de progrès en dépit des travaux de Fontana, de Nysten et de Bonafous. Ces principaux auteurs se bornent à recommander, comme moyens de prévenir les maladies, quelques conseils d'hygiène d'une banalité atroce : distribution égale de l'air dans les bâtiments, propreté des claies, espacement des vers, enlèvement des litières souillées.

Outre ces pratiques salutaires, l'idée se répand vers le milieu du XIXe siècle, que les vers indigènes sont malades et que le salut de l'industrie locale ne peut venir que de graines étrangères : les sériciculteurs auraient donc intérêt à se procurer de la graine *exotique* pour régénérer les races locales abâtardies. À cet effet, un propriétaire, agriculteur et éducateur de la commune de Saint-Étienne-Vallée-Française, adresse au ministre de l'Agriculture et du Commerce, le 17 mars 1853, une demande de renseignements concernant les facilités qu'il y aurait pour faire *grainer* des papillons de vers à soie dans le Piémont (Italie) [orthographe fautive respectée] :

---

[55] Soit environ 1850 € (données Insee communiquées à titre purement indicatif car reposant sur des hypothèses relativement fragiles).

[56] *L'Aigle des Cévennes*, revue hebdomadaire de la région d'Alès, 11e année, samedi 10 juin 1865.

[57] *Idem*, 13e année, samedi 20 avril 1867.

« Je soussigné, César Ferdinand Pierredon, propriétaire agriculteur et éducateur de vers à soie, habitant et domicilié à Serres, commune de St-Étienne Vallée Française, désirant aller en Piémont ou en Italie, pour acheter des cocons des meilleures qualités, et les faire grainer sur les lieux (c.a.d. faire produire des œufs par papillons), ai l'honneur de vous prier de me donner les renseignements et les facilités nécessaires pour cet objet.

« Depuis quelques années la récolte des cocons qui donnait de si beaux produits dans les montagnes des Cévennes, dont St-Étienne V.F. est le centre, et qui approvisionnait les filatures si renommées de Saint-Jean-du-Gard, manque complettement.

« Depuis aussi quelques années, les graines des Cévennes qui approvisionnaient presque tout le département du Gard, et partie de l'Hérault, de Vaucluse, et même de l'Ardèche, ne réussissent plus, et ne sont plus recherchées par les éducateurs de ces départements

« Par suite de ces circonstances, nos Cévennes sont complettement ruinées, et la misère ou la gêne atteignent tout le monde.

« Les habitants du pays attribuent ces mauvaises récoltes à une maladie inhérente à la graine (œufs) produite dans le pays, ont pensé qu'en faisant venir des graines d'Italie ou d'Espagne, ainsi que l'on fait pour les céréales, dont on fait venir, de tems en tems, les semences des pays éloignés pour les renouveller, on pourrait obtenir de meilleures récoltes de cocons.

« Déjà depuis deux ans, et cette année surtout, d'immenses quantités de graines d'Italie et d'Espagne ont été importées dans nos Cévennes, et beaucoup d'éducateurs ont eu de bons résultats avec ces graines.

« Mais la spéculation s'est emparée de ce genre de commerce et achète à bas prix en Italie et autre part des graines de qualité inférieure et beaucoup d'éducateurs sont victimes de cette odieuse tromperie.

« Pour prévenir cet inconvénient si grave, beaucoup de mes amis du Gard et des Cévennes, qui connaissent le succès des chambrées que j'élève chaque année dans le Gard et chez moi et qui ont reconnu que la graine que j'ai produite et vendue ces années-ci a mieux réussi que les autres graines du pays, m'ont engagé instamment à aller, cette année (juin et juillet) au Piémont, ou en Italie, achetter des cocons et les faire grainer sur les lieux.

« N'ayant aucuns renseignements exacts sur ces pays-là, j'ai l'honneur de vous prier de me faire connaître :

« 1° Quelles sont les localités du Piémont ou de l'Italie (Milan, etc.) où se produisent les meilleures espèces de cocons, tant pour la forme que pour la couleur.

« 2° Quelle est la direction ou route à prendre pour se rendre dans chacune de ces localités, en partant de St-Jean-du-Gard, ou d'Alais qui sont les villes les plus voisines de St-Étienne V.F. Et surtout la désignation détaillée de la route à suivre de la frontière à chacune de ces localités.

« 3° Quelle est l'époque de la montée des vers à soie dans ces localités afin que je puisse partir à tems.

« 4° Y a-t-il des droits de douane à payer pour importer la graine en France, et quelle est la quotité de ces droits ?

« 5° Quelles sont les formalités pour avoir un passeport ? »

Cinq semaines plus tard, toujours sans réponse du ministre ou de son bureau, notre éducateur s'impatiente et renouvelle sa demande le 28 avril :

« Je viens aujourd'hui supplier Votre Excellence de m'honorer au plus tôt d'une réponse afin que je puisse prendre mes mesures pour me rendre en Italie, en temps utile. »

Le ministre enregistre la relance le 7 mai et note en marge du document : « Chercher le précédent [courrier] et répondre[58]. » Le cabinet du ministre transmet le dossier au Bureau des encouragements qui a le regret d'avoir à annoncer à César Pierredon que l'époque est beaucoup trop avancée pour un tel projet et qu'il serait plus opportun de le remettre à l'année suivante. Cependant, l'inspecteur du Bureau ne manque pas de répondre à quelques-unes des questions de l'éducateur, celles qui sont de sa compétence.

*

* *

Bon an mal an, l'industrie française de la soie qui fournit le dixième de la production mondiale poursuit son activité au gré des années fastes et des années catastrophiques. La sériciculture nationale fut souvent affectée de 1688 à 1692, de 1750 à 1756 et de 1847 à 1858. Ces dates sont inscrites dans les annales de la vie agricole et urbaine de la région gardoise. Pour quelques magnaniers, les deux premières grandes périodes correspondent aux grandes épidémies, épizooties, famines ou disettes qui ont affligé l'Europe. Il y avait là une sorte de fatalité contre laquelle personne ne savait lutter. La dernière décennie a été précédée ou accompagnée d'épidémies, comme le choléra, la suette miliaire, la maladie de la pomme de terre, de l'olivier, de la vigne, etc., et dans une certaine mesure de celle du mûrier. L'abbé Boissier de Sauvages fut dans ce domaine un témoin digne de confiance. Cet illustre savant d'Alès, un peu oublié, sans avoir jamais quitté son petit coin de terre, fut tout de même le premier à avoir introduit à la fin du siècle précédant la *philosophie naturelle* de Newton dans le collège de la ville ; c'est aussi lui

[58] Archives nationales, dossier sériciculture, F/10/1738.

qui y mena les premières démonstrations de physique avec des instruments. Amateur de sciences, il était aussi un observateur de la vie agricole locale. Dans son traité sur *l'Art d'élever les vers à soie,* il raconte :

« Vers la fin du XVIIe siècle, on désespérait, après plusieurs années de mauvais succès, de pouvoir arrêter les maladies des vers à soie ; on arrachait partout les mûriers, comme des arbres inutiles, et il nous en resterait à peine quelques-uns de ce temps-là, sans la prévoyance de M. de Bâville, qui, en 1692, défendit, sous les peines les plus sévères, une dépopulation qui aurait été si préjudiciable au bien public. Il fit venir de nouvelles graines de l'étranger, qui furent distribuées dans les principaux endroits de la généralité, et l'on éprouva quelque amendement aux maladies dont on se plaignait[59]. »

Il n'empêche, la récolte chuta encore et la misère, comme toujours, suivit. En 1750, le fléau reprit et détruisit toute la production. Le parlement d'Aix autorisa alors les éducateurs à importer des graines d'Espagne ou du Piémont. Ce fut une embellie. Puis la maladie revint encore, pas suffisamment importante pour fixer l'attention des autorités publiques, « pour mettre en émoi les habitants des pays séricicoles et les décourager de la culture de ces mûriers qui étaient naguère l'objet des plus grands soins. » La récolte de cocons qui était de cent mille kilogrammes sous le règne de Louis XIV monta jusqu'à vingt-six millions en 1853. Cette année-là, à la pique de l'épidémie, le rendement n'était plus que de dix kilogrammes par once de graine. Après l'application de la méthode pastorienne de grainage, en 1886, il remonta jusqu'à trente-quatre kilogrammes par once et, au début du XXe siècle, culmina à quarante-cinq kilogrammes l'once.

*

* *

Depuis les années 1850, les accidents qui affectent les chambrées se multiplient : les éclosions se font de façon irrégulière ; les vers se développent paresseusement, parfois très mal ; beaucoup meurent avant la quatrième mue et ceux qui arrivent au bout de leurs métamorphoses filent mal leur cocon. De toute évidence, la graine est mauvaise. Maintenant, cette fragile économie de la région cévenole, affectée régulièrement, est en péril. Ailleurs, la situation n'est pas meilleure. Si l'épidémie dans le Midi prend une allure de fléau, elle affecte aussi d'autres régions : elle s'est montrée à Paris même dans les éducations du maréchal Vaillant ; à Sèvres chez Peligot ; au Jardin d'Acclimatation du Bois de Boulogne , les Pyrénées, les Basses-Alpes sont infectées ; même l'Italie plus lointaine donne des signes inquiétants ;

[59] Cité par Adrien Jeanjean.

nous n'évoquerons pas les pays d'Orient qui eux aussi n'échappent pas au fléau. Armand de Quatrefages, dans son rapport à l'Académie des sciences, au retour de son enquête dans le Midi rappelle quelques faits :

« L'année 1848 fut, pour les hautes et basses Cévennes, une année de réussite exceptionnelle. En 1849, les insuccès furent généraux. Le mal avait éclaté à la fois dans les plaines et dans les montagnes, à toutes les hauteurs et sur des points présentant les conditions les plus diverses, sur une étendue qu'on peut évaluer à 400 ou 500 lieux carrées. À cette première invasion, on compta d'abord un certain nombre d'îlots respectés. [Les *lieux respectés* furent en général dans le principe ceux qui étaient à la fois les plus isolés et les plus élevés ; mais cette règle présenta d'ailleurs bien des exceptions.] Ils furent successivement atteints les années suivantes, et toujours avec la même soudaineté. Presque partout un désastre complet succéda à une réussite parfaite[60]. »

Des autorités et quelques savants sont mobilisés, ici et là, pour trouver les causes de cette maladie et tâcher de remettre en marche l'industrie jadis fort prospère qui découle de l'éducation des vers à soie. Les vingt-six millions de kilogrammes de la belle éducation de 1853 ne sont plus à présent qu'un bien lointain souvenir que des jeunes générations d'éducateurs n'ont même pas connu. L'alerte est donnée : la récolte de 1865 tombe à cinq millions de kilogrammes. De mémoire d'homme, personne n'avait jamais vu une telle catastrophe.

Les Cévennes sont touchées au cœur ; il en est de même des Pyrénées et des Basses-Alpes. Même au-delà des Alpes on perçoit des signes inquiétants qui mobilisent les autorités du Piémont et leurs savants. De la Drôme voisine, département moins séricicole que le Gard, des témoignages aussi alarmants partent des bureaux de la préfecture. Ainsi, Pétiniaud de Champagnac, sous-préfet à Nyons, peut témoigner dans son rapport au préfet du département de la Drôme, en date du 24 juin 1856, de la situation catastrophique qu'il observe :

« ...Cette récolte [des cocons] dans mon arrondissement ne dépasse pas le quart d'une année ordinaire. Encore faut-il ajouter que presque partout les cocons sont de mauvaise qualité. Beaucoup de vers sont morts avant d'avoir achevé leur travail. Le cocon est faible, mou à ses extrémités, n'a pas de poids, et est d'une contexture grossière. En somme la récolte est déplorable. Les propriétaires eux-mêmes qui se flattaient d'avoir une réussite complète ont reconnu au peu du résultat définitif de leurs chambrées, qu'ils s'étaient trompés dans leurs prévisions.

« Mais c'est surtout aujourd'hui pour la fabrication de la graine que les propriétaires se rendent un compte exact et malheureusement alarmant du désastre qui frappa leur industrie. Tous les éducateurs sans exception s'étaient préparés à suivre vos excellentes instructions. Ils avaient retenu ou s'étaient procuré de beaux

---

[60] CRAS, 1859, t. XLVIII.

cocons pour faire eux-mêmes leur graine, et retrouver ainsi la race primitive du pays. Je peux malheureusement constater qu'aucune tentative de ce genre n'a jusqu'à présent réussi à l'heure qu'il est et même dans le canton de Nyons, la plupart de ceux qui s'étaient ainsi trouvé des cocons se sont hâtés, vu la dépense résultant de l'épreuve, de rendre leur provision aux filateurs. Il est avéré que, dans un grand nombre de cocons, le ver a été trouvé mort avant d'avoir terminé. Dans d'autres, la chrysalide a été noire et morte ; enfin les papillons qui ont pu sortir, ont eu à peine la force de s'accoupler, et la femelle n'a pondu qu'une quantité d'œufs insignifiante. J'ai vu sur un linge une douzaine de papillonnes qui, à elles toutes, n'avaient pu pondre deux cents œufs…[61] »

*

* *

En 1857, au moment où l'épidémie est à son comble, la production de soie dans le monde est insuffisante pour les besoins réels de la consommation. Un rapport fait à l'Institut impérial de France précise que la valeur de cette production peut être chiffrée à un milliard de francs, la France à elle seule en produisant environ 110 millions[62] (soit environ vingt-quatre millions de kilogrammes). À l'occasion d'une causerie à l'hôtel de ville d'Alès, vers la fin des années 1870, le conférencier, Antoine Laurent de l'Arbousset, évoque la situation économique des éducateurs et plus spécialement celle des éducateurs des environs d'Alès et des montagnes des Cévennes avant la catastrophe :

« La joie et l'aisance étaient dans les campagnes ; tout le monde élevait des vers à soie ; tout le monde filait ; c'était l'âge d'or. La période la plus prospère est comprise entre 1820 et 1850. On voit le prix des cocons, toujours rémunérateur par suite du succès général des éducations, s'élever de dix ans en dix ans. Il est de 3 fr. 75 le kil. pour la période de 1820 à 1829 ; de 4 fr 19 pour la période de 1830 à 1839 ; de 4 fr. 44 de 1840 à 1849[63]. La production qui avait successivement atteint le chiffre de 20 millions de kilog. tomba à 8 millions et demi entre 1861 et 1870… Malgré la crise, la France compte aujourd'hui [1877] 140 à 150 000 sériciculteurs [qui] produisent annuellement de 11 à 12 millions de kil. de cocons[64]. »

---

[61] Archives départementales de la Drôme, 7 M 56 M 3. Cité par Jean Laget : *Contributions baronniardes à la sériciculture et à l'industrie de la soie*, in : *Terres Voconces, Diois-Barronies*, 2007, n°9.

[62] Soit aujourd'hui environ 405 millions d'euros (données Insee communiquées à titre purement indicatif car reposant sur des hypothèses relativement fragiles.) *Rapport sur le mémoire de M. André Jean relatif à l'amélioration des races des vers à soie*, CRAS, 16 février 1857, t. XLIV, p. 2.

[63] Soit environ pour 3,75 francs : 14 € ; 4,19 francs : 16 € ; 4,44 francs : 16,50 € (idem).

[64] *Le Drapeau national. Alais et l'arrondissement*, dimanche 25 février 1877.

Même si, d'un document à l'autre, les chiffres sont parfois discordants, ils laissent voir le volume que représente cette économie et, par conséquent, l'ampleur du mal qui l'affecte en ce moment. On imagine sans peine la profonde désolation des Cévenols. Le sous-préfet d'Alès, Henri Bossu, signale, dans une note qu'il adresse à Émile Gueidan, préfet du Gard, que depuis quinze ans, son arrondissement a perdu au moins cent vingt millions de revenus.

*

* *

L'arrière-pays gardois semblait oublié, laissé à l'abandon, victime de l'indifférence générale, sauf de l'un de ses enfants, chimiste de premier plan, et surtout fin politique : le sénateur Jean-Baptiste Dumas. Hier ancien ministre de l'Agriculture, sénateur aujourd'hui, informé de toutes les souffrances de son « malheureux pays », il est chargé par ses pairs d'étudier le fléau qui touche sa région[65].

Une première fois, alors qu'il était ministre de l'Agriculture, il prit conscience de la catastrophe et écrivit son inquiétude à Eugène Lagarde, préfet du Gard :

« Monsieur le Préfet, j'ai reçu par votre intermédiaire, la copie d'une délibération du Conseil général de votre département concernant les dommages qu'éprouveraient les éducateurs de vers à soie dans la commune de Valleraugue, par suite d'une cause morbide inconnue qui attaque les vers à soie depuis plus de deux ans.

« Le Conseil a émis le vœu :

1° que les Agents français en Perse, dans l'Inde, principalement en Chine, reçoivent mission expresse et pressante d'expédier diverses qualités de vers à soie et de fournir les renseignements propres à en faciliter l'acclimatation et à en diriger l'éducation.

2° qu'un naturaliste soit chargé, en 1851, d'étudier dans les localités infestées la nature du fléau dont les atteintes si graves peuvent devenir désastreuses.

« J'ai l'honneur de vous annoncer que je suis non seulement disposé à accueillir les vœux émis par le Conseil général de votre département, mais que je les avais prévenus, déjà en effet nos agents français en Chine, etc., ont transmis, par mes ordres, des graines de vers à soie à l'Administration qui les a fait distribuer à plusieurs éducateurs ; ces envois se continuent. M. Casimir Chambon, d'Alais a dû en recevoir déjà une certaine quantité pour l'expérimenter. Quant à la maladie qui sévit si cruellement dans votre département et dont vous me faites connaître les

[65] Désiré Gernez, p. 6.

effets désastreux et dont rien dans votre lettre ne m'indique ni le nom ni la nature, ne serait-ce pas la muscardine ? Veuillez, je vous prie, faire faire par des hommes spéciaux, les recherches nécessaires, je vous serais reconnaissant de me tenir au courant des études que vous voudrez bien ordonner sur les symptômes et les progrès de l'affection dont vous m'entretenez…[66] »

Aussitôt, Jean-Baptiste Dumas invite le sous-préfet d'Alès, Clodomir de Chapelain, à lui faire connaître les résultats des expériences de Casimir Chambon, filateur ; à celui du Vigan, Achille Souquières, il demande la nature ou le nom de la maladie qui règne dans le canton de Valleraugue. Au mois de janvier 1851, le sous-préfet d'Alès répond au ministre Dumas qu'il est trop tôt encore pour connaître le résultat de l'éducation de cette année puisqu'il faut attendre septembre prochain pour constater les résultats. Le maire de Valleraugue, M. d'Angliviel, quant à lui répond au sous-préfet du Vigan qu'il est bien difficile à ce jour de déterminer la maladie mais « [qu']il est tout à fait certain qu'elle provient d'une altération de la graine. »

[66] Lettre du 2 décembre 1850. Archives départementales du Gard, 7 M 207.

Chapitre 2

Jean-Baptiste Dumas, l'enfant du pays

Le Comice agricole d'Alès, et d'une certaine façon aussi celui du Vigan, ont joué un rôle de tout premier plan dans la recherche de l'origine de la maladie des vers à soie. Le but des *comices*, associations libres d'agriculteurs, était de promouvoir de façon très pratique les progrès faits dans les différents domaines de l'agriculture et de l'horticulture, une fois leur valeur scientifique constatée. Ces comices étaient une vieille institution née au milieu du XVIIIe siècle, issue du mouvement physiocratique et que la Révolution avait enterrée. Ils furent remis au goût du jour dans les années 1830 et prospérèrent dans toute la France. Les publications issues de leurs réunions étaient très suivies. Le 15 décembre 1856, dans une lettre au sénateur Jean-Baptiste Dumas, Paul de Lachadenède, président du Comice d'Alès, lui annonce que, lors de leur dernière séance, il a été reçu au nombre de ses membres par acclamation :

« Le Comice s'honore, Monsieur le Sénateur, de compter au nombre de ses membres, un homme si haut placé dans le monde scientifique et si dévoué aux intérêts industriels et agricoles. Il ose espérer que vous voudrez bien prendre sous votre protection toute particulière et aider de vos lumières l'association qui dans votre pays a pour but le progrès et les améliorations dont notre agriculture locale a si grand besoin. »

Dans sa très belle lettre du 25 février suivant, Dumas remercie le Comice de l'honneur qui vient de lui être fait, mais surtout il expose au président, et à travers lui à tous les membres du Comice, ce que sera désormais la philosophie de son action :

« En recevant la lettre que vous m'avez fait l'honneur de m'adresser au nom du Comice agricole de l'arrondissement d'Alais, j'ai été bien touché de son souvenir et bien sensible au désir qu'il exprime de me voir rattaché à mon pays natal par un lien si visible.

« Quoique éloigné depuis longtemps de nos belles contrées, j'ai essayé de prouver au Comice que par mon zèle au moins je n'étais pas indigne de lui appartenir en écrivant le rapport sur les soies que j'ai l'honneur de vous envoyer en quelques exemplaires. Veuillez en accepter un exemplaire M. le Président et distribuer de ma part les autres à ceux de MM. les membres du Comice qu'il peut intéresser.

« Les misères agricoles qui ont désolé le Midy depuis quelques années sont faites pour lui attirer toutes les sympathies. Les grains, le maïs, la vigne, la soie, tout a été frappé à la fois, comme si la Providence par des avertissements répétés voulait rappeler que sous les climats les plus favorisés l'homme est encore condamné à une lutte perpétuelle avec la nature.

« Cette lutte que la loi divine nous impose, il faut l'accepter avec courage. Les exemples émanés du Comice apprennent sans doute aux populations rurales comment on parvient à surmonter ou à tourner les obstacles ; comment lorsque les saisons continuent à trahir leurs espérances, elles doivent en variant leurs cultures renouveller (sic) ou multiplier les chances du succès.

« Le Comice leur apprend par ses leçons et ses exemples que résister au changement est prudence ; savoir changer à propos et à tems est sagesse.

« Vous voulez que le progrès pénètre partout autour de vous et je m'associe pleinement à vos vues ; mais, vous croyez aussi que tout n'est pas à changer dans vos campagnes et je crains comme vous qu'on n'y ait trop changé déjà.

« Nous sommes donc unis de pensée, comme nous le sommes de cœur et vous me trouverez toujours à vos côtés, lorsque les intérêts de l'arrondissement le rendront utile ou convenable.

« Veuillez me servir d'interprète dans l'expression de ces sentiments auprès de MM. les membres du Comice, mes chers compatriotes, et croire, Monsieur le Président, aux sentiments personnels de ma plus haute considération[67]. »

On verra, plus loin, quel rôle important jouera le *Bulletin du Comice* d'Alès - idem pour celui du Vigan - lorsqu'il s'agira de faire circuler les théories de Louis Pasteur et sa méthode de travail :

« Les promoteurs de la création de cette multitude de comices agricoles que possède aujourd'hui la France étaient sagement inspirés. Elle est considérable l'influence de ces modestes Sociétés, où tant de zèle pour le bien se donne carrière sans autre mobile que celui de la satisfaction d'être utile et de mériter la considération publique[68]. »

*

* *

L'épidémie se répand, frappe toutes les éducations sans exception. Bien des théories circulent pour expliquer son origine ; peu sont satisfaisantes. Mais, le plus souvent, c'est la graine, sa qualité plus exactement, qui est mise en cause. Alors, à présent, l'espoir des sériciculteurs est de trouver une graine saine. Leur désespoir est de ne pas savoir où. Quelle confiance peuvent-ils accorder à ces marchands qui

[67] Brouillon d'une lettre de Jean-Baptiste Dumas, datée du 25 février 1857. Archives de l'Académie des sciences, papiers de J.B. Dumas, carton 25, dossier *Alais*.

[68] L. Pasteur, *La maladie des vers à soie*..., t .1, p. 316.

trafiquent honteusement les *œufs* au mépris des menaces qui pèsent sur eux, mais que les sanctions n'atteignent jamais ? Tout le monde s'accorde pour dire qu'il n'y a plus de graine saine produite sur le sol français, qu'il faut aller bien au-delà des frontières du territoire national pour en trouver. Et encore !

Les comices de chaque arrondissement sollicitent les bonnes volontés, ou à défaut désignent l'un des leurs, pour faire ces voyages qui ressemblent à des expéditions. Un agent spécial a été choisi par le Comice d'Alès pour « se rendre en Orient y recueillir des graines de vers à soie propres à régénérer [les] races indigènes ». À la demande de l'empereur lui-même, le ministère des Affaires étrangères a organisé ses bureaux pour faciliter le séjour des délégués des comices : l'ambassadeur à Constantinople, les agents français en poste à Beyrouth, Alep, Damas et Andrinople [aujourd'hui Edirne, en Turquie] sont invités, par courrier officiel, à prêter « tout leur appui » aux visiteurs.

En dépit de cette annonce, les choses ne semblent pas aussi simples à mettre en place : le ministère de l'Agriculture fait remarquer qu'autoriser l'importation de graines de vers à soie et interdire à d'autres graines (sic) l'entrée du territoire risquerait de provoquer des complications et d'engager la responsabilité du Gouvernement. L'Administration qui ne veut pas prendre de décision préfère dévier le coup : ne vaut-il pas mieux étudier « la question de savoir s'il serait utile d'établir, dans le département du Gard, des ateliers de confection de graines perfectionnées, subventionnés sur les fonds de l'État ? » Des ateliers à l'image de celui qui a été installé à Annonay dans l'Ardèche par exemple ? Une enquête est ouverte pour envisager cette possibilité. En attendant le résultat de cette étude, le Comice d'Alès propose diverses mesures pour enrayer la catastrophe économique qui découle des pertes successives et généralisées des élevages depuis plusieurs saisons.

De son côté, le Comice du Vigan, dans sa séance du 2 août 1856, autorise ses membres à désigner deux des leurs pour « aller faire leur graine en Orient ». Arnal fils, graineur à Loves près du Vigan et Galtier, graineur à Lasalle sont choisis pour cette mission. La Syrie semble, par une décision unanime du Comice, le meilleur pays à prospecter. Mais après un moment d'hésitation, le Comice revient sur sa décision et renonce à cette destination. Sur de nouveaux renseignements, il marque sa préférence pour la province turque de la Roumélie. Cette fois-ci encore, le zèle des ministères de l'Agriculture et de la Marine fait merveille : les deux mandataires du Vigan bénéficient du passage gratuit sur un des navires de l'État ; le commandant du bord les invite, aux frais du Gouvernement, à la table de l'État-major pendant toute la durée de la traversée. Une fois sur place, pour attendre la confection de la graine, Galtier prend pension à Andrinople et Arnal à Philippopoli.

*
* *

Le 28 janvier 1858, une première fois, le Comice agricole d'Alès dépose une pétition au Sénat dans laquelle il expose les « souffrances de l'industrie séricicole[69] ». L'activité de cette industrie représente une valeur de trois cent cinquante millions de francs[70]. Voici le texte de cette première pétition :

« Messieurs les Sénateurs,

« Les soussignés [comte de Rets, président honoraire ; Paul de Lachadenède, Président, Léonce Destremx, vice-président, Roux et Fabre, secrétaires, Despeyrac, trésorier], Membres du Comice agricole d'Alais, interprètes des propriétaires et cultivateurs de l'arrondissement ont l'honneur de vous exposer la détresse extrême à laquelle se trouvent réduites les populations qui vivent de l'industrie séricicole.

« Toutes les industries ont souffert de la crise commerciale que nous venons de traverser ; mais aucune n'a été aussi cruellement frappée que celle de la soie. Depuis plusieurs années la récolte des cocons, unique ressource de revenus dans la majeure partie des Cévennes, va s'amoindrissant de plus en plus par suite de la maladie des vers à soie et surtout à cause des fraudes sans nombre auxquelles donne lieu le commerce des graines. Les sériciculteurs ignorant ce qui se passe dans les pays lointains, se trouvent dans le plus grand embarras quand ils veulent se pourvoir de graines étrangères. Ils sont obligés de prendre au hasard ce qui leur est offert et le plus souvent ils sont indignement trompés.

« En présence d'un état de choses aussi fâcheux le Gouvernement de sa Majesté l'Empereur ne peut rester indifférent. Les soussignés osent espérer que, dans sa sollicitude, il ne reculera devant aucun moyen pour remédier à des désastres qui pèsent si lourdement sur un certain nombre de départements et dont les conséquences sont autrement déplorables que celles des inondations.

« Parmi ces moyens, Messieurs les Sénateurs, les soussignés pensent que les plus efficaces seraient :

« 1° La publication officielle des documents que le Gouvernement peut facilement recueillir sur la manière dont se comportent chaque année et l'éducation des vers et la fabrication des graines en pays étranger.

« 2° Le refus à la douane de toutes les graines qui ne seraient pas fixées sur les linges où elles ont été pondues et portant l'estampille des agents diplomatiques ou consuls des pays où elles ont été fabriquées.

---

[69] Bibliothèque du Sénat. Répertoire des pétitions, années 1852 à 1861, t. I, p. 191.

[70] Soit aujourd'hui environ 1 300 millions € (données Insee communiquées à titre purement indicatif car reposant sur des hypothèses relativement fragiles.)

« Ces mesures, il n'en faut pas douter, diminueraient dans une immense proportion les insuccès causés par le honteux trafic du commerce des graines.

« Quant à la maladie des vers à soie, c'est un fléau que la Providence seule peut éloigner de nous. Cependant parce qu'elle est enveloppée d'un mystère, on ne doit pas renoncer à l'étudier et à la combattre. Les soussignés sont d'avis que l'établissement de magnaneries modèles au centre de la production de la soie, l'institution d'expositions spéciales et surtout d'inspecteurs séricicoles produiraient des résultats les plus satisfaisants.

« Les soussignés ont l'entière confiance que le Sénat voudra bien prendre leur supplique en sérieuse considération. Ils sont convaincus que ce Corps illustre saura provoquer les mesures les plus propres à faire revivre une industrie si utile et qui contribue si puissamment à la prospérité de l'Empire[71]. »

Le trafic des graines a toujours existé, avant et après l'intervention de Louis Pasteur qui l'a combattu avec énergie. Un des rôles des autorités préfectorales est de mettre un peu d'ordre dans ce commerce devenu sauvage, de faire la police et de déjouer les escrocs. Ceci explique la surveillance des sous-préfets sur le territoire de leur compétence et les notes qu'ils rédigent à l'aide des renseignements fournis par leurs *agents*. Ainsi, le 6 avril 1896, Alfred Fabre, sous-préfet d'Alès envoie un télégramme à la préfecture de Nîmes dans lequel il donne la liste des maisons les plus importantes et les plus honorables de l'arrondissement d'Alès qui s'occupent du grainage des vers à soie et se livrent au commerce d'exportation :

« 1° Laurent de l'Arbousset, ex-fournisseur du gouvernement de Bulgarie, fournisseur du gouvernement portugais.

2° Société anonyme des grainages Darbousse, exporte en Italie.

3° Martel à St-Étienne-de-l'Olm, exporte également en Italie. »

De son côté, Joseph Chaleil, sous-préfet du Vigan, signale à l'attention de son supérieur les bonnes maisons du territoire de sa compétence :

« Les sériciculteurs les plus importants et les plus honorables de mon arrondissement sont les suivants :

- Bousquier Alphonse au Vigan.
- Portalès Casimir à La Rouvière.
- Gournet Alfred à Sumène.
- Lévy à Durfort.
- Perrier et Laget à Saint-Hippolyte.
- Chabal à Aumessas[72]. »

---

[71] Archives nationales, Pétitions rapportées au Sénat n° 243, CC/479.

[72] Archives départementales du Gard, 7 M 217.

Ainsi, en dressant une liste de fournisseurs recommandables, les sous-préfets éliminent sans les nommer, ceux que leurs informateurs jugent douteux.

*

* *

Les membres du Comice d'Alès reconnaissent dans cette épidémie une sorte de malédiction. Cependant, ils espèrent que le Gouvernement trouvera des mesures adaptées à combattre le fléau. Ils demandent surtout aux sénateurs de contrôler l'importation de la graine et très curieusement, peu de chose au sujet des recherches qu'il faudrait mettre en route pour trouver l'origine de la maladie, sinon peut-être d'envisager son étude. Suivant le rapporteur de la pétition présentée aux sénateurs, il apparaît que :

« L'insecte producteur est malade, étiolé, languissant : il transmet à la graine le germe morbide qui menace de détruire la race. »

Simple constatation ; rien de plus. En guise de conclusion, le rapporteur énonce un remède fort simple : il faut et il suffit de rendre sa vigueur à la chrysalide, et la graine future donnera de meilleurs produits. On ne peut mieux dire. Mais qui saura le faire ? Et comment ?

Comme les pétitionnaires l'ont dénoncé, pour la grande majorité des éducateurs un peu lucides, la maladie des vers n'est pas la seule cause de la catastrophe économique qui frappe le Midi. Il faut aussi y ajouter, nous venons de le voir, le trafic que quelques graineurs, indigènes et exotiques, âpres aux gains et peu scrupuleux sur le choix de la méthode de sélection, font peser sur leurs productions. Nous verrons comment ces méthodes peu honorables ne cesseront d'alimenter la crainte des sériciculteurs jusque bien après la fin des travaux de Louis Pasteur dans leur région. Émile Nourrigat, marchand de graine et éducateur héraultais, témoigne de la mauvaise foi ambiante et confirme les observations du Comice d'Alès faites aux sénateurs :

De « prétendus graineurs ont placé dans leurs ateliers de grainage où ils vont puiser par centaines de kilogrammes des graines dont l'état de conditionnement est plus ou moins douteux ; et bien qu'ils en ignorent les provenances, ils ne les garantissent pas moins comme les ayant eux-mêmes confectionnées dans les lieux les plus réputés. Voilà pour ce qui se passe en France sous nos propres yeux[73]. »

---

73 Émile Nourrigat, *De l'influence de la maladie végétale sur le règne animal et plus particulièrement sur le ver à soie*, Montpellier, Boehm, 1859, p. 12.

Ces charlatans effrontés agissent sous le couvert de titres imaginaires et pompeux. Ils font aussi circuler des prospectus mensongers sur lesquels ils impriment des qualités qu'ils s'attribuent sans vergogne et avancent des quantités fabuleuses de graines qu'ils prétendent produire au plus grand mépris de la vérité. Et, pour montrer le sérieux de leurs établissements, ils n'hésitent pas à faire suivre le poids de graines débitées chez eux par cette mention : « ne pas confondre avec des onces[74] ».

Personne, ni à Paris ni dans les régions séricicoles, n'a encore réussi à mettre un terme aux malversations de ces marchands. Et finalement, en dépit des moyens envisagés par le Gouvernement pour lutter contre cette fraude, toutes les études faites dans le Milanais et le midi de la France ne servent à rien pour trouver un remède permettant de soulager l'extrême souffrance de l'industrie de la soie. La perte est estimée pour l'année 1858 à près de cent millions de francs[75] ; la production de cocons qui était pour la France de vingt-six millions de kilogrammes en 1853 chute à sept millions cinq ans plus tard.

Ces chiffres parlent d'eux-mêmes. Les achats de graines étrangères avaient apporté un bref soulagement. Mais ils deviennent à présent beaucoup trop chers pour bien des éducateurs et, de plus, ils ne donnent que des succès incomplets, voire incertains. Quelques-uns parmi les sériciculteurs les plus touchés assurent que leur malheur vient de cette graine importée, or ce commerce n'existait pas avant l'épidémie actuelle. Par conséquent, il ne peut pas être à lui tout seul la cause du fléau qui sévit aujourd'hui. Comme beaucoup de magnaniers le pensent, la baisse de la qualité du grainage reste liée au relâchement du procédé de sélection, mais surtout à l'incompétence et à l'absence de scrupules de quelques revendeurs qui se laissent séduire par l'attrait d'un gain facile. Paradoxalement, les principales victimes sont les sériciculteurs aisés, les propriétaires terriens et les bourgeois campagnards car ils sont les seuls à pouvoir acheter cette graine à un prix devenu exorbitant aujourd'hui. En revanche, les paysans et les petits sériciculteurs se trouvent relativement protégés. Ils essaient de développer leur propre graine puisqu'ils ne peuvent accéder à ce marché bien au-dessus de leurs moyens : une telle dépense risquerait d'entamer le bénéfice provenant de la vente des cocons de l'éducation précédente[76].

---

[74] L'once est la mesure pondérale d'une unité de graine. Une once équivaut à 25 ou 30 grammes, suivant les régions. Chaque once donnait naissance à environ cinquante mille vers qui pouvaient produire jusqu'à soixante kilogrammes de cocons.

[75] Soit aujourd'hui environ 350 millions € (données Insee communiquées à titre purement indicatif car reposant sur des hypothèses relativement fragiles.)

[76] Françoise Clavairolle.

*
* *

Ancien candidat malheureux à la députation en 1846, Jean-Baptiste Dumas ne garda aucune rancœur à son adversaire politique, Félix de la Farelle, qui était aussi son compatriote et collègue à l'Institut. Ce dernier, protestant légitimiste, avait été préféré. Hélas, il ne fit rien pour sa région ; on lui reprocha vivement de n'avoir jamais écouté les plaintes qui arrivaient jusqu'à lui. Cette indifférence au sort des sériciculteurs cévenols lui valut son siège aux élections suivantes.

Aujourd'hui sénateur, Dumas reçoit chaque jour des nouvelles du pays qu'il représente à Paris. Il est sans cesse sollicité par des éducateurs qui pensent avoir trouvé un remède contre le fléau et lui demandent d'intervenir, surtout à l'Académie des sciences, pour faire connaître les procédés ou les remèdes dont ils se disent les inventeurs. Dumas qui ne représente pas directement les intérêts de la sériciculture ardéchoise est cependant connu pour avoir l'oreille de la profession. Ainsi, un certain Charles Nicod d'Annonay, en Ardèche, n'hésite pas. Il s'adresse directement à lui :

« À force d'études et de recherches depuis l'origine de la maladie des vers à soie, je crois avoir découvert un procédé qui indique en soumettant les graines à ce procédé, lorsqu'elles sont atteintes de maladie et lesquelles ne le sont pas. S'il vous convenait de me faire faire l'expérience sur un certain nombre d'échantillons, vous verriez par les résultats s'il y a concordance et si mon procédé dénote bien les graines de soie atteintes de maladie. C'est cent millions de francs que la France séricicole perd maintenant chaque année perte qu'on pourrait éviter s'il était prouvé que ma découverte est réelle… Sachant que vous vous occupez beaucoup de cette question des graines de vers à soie, j'ai pris la liberté de m'adresser à vous pour vous prier de donner communication de ma lettre à l'Académie. Je ne suis pas sûr de mon procédé d'une manière absolue, il faut la sanction de la prochaine récolte ; mais je ne m'avancerai pas ainsi si je n'avais pas une certitude presque complète[77]… »

À l'image de ce Nicod, bien d'autres solliciteurs qui croient faire des miracles partout lui adressent des notes, mémoires, demandes et autres écrits. Dumas les conserve, sans y donner suite la plupart du temps ; il sait trop ce que valent ces inventions et ces idées présentées comme seul moyen de sauver l'industrie de la soie.

---

[77] Lettre du 23 mars 1858, adressée à Jean-Baptiste Dumas. Archives Académie des sciences, Papiers de J.B. Dumas, carton 14, dossier *soie*.

*
* *

Au fur et à mesure des mois et des années, les correspondants du sénateur Dumas le tiennent informé de la progression de l'épidémie et de la catastrophe économique qui en découle. Selon Désiré Gernez, c'est un désastre qui pèse lourdement sur le Gard, celui des départements où la culture du mûrier est la plus développée et l'éducation des vers à soie la plus répandue. Or, parmi les conséquences de cette épidémie, il en est une qui émeut particulièrement le sénateur ; il l'expose à Paris devant l'assemblée de ses pairs :

« Une tendance à l'émigration des Cévennes commence à se faire sentir. Les populations voyant disparaître des ressources dont elles ont tant besoin, abandonnent les campagnes et vont chercher dans les villes des moyens d'existence qui leur font maintenant défaut d'une manière complète[78]. »

Six ans plus tard, en 1864, la situation du monde rural cévenol n'a fait qu'empirer. M. Gardie, membre du Conseil général lance à son tour un cri alarmant dans une pétition qu'il envoie, à titre personnel, à la chambre des sénateurs :

« Étrange revirement des choses humaines ! Il y a quinze ans l'arbre de soie (sic) était le gage d'une prospérité générale. La propriété jouissait d'un crédit illimité, le numéraire venait solliciter les preneurs... Aujourd'hui, quel changement ! Le gage est devenu illusoire, les épargnes sont épuisées ; la propriété est grevée ; les expropriations sont arrêtées par l'avilissement même du prix et le manque d'argent. Étrange privilège ! La misère protège la misère, comme s'il y avait des degrés après lesquels on ne peut plus descendre.

« Il suit de là que nos campagnes se font désertes, qu'un grand dégoût pour la vie rurale devient chaque jour plus prononcé, que l'on recherche, à la ville ou ailleurs, des moyens d'existence mieux assurés, et que les bras manqueront bientôt à la terre[79]. »

À la suite de toutes ces interventions, le sénateur décide d'user de son influence et de sa force de persuasion auprès de ses collègues. C'est donc au nom d'un intérêt national que Jean-Baptiste Dumas demande au Sénat une marque de bienveillance, à l'endroit des pétitionnaires du Comice d'Alès. Au cours de son intervention, le sénateur fait remarquer combien la question de l'origine de cette maladie demeure obscure, même aux plus avertis. Il aurait pu temporiser et s'en

---

[78] PV des séances du Sénat, t.1, 1858, pp. 423 et suiv.

[79] Archives nationales, pétitions adressées au Sénat, année 1865, CC/482/3.

tenir à un rôle « d'informateur », mais il préfère ne pas louvoyer. Il brosse alors un tableau très sombre de la situation de la sériciculture :

« Œufs, vers, chrysalides, papillons, la maladie peut se manifester dans tous les organes. D'où vient-elle ? On l'ignore. Comment s'inocule-t-elle ? On ne le sait. Mais son invasion se reconnaît à des taches brunes ou noirâtres qui apparaissent sur le corps de l'insecte. »

Après une longue discussion, l'assemblée sénatoriale décide de la formation d'un « corps savant » chargé d'étudier la question. On confie au chimiste-sénateur la charge de s'occuper de sa composition et de suivre le déroulement de la mission qui lui sera confiée. À son instigation, trois fortes personnalités du monde scientifique sont choisies, toutes trois membres de l'Académie des sciences : Armand de Quatrefages, longtemps médecin, aujourd'hui illustre professeur d'anthropologie au Muséum et de surcroît Cévenol d'origine, né près des sources de l'Hérault au pied du massif de l'Aigoual ; Eugène Peligot, un ancien élève avec qui Dumas avait mené jadis des recherches sur la fermentation alcoolique et Joseph Decaisne, botaniste au même Muséum. Ce *corps savant* est dépêché pour établir une sorte d'enquête préliminaire dont la mission principale est d'étudier « la maladie actuelle sur toutes ses faces » et de donner son avis « sur les conditions physiologiques, agricoles ou chimiques auxquelles la maladie pourrait être attribuée. » Sans le dire ouvertement, cette commission scientifique avait aussi pour but, d'en finir avec un ancien rapport qui faisait autorité jusqu'alors. Ce rapport rédigé par André Jean étudiait de « façon peu scientifique » les raisons du déclin de la sériciculture en France et ailleurs. Au nombre de ses curiosités, ce texte apprenait aux lecteurs, entre autres choses et sans rire, « comment les vers à soie étaient obligés de gagner leur nourriture par des exercices d'ascensions ; comment les meilleurs grimpeurs étaient choisis pour faire souche, et comment en soumettant leur descendance à un procédé semblable de sélection, on reproduisait enfin de fortes races[80]. »

Pour leur enquête, les trois commissaires se rendent à Avignon, à Orange, à Nîmes et à Montpellier. Dans chacune de ces villes, ils visitent ensemble des plantations de mûriers et de nombreuses chambrées. Puis, séparément, Peligot et Decaisne enquêtent à Alès alors que Quatrefages s'installe dans sa famille aux Angliviels, campagne située près de Valleraugue, dans ses hautes Cévennes natales, là où « les éducations, étagées à des hauteurs diverses au-dessus du niveau de la mer devaient permettre de prolonger et de répéter au besoin les observations[81]. »

---

[80] Cité par A.-W. Hoffmann, p. 405.

[81] *Rapport fait au nom de la sous-commission chargée par l'Académie d'étudier la maladie des vers à soie dans le midi de la France*, CRAS, 1859, t. XLVIII.

Son champ d'action se limite à trois vallées : celle du Vigan, celle de Valleraugue, et celle de Saint-André-de-Valborgne.

*

* *

Au retour de la mission des académiciens diligentés par le Sénat, Armand de Quatrefages publie, après les rapports officiels, une *Étude sur les maladies actuelles du ver à soie.* Le monde scientifique loue l'esprit de clarté et de méthode de ce travail. Dans les faits, le traité demeure l'ouvrage d'un naturaliste qui n'a pu déjouer « le mal si intense, si compliqué » qui continue d'affecter les chambrées de vers à soie. Cependant, l'auteur qualifie la maladie d'héréditaire, de contagieuse et d'épidémique. On le voit, c'est donc beaucoup plus qu'un simple rapport de naturaliste. Peligot de son côté reconnaît que la maladie ne s'explique par aucun fait chimique appréciable, contrairement à l'opinion largement répandue de Franz von Leydig, éminent professeur de zoologie à l'Université de Tübingen en Allemagne qui avait travaillé aussi sur cette question. Quant à Decaine, il démontre que le mûrier ne peut pas être la *cause première* de la maladie, l'état convenable de la feuille étant toujours le même. Les conclusions de cette équipe sont bien établies, mais ne semblent pas satisfaisantes. Alors, était-elle la meilleure pour étudier les causes de la maladie ? Était-ce une erreur de choix ? Peut-être ? Mais, rien n'est moins sûr. En fait, tout le monde attendait un remède que les commissaires ne donnent pas, évidemment. Mais était-il dans la mission de cette équipe d'en trouver un ? À aucun moment sur leur *feuille de route,* le mot n'est mentionné.

En tout état de cause, le problème n'est toujours pas réglé ; la situation ne cesse de se dégrader, là-bas dans la « petite patrie » du sénateur Dumas : cette terre d'Alès « pleine de charme, de beauté et de poésie, éden enchanteur, fermé d'un côté par les crêtes dentelées des vertes Cévennes, et, de l'autre par la ceinture d'argent des Gardons… » L'éden raconté par les hommes de lettres, sur le terrain s'avère être une sorte d'enfer. Que faut-il faire ? Doit-on laisser à l'abandon une activité qui a été pendant si longtemps le fleuron de l'industrie française ? Quelle autre activité pourra jamais la remplacer ? Ou alors, existerait-il dans le pays un homme capable d'étudier l'épidémie ? de trouver sa ou ses causes ? et finalement de donner un remède ?

Dumas est persuadé qu'il existe quelqu'un à qui le Gouvernement pourrait confier cette mission devenue, au fil des ans, quasi impossible à remplir. Il pense depuis quelque temps à l'un de ses anciens élèves, l'un des plus doués sans aucun doute de tous ceux qu'il a connus. De plus, il le rencontre régulièrement aux séances de l'Académie. Souvent, il s'entretient avec lui des recherches qu'ils mènent l'un et l'autre sur les phénomènes de la fermentation alcoolique. Pourquoi ne pas confier à cet ancien élève cette si délicate mission ? Un beau jour, Il lui en parle. Son interlocuteur ne comprend pas bien quelle action il pourrait mener dans un pays qu'il ne connaît, avec des insectes dont il ignore tout. Dumas revient sur son offre, insiste et lui dit qu'il donnera au ministre de l'Agriculture et du Commerce, Louis Béhic, le nom d'un chimiste pour étudier cette épizootie. Ce chimiste, cet élève, c'est Louis Pasteur.

Commence alors une longue hésitation : Pasteur craint les remarques de ses adversaires, et surtout invoque plusieurs fois son incompétence dans un tel domaine. De plus, est-ce bien raisonnable pour le savant d'abandonner les belles perspectives que lui offrent ses travaux en cours pour se lancer dans les ténèbres de l'inconnu ? Dumas insiste vraiment[82].

Émile Duclaux se souvient très bien du jour où Pasteur, arrivant dans son laboratoire de la rue d'Ulm, lui dit « avec un peu d'émotion dans la voix » :

« Savez-vous ce que M. Dumas vient de me demander ? D'aller dans le Midi étudier la maladie des vers à soie. »

Le maître et son préparateur se posent alors les mêmes questions :

« Il y avait donc une maladie des vers à soie ? Il y avait donc des pays qu'elle ruinait ? »

Peu de temps après cette offre, très peu de temps après, Pasteur prend le parti d'aller voir de plus près comment se présentent les choses. De fait, il n'a su résister ni au charme de son ancien professeur ni à la confiance qu'il lui accorde : son vénéré maître a parlé, il y a pour lui un devoir d'obéissance à accomplir. Duclaux, lui aussi, sait combien il est difficile de résister au chimiste :

« On le sentait si Maître ! et avec cela il était si enveloppant. »

Mais avant de partir, parfait scientifique habitué à une rigoureuse méthode de travail, Pasteur veut en savoir un peu plus. Il fait disséquer devant lui un ver blanc ou une larve, Duclaux ne sait plus très bien, à présent, quand il évoque ce souvenir. Puis, dans les jours qui suivent, Pasteur assiste à plusieurs séances de la Commission impériale de sériciculture d'où il revient « plus découragé qu'éclairé ».

*

* *

Le séjour prévu dans le Midi où Pasteur n'a jamais mis les pieds, le savant l'imagine mieux à présent. Au fil des jours, il se fait à l'idée que cette mission peut

---

82 Paul Brouardel, p. 10.

tout à fait entrer dans le cadre des recherches qu'il est capable de mener. L'étrangeté du sujet qu'on lui propose ne doit pas l'arrêter ; il y a pour lui comme un défi qu'il veut bien relever. À présent, les informations recueillies ici et là fixent mieux dans son esprit le cadre de son futur travail.

Mais, là-bas sur le terrain, il devra sans cesse, pour poursuivre ses expériences, aller d'une magnanerie à l'autre, d'un bourg à un autre, par des routes pénibles. Toujours par voies et par chemins, comment fera-t-il lui qui n'a pas l'âme d'un *gyrovague*, c'est le moins qu'on puisse dire ? De plus, le laboratoire qu'il dessine déjà dans sa tête, la structure « carrée » de sa méthode, la lourdeur de son équipe et de son train familial, tout cela va le contraindre à une sorte de sédentarité qui semble, pour l'heure, incompatible avec la nature même de la mission qu'on va lui confier.

Même si ce n'est pas tout à fait à son goût, il partira. Il partira donc en vertu de l'obéissance qu'il doit à son ancien professeur. Il lui faudra oublier un moment les recherches de la science pure où l'on peut espérer encore beaucoup de découvertes de ce puissant génie[83]. Et puis, à tout considérer, cette mission s'inscrit bien dans la logique de ses travaux.

Sa destination Alès, tout au nord du Gard, au pied de la Cévenne méridionale, là où la large plaine du Languedoc, après les ondulations arides de la Garrigue, vient mourir doucement au pied des premières terrasses de pierres sèches des mûraies et des châtaigneraies.

*

* *

Au lendemain de la disparition de Jean-Baptiste Dumas, la municipalité d'Alès décide d'ériger un monument à sa mémoire. Une souscription est ouverte en ces mots dans *le Figaro* et *la Gazette de France* :

« … Alaisiens, nous faisons appel à votre patriotisme et à votre justice ; il n'y a point de politique à faire en présence du savant Dumas ; il est à vous, c'est un compatriote qui illustre notre cité ; unissons-nous pour élever un monument digne de ce nom et de ce génie… »

De son côté, la Société littéraire et scientifique d'Alès, sous la présidence de Pierre Escalle, directeur des Forges de Tamaris, prend aussi l'initiative d'ouvrir une souscription :

«… Tout le monde comprendra que c'est sur une des places publiques de sa ville natale que sa première statue doit s'élever. »

---

[83] Eugène Rolland, Discours, *Funérailles de J.-B. Dumas*, 1884.

Fig. 6. Portrait de Jean-Baptiste Dumas, enfant du pays, chimiste de renom, membre de l'Académie des sciences, ancien ministre de l'Agriculture et sénateur du Gard.

PROGRAMME

SAMEDI 19 OCTOBRE

A six heures du soir, **Salves d'artillerie.**

A huit heures, **Retraite aux flambeaux avec Pégoulade, grande Farandole provençale.**

Assaut d'armes au Théâtre municipal, sous le patronage de la Société d'Escrime, avec le concours de la Musique municipale.

DIMANCHE 20 OCTOBRE

Cette journée est consacrée à la *grande fête Cévenole*, donnée à la mémoire du marquis de LAFARE-ALAIS par les Sociétés Félibréennes, Littéraire et Artistique d'Alais.

A sept heures du matin, **Salves d'artillerie.**

A huit heures et demie, **Distribution de bons** aux malheureux, au Secrétariat du Bureau de Bienfaisance.

A neuf heures, **Réception,** à la Gare, par la Municipalité, le Conseil municipal, la Musique municipale et le Comité, des Invités des Maintenances de la Provence et du Languedoc.

A dix heures, à la Mairie

VIN D'HONNEUR

Offert dans la salle des Etats au Capoulié, aux Invités et aux Tambourinaires.

De dix heures et demie à midi, **Aubades des Tambourinaires** aux Autorités, **Promenades en ville.**

A une heure et demie, **Réunion des Délégations** officielles à la Mairie.

A deux heures

Inauguration du Buste du marquis de LAFARE-ALAIS

A l'entrée de l'Avenue du Bosquet; **Cantate de BOREL,** exécutée par les Sociétés Chorales et Musicales de la ville sous la direction de l'Auteur.

Fig. 7. Inauguration de la statue de Jean-Baptiste Dumas.
Programme des « fêtes d'Alès » pour les journées des 19, 20 et 21 octobre 1889.

DES FÊTES

A trois heures et demie, **Jeux floraux** dans la Cour du Collège des filles ; **Distribution des récompenses** aux Lauréats des Concours.

A six heures et demie

Grande Felibrejado (BANQUET).

Le soir, **grande Représentation au Théâtre ; Illuminations publiques,** le Bosquet sera illuminé à giorno ; **Danses et Farandoles** sur la place de la Mairie et dans les principales rues de la ville.

LUNDI 21 OCTOBRE

A neuf heures du matin, **Réception,** à la Gare, des Représentants du Gouvernement, de M PASTEUR, des Délégations de l'Institut et autres Sociétés savantes et des Invités, par la Municipalité, les Membres du Conseil municipal et les Délégués du Comité DUMAS.

A dix heures, **Arrivée des Invités** à la Mairie, escortés par la Compagnie des Sapeurs-Pompiers et précédés par la Musique municipale et les Trouvères.

A dix heures et demie

Inauguration du Lycée DUMAS.

De neuf heures à midi, sur l'Avenue de la Chaussée, **grande Course de vélocipèdes.** (Un Comité d'amateurs est chargé de l'organisation et de la distribution des récompenses.)

A une heure et demie, **Réunion,** à la Mairie, des Invités officiels et des Délégations.

A deux heures un quart

Inauguration de la Statue J.-B. DUMAS

Sur la place Saint-Sébastien

Sous la présidence de M. PASTEUR, membre de l'Institut.

Fig. 8. Ancienne statue de Jean-Baptiste Dumas, place Saint-Sébastien, fondue en 1942 par les autorités françaises à la demande des Allemands.

Fig. 9. Nouvelle statue de Dumas, inaugurée en novembre 2000, placée devant la cité administrative d'Alès.

Les souscriptions provoquent une émulation exceptionnelle : les fonds arrivent de toutes parts, quarante-cinq mille francs sont récoltés dont onze mille venant du Comité d'initiative d'Alès[84] ; les bonnes volontés sont mises à contribution. Quelques idées jugées sympathiques sont proposées pour composer les bas-reliefs du piédestal. Mentionnons celle du félibre Albert Arnavielle dont le cœur d'Alésien et de Cévenol tressaille à l'idée de participer à ce projet. Il propose de faire graver sur le socle de la statue la devise que le savant aimait à citer dans la langue de sa mère : *Quau travaio, fai soun mas* [Celui qui travaille fait sa maison]. Cette belle idée n'est pas retenue par l'artiste méridional, le statuaire Puech[85], à qui est confiée la réalisation de l'œuvre.

*

* *

Les manifestations qui accompagnent l'inauguration de la statue de Jean-Baptiste Dumas, sur la place Saint-Sébastien, sont empreintes d'une solennité exceptionnelle. Face à la promenade de la Maréchale, la municipalité avait récupéré l'espace du *Téras* qui avait été longtemps exploité pour sa terre glaise et ses pierres calcaires[86]. Ces exploitations désaffectées sont alors comblées et aménagées pour recevoir la statue du grand chimiste.

---

[84] *Les tablettes d'Alais*, journal industriel, scientifique et littéraire paraissant le samedi de chaque semaine, tiennent ses lecteurs informés des souscriptions qui arrivent au Comité d'initiative dirigé par monsieur A.R. Péchiney : du 26 juillet 1884 au 21 février 1885, quarante-cinq listes de souscripteurs sont imprimées dans le journal pour un total de 10 866 francs. Parmi les premiers souscripteurs figurent la Compagnie des Produits Chimiques d'Alais et de la Camargue (usines Péchiney de Salindres) pour 500 francs et M. Péchiney lui-même pour 200 francs. Le dernier souscripteur pour 5 francs est un certain Paul Gély. Parmi les plus généreux donateurs au Comité national, on trouve les noms de l'empereur du Brésil pour un don de 1 000 francs, Louis Pasteur et Henri Marès pour 300 francs chacun et Warren de La Rue, célèbre chimiste britannique, pour la somme de 500 francs. Le ministère de l'Instruction publique pour sa part verse une somme de 3 000 francs.

[85] Le statuaire Denys Puech, qui commença sa carrière dans les garrigues provençales en taillant des branches de buis et de chêne, est aussi l'auteur de la « pièce montée » allégorique à la gloire de Francis Garnier située dans l'axe de l'avenue de l'Observatoire à Paris ; on lui doit aussi la banale *Victoire ailée* placée devant l'admirable mur en grès rose de la cathédrale de Rodez. (Louis Réau, *Histoire du vandalisme*, Paris, Robert Laffont, 1994.)

[86] Le choix de l'emplacement de la statue fut longtemps débattu : le comité d'installation pensa un moment à la place du lycée où Dumas aurait été dans son milieu « en se trouvant à l'entrée de l'école du sanctuaire de la science » ; mais « au point de vue de l'art », la place Saint-Sébastien semblait « le seul et l'unique endroit de la ville où l'on peut édifier un monument et une statue convenable. » Article signé Léonce Balme, in : *La Fraternelle, Gazette de l'arrondissement d'Alais paraissant tous les dimanches*, 28 février 1886.

Les festivités s'étalent sur trois jours. Leurs splendeurs font l'objet de longs reportages dans les gazettes :

« Pas une note discordante n'a troublé l'harmonie de cette belle journée du 21 octobre. La veille, il avait beaucoup plu, mais ce jour-là le soleil a montré ses rayons et ainsi que l'a fait remarquer Monsieur Pasteur, il ne pouvait faire moins pour Monsieur Dumas[87]. »

À l'occasion de ces « fêtes d'Alais », les 19, 20 et 21 octobre 1889, de nombreuses personnalités font le déplacement. L'empereur du Brésil Dom Pedro Ier est représenté par son ambassadeur le baron d'Estrella, l'Institut par Edmond Becquerel, Gaston Darboux et Armand de Quatrefages, l'Académie de médecine par Gariel, l'Académie française par Gaston Boissier. Quant à Louis Pasteur, sollicité par le Comité d'organisation, il avait été invité pour rendre hommage à son maître, à celui qui l'avait décidé d'accepter sa mission dans le Midi. Par ce geste, c'était aussi pour les Alésiens la plus belle occasion de revoir celui qui avait tant fait pour leur région. Le comité chargé de l'organisation des festivités, ayant jugé qu'aucun établissement hôtelier de la ville n'était assez digne de recevoir de telles personnalités, s'était chargé de leur trouver des hébergements chez les notables réputés *respectueux* par l'administration préfectorale[88]. Monsieur de Lachadenède, ami personnel de Pasteur, le logea ainsi que M. Faye, ministre de l'Agriculture, accompagné de son directeur de cabinet M. Tisserand et deux attachés : MM. Daubrée et Badouin.

La municipalité avait profité de l'événement pour inaugurer en même temps le buste du poète local le marquis Gustave de la Fare-Alais. Pour cette occasion, les félibres Mistral et Roumieux lisent sous une pluie battante, après la *grande felibrejado* (le banquet), des poésies en provençal : Mistral parle de la langue du peuple, Roumieux chante, avec son entrain accoutumé, son populaire *Mazet*. Les trois jours de festivités prennent fin par un banquet, donné le 21 octobre dans les salons du Casino de l'Évêché, demeuré mémorable à bien des convives. Les services avaient été préparés par le restaurant Vacher qui servit dans l'ordre : des petits vol-au-vent Montglas, un saumon sauce mayonnaise, un filet aux champignons, un chaud-froid de perdrix, des pâtés de Strasbourg accompagnés de cèpes à la bordelaise, une salade russe et une bombe sultane. Le rôti était un faisan de Bohême. Du saint-georges, du chambolle-mussigny et du champagne Moët-Chandon accompagnèrent

[87] Lettre de Paul Brongniart, neveu par alliance de Jean-Baptiste Dumas, à sa cousine, elle aussi de la famille des Dumas, le 23 octobre 1889. Archives de l'Académie des sciences, Papiers de J.B. Dumas, carton n°1.

[88] Selon le *vocabulaire* du corps préfectoral : les parlementaires sont impuissants, les notables respectueux, les autres fonctionnaires obéissants et les populations dociles. Bernard Le Clère, *La vie quotidienne des préfets au XIXe siècle (1815-1914)*, in : *Les préfets en France*, Centre de recherches d'histoire et de philologie de la IVe section de l'École pratique des Hautes Études, Genève, Droz, 1978.

les mets. Pendant ce temps, un peu plus loin, sur la place de l'hôtel de ville et dans le jardin du Bosquet illuminé *à giorno*, la jeunesse dansait des farandoles.

*

* *

Louis Pasteur avait accepté avec enthousiasme la présidence du comité provisoire chargé du patronage des cérémonies. Il avait toujours gardé contact, même vingt ans après son dernier séjour dans la région, avec « ses amis d'Alais ». À Paris, il les avait reçus avec une vive émotion, juste avant la réunion du jury qui devait choisir le projet de la statue.

Pour l'inauguration, occasion exceptionnelle si chargée d'émotion, à chacun, par-dessus tout, il aime rappeler ses séjours au domaine du Pont-Gisquet, quand il s'occupait de la maladie des vers à soie. Pasteur était en sympathie, « dans le sens admirable du mot » comme l'écrit René Vallery-Radot, avec les Alésiens. Cette attention si particulière a frappé un chroniqueur qui la rapporte dans son article :

« M. Pasteur aimait Alais car depuis vingt-cinq ans, il l'avait quitté et en avait conservé les moindres détails locaux présents à la mémoire[89]. »

Dans le courant de l'après-midi, juste avant le banquet, tous les députés et sénateurs du département sont sur l'estrade aux côtés du ministre de l'Agriculture et de Monseigneur Gilly, évêque de Nîmes. Jamais on ne vit si bien remise au goût du jour l'expression aujourd'hui si controversée : « les autorités civiles, religieuses et militaires ».

Pour présider les cérémonies, Louis Pasteur était arrivé la veille, le dimanche à quatre heures, accompagné de sa femme Marie et de son gendre René Vallery-Radot. Il assiste silencieux à la première manifestation que le Comité des fêtes avait cru bon d'ajouter : l'inauguration du buste du marquis de la Fare-Alais, célèbre félibre local. Puis, du jardin public, le cortège officiel se dirige vers une statue voilée, à l'autre bout de la place Saint-Sébastien, derrière l'hôtel de ville. En tête marche la musique militaire suivie de la fanfare municipale dont les fifres acides et les roulements des *tambourinaïres* rythment les pas des farandoleurs. Le ministre donne le bras à Pasteur qui paraît très fatigué. Suivent les membres de l'Institut en costume.

« J'ai reconnu plusieurs savants de Montpellier, écrit Paul Brongniart, que j'avais vus autrefois à Paris, chez Dumas rue Saint-Dominique : M. de Rouville, Marès[90]... »

[89] *Mémorial des fêtes d'Alais*, p. 48.

La rue Dumas où passe la procession laïque a été pour l'occasion ornée à chacune de ses extrémités d'arcs de triomphe en feuillage ; la brave femme qui habite *la maison Dumas* l'a garnie de guirlandes de fleurs et de lauriers « extérieurement et intérieurement ». De la foule se détachent quelques badauds qui veulent approcher les personnalités. Parmi eux, un « parent au cinquième degré » glisse dans la poche du petit-fils de Jean-Baptiste Dumas, capitaine d'État-major à Nancy, deux acrostiches, d'une écriture bien appliquée, mais sur un pauvre morceau de papier :

« **D**e la ville d'Alais, il fut un pauvre enfant
Un enfant qui grandit sous l'aile de sa mère
Mais l'étude pour lui fut un levier puissant
Avec lequel il put sortir de la misère
Sans oublier jamais cette ville si chère.

« **D**ans la ville d'Alais, il passe sa jeunesse.
Un jeune et pauvre huissier fut l'auteur de ses jours
Mais en étudiant et travaillant sans cesse ;
A la fin, il parvint aux honneurs au (sic) richesses,
Sans cesser de penser à son pays toujours[91]. »

Plus de vingt mille personnes accourues de tous les environs suivent les événements. Le public est amassé partout, près de l'escalier de la promenade de la Maréchale, au pied de la citadelle et dans les rues voisines ; toutes les fenêtres aux alentours sont bondées ; on a vu des jeunes gens courir sur les toits en prenant de grands risques. Et, lorsque le voile qui recouvre la statue tombe au son du vingt et unième coup de canon, une clameur monte et envahit la foule : Jean-Baptiste Dumas faisant son cours est représenté debout, le bras droit à moitié levé, la main fermée ; seul l'index est tendu, il paraît indiquer à l'assemblée un chemin à suivre ; l'autre bras est appuyé ferme sur les pages d'une expérience scientifique. C'était le geste favori du chimiste[92], de celui qui fut ministre de la République et sénateur de l'Empire et dont quelques-uns ont déploré la perte pour la science militante.

Louis Pasteur, sur l'estrade des personnalités officielles, s'avance et prend la parole. Il rappelle alors à tout le monde ce jour mémorable à jamais qui est à l'origine de son premier séjour à Alès. Dans son allocution, le savant parisien déclare à propos du chimiste, son ancien maître :

---

[90] Lettre de Paul Brongniart à sa cousine, de la famille des Dumas, le 23 octobre 1889. Papiers de J.B. Dumas, Archives de l'Académie des sciences, carton n°1.

[91] Billet conservé dans les papiers de Jean-Baptiste Dumas, Archives de l'Académie des sciences, carton n°1.

[92] Voir annexe note n°3.

« Son enseignement avait ébloui ma jeunesse ; j'ai été le disciple des enthousiasmes qu'il m'avait inspirés. Son autorité, son pouvoir d'âme étaient si grands que, quand il me demanda en 1865, le plus dur des sacrifices, celui d'interrompre mes recherches sur les fermentations pour venir dans votre pays étudier, sans que rien m'y eût préparé, le fléau qui ruinait la sériciculture, je lui répondis ce simple mot : disposez de moi.

« – Ah ! me dit-il alors, avec une intonation où éclatait tout son cœur d'enfant d'Alais, ah ! partez ! La misère dépasse tout ce que vous pouvez imaginer !

« Ce qu'il me fallut d'efforts durant cinq années pour triompher de cette maladie des vers à soie qui désolait vos magnaneries, je n'ai pas à le rappeler. Mais, dans l'expression de votre reconnaissance dont je suis si profondément touché, n'oubliez pas la part d'initiative qui revient à M. Dumas. »

Il faut être très près de Pasteur pour entendre son discours tant il a de la peine à articuler. Envahi par l'émotion, il ne peut plus ajouter un mot. Qu'importe ! La foule lui fait une ovation. Jamais encore dans ce pays où les habitants sont si réservés, on avait eu l'occasion de faire une telle liesse. Au milieu du brouhaha qui monte vers l'estrade, ses voisins, Ferdinand Roux et Léopold Balme, l'entendent dire :

« Oh ! mes amis que je suis heureux de me retrouver au milieu des Alaisiens que j'aime tant ! »

Vers cinq heures, lorsque la série de discours prend fin, dans la salle des États de l'hôtel de ville voisin, au cours d'une cérémonie qui fut ajoutée au programme au dernier moment, la Société d'agriculture remet à Pasteur un rameau de bruyère en argent avec des cocons en or, le tout fixé sur une plaque de marbre « d'un très bel effet ». Enfin, pour clore les cérémonies officielles, le maire offre au savant le texte d'une délibération du Conseil municipal, datée de la veille, qui stipule que dorénavant la rue du Collège s'appellera rue Pasteur. Le savant est à bout de force. Il demande la permission de se retirer et de ne pas assister au banquet qu'il doit présider. Le cortège des autorités, suivi de la foule des badauds encore dans les rues, lui font une escorte jusqu'à son lieu de séjour chez son ami Paul de Lachadenède[93], à la Chaussée au Lycée, dans le quartier du Tempéras. Ce dernier, riche propriétaire fort instruit en sériciculture est le président du Comice agricole du canton d'Alès ; c'est aussi l'un des plus importants éducateurs de la région. Mais surtout, tout le monde ici loue sa générosité : il fournit régulièrement à son jardinier et à un de ses fermiers de la Prairie plusieurs onces de graine pure pour l'éducation de la saison à venir. Bien qu'élevées dans « des conditions extrêmement rustiques », ses graines sélectionnées par la méthode de Pasteur donnent toujours

[93] *Le Figaro* du 21 octobre 1889.

des résultats très satisfaisants[94]. Paul de Lachadenède, nous le verrons par la suite, fidèle parmi les fidèles, sera le plus fervent adepte des travaux de Pasteur ; il sera aussi celui qui comptera le moins son temps et son énergie pour faire connaître et appliquer avec rigueur, la méthode de sélection préconisée par le savant.

*

* *

Depuis ce fameux jour de 1865 où Jean-Baptiste Dumas avait demandé à Pasteur de s'occuper de sa pauvre région, le temps a passé. Et la situation de l'industrie séricicole n'a cessé de s'aggraver. Il faut trouver des solutions ! une solution peut-être ! Chacun propose sa recette, donne des conseils pour traiter les mûriers ou les vers : fleur de soufre, cendre, suie, goudron, chlore, acide sulfureux, rhum, absinthe ; rien n'y fait[95]. Un pharmacien des Vans, en Ardèche, ancien camarade de Jean-Baptiste Dumas à l'école de monsieur Bourgogne, confectionne et vend un remède dont il se garde bien de donner la composition. Mais en revanche, il n'hésite pas à demande à son ancien condisciple « un coup de pouce » pour le faire connaître au public. Il lui adresse une lettre :

« Dans ce pays [l'Ardèche] on cultive beaucoup les vers à soie et on redoute beaucoup une maladie qu'on appelle *muscardin*. Voyant dans le commencement de ma pratique comme pharmacien que ceux qui s'adonnent à cette culture employaient divers procédés pour les prévenir et n'y parvenant que difficilement, j'imaginai de faire une combinaison de plusieurs substances que je voyais essayer isolément. Je n'espérai guère obtenir un meilleur résultat lorsque j'ai vu chaque année le nombre de personnes qui s'adressaient à moi augmenter et me faire l'éloge du moyen qu'ils tenaient de moi. Bref, des personnes notables dans la culture des vers à soie de ce département et des départements voisins m'ont assuré d'être constamment préservés du muscardin par ma composition. Si véritablement le hasard m'a conduit à une découverte utile, il serait avantageux au public d'en profiter. L'expérience seule pouvant prononcer sur l'efficacité de ma composition, il convient d'en propager l'usage pour en constater les résultats réels ou imaginaires. Pour parvenir à ce but, il faut lui donner de la publicité. Mais comment obtenir cette publicité ? C'est à ce sujet que je vous prie de donner votre avis et au besoin votre appui[96]… »

---

[94] Jules Raulin, *Mémoire sur l'éducation des vers à soie en vue du grainage*, 1873.

[95] Boutet, p. 124.

[96] Lettre adressée à J.-B. Dumas. Archives Académie des sciences, papiers Jean-Baptiste Dumas, carton 14, dossier *soie*.

Des sollicitations comme celle-ci, Dumas en reçoit chaque jour par le courrier. De toute évidence, il les range dans ses archives et ne donne pas suite. Il préfère défendre son dossier au Sénat ou devant les ministres, même s'il sait qu'aucun des secours avancés à la hâte par le Gouvernement n'améliorera l'état de l'économie locale et des Cévenols.

Au Sénat, lors de la séance du 9 juin 1865, Jean-Baptiste Dumas est appelé par le président, en qualité de rapporteur, à exposer deux pétitions nouvelles qui présentent un caractère de gravité extrême. Pour cela, exceptionnellement, elles ont été mises à l'ordre du jour au dernier moment. L'une est signée par trois mille cinq cent soixante-quatorze maires, conseillers municipaux et propriétaires fonciers des départements du Gard, de l'Hérault, de l'Ardèche et de la Lozère[97], l'autre émane d'un particulier, le sieur Limagne, instituteur à Orange[98], dans le Vaucluse. Toutes deux adressent les mêmes vœux au Gouvernement : que celui-ci prenne en considération « la dépréciation que la maladie des vers à soie a causée aux terres plantées en mûriers ». La terre qui valait dix sous l'acre ne vaut plus rien aujourd'hui. La valeur foncière chute, les acheteurs ne se manifestent plus : il ne peut même pas être question de vendre son lopin de terre pour passer la crise. De plus, les pétitionnaires « demandent que diverses mesures soient prises, notamment pour diminuer les charges de la propriété par le dégrèvement de leurs terres, pour mettre chaque année à la disposition des éleveurs des graines de meilleure provenance, et pour assurer l'étude de toutes les questions qui se rattachent à cette épizootie persistante, tant au point de la pathologie qu'à celui de l'hygiène[99]. »

Point par point, par l'intermédiaire de Louis Béhic, ministre de l'Agriculture et du Commerce, le Gouvernement répond qu'il cherche depuis longtemps les moyens de remédier à la situation « fâcheuse » de l'industrie séricicole :

- Premier point : le dégrèvement demandé a été mis en place depuis plusieurs années. Il est accordé aux propriétaires « chaque fois qu'ils en font la demande et

---

[97] Au nombre des communes, ou cantons pétitionnaires, on trouve pour l'Hérault : Ganges et Saint-Martin-de-Londres ; pour l'Ardèche : Aubenas, Largentière, les Vans, Beaulieu, Sablières, Chandolas, Faugères, Auriolles, Saint-Alban-sous-Sampzon, Planzolles, Saint-Genest-de-Bauzon, Grospierres, Payssac, Vernon et Rozières ; pour la Lozère : Saint-Germain-de-Calberte et le Pont-de-Montvert ; pour le Gard : le Comice agricole de l'arrondissement d'Alais, M. Gardie, membre du Conseil général, les communes ou cantons d'Alais, Salindres, Anduze, Saint-Ambroix, Saint-Jean-du-Gard, Génolhac, Lédignan, Vézénobres, Barjac, Portes, Meyrannes, Saint-Florent, Cendras, Sénéchas, Rousson, Ribaute, Saint-Paul-la-Coste, Blannaves, Soustelle, Saint-Martin-de-Valgalgues, Méjannes, Saint-Julien-de-Valgalgues, Saint-Hilaire-de-Brethmas, Les Plans, Saint-Christol, Saint-Jean-du-Pin, Lasalle, Uzès, Lusson et Bagnols.
Archives nationales, pétitions présentées au Sénat, CC/482/3.

[98] Voir annexe note n°7.

[99] PV des séances du Sénat, t.3, 1865, pp. 577 et suiv.

qu'ils justifient de leurs pertes par un certificat du maire de la commune[100] ». Le ministre des Finances eut son mot à dire, bien entendu ; son cabinet aussi car au bas de la pétition adressée au Sénat par les membres du Conseil municipal et divers propriétaires fonciers de la commune de Salindres, un conseiller sénatorial chargé d'étudier la question fiscale a noté au crayon, sans état d'âme :

« La réduction du contingent des départements séricicoles dans la contribution foncière, au tableau inséré dans les lois de finances, donnerait immédiatement satisfaction aux intérêts en souffrance : les Conseils généraux de ces départements feraient profiter spécialement les plantations de mûriers de cette réduction ce qui n'empêcherait pas qu'il ne dût être procédé à de nouvelles évaluations et classifications[101]. »

- Deuxième point : le ministre de France au Japon a été invité à frapper d'un timbre spécifique les cartons de graines achetées ou confectionnées dans ce pays par les nationaux de France, ceci afin d'éviter le trafic de certains négociants graineurs fort malhonnêtes : c'est une façon de marquer l'origine de la graine et de certifier sa qualité.

- Troisième point enfin : une commission particulière a été chargée, par une décision de l'empereur lui-même, de l'étude de toutes les questions relatives à l'amélioration de la situation de l'industrie séricicole.

Toutes les mesures décrétées depuis Paris ne changent pas grand-chose à la condition des populations de la campagne, loin de là : l'exode continue. À la tribune du Sénat, le constat de Dumas est accablant :

« Les récoltes de la soie qui faisaient l'aisance ou la richesse de [la] population [des quatre départements méridionaux] à tous les degrés sont anéanties... Les ouvriers et ouvrières employés à ce travail, les familles qui y consacraient en si grand nombre leurs économies, leurs soins personnels et leur demeure, tout cet ensemble subit une détresse et un grand découragement. »

La crise économique qui couvait depuis longtemps est installée maintenant : « des hommes éminents, des économistes distingués ont caractérisé, il y a longtemps ce triste état de choses[102]. » Déjà en 1859, Léonce de Lavergne signalait dans un mémoire rédigé à l'attention de l'Académie des sciences, la situation déplorable de l'industrie séricicole. Il exprimait de bien tristes pressentiments sur son avenir. Or, depuis cette époque, la situation s'est tellement aggravée que les sériciculteurs sont arrivés au « terme de la détresse qui touche au désespoir ». Pour les propriétaires de mûriers, le Crédit Foncier a cessé d'exister, le fermage est

[100] Répertoire des pétitions adressées au Sénat, année 1865, p. 109.

[101] Archives nationales, pétitions adressées au Sénat, année 1864, CC/482/3

[102] Archives nationales, service de pétitions du Sénat, pétition des membres du Conseil municipal de Saint-Martin-de-Londres (Hérault), n° 158. CC/482/3.

devenu impossible, les biens ne trouvent plus d'acquéreurs ou ne se vendent qu'à vil prix :

« Ainsi des populations entières, renommées par leurs vieilles habitudes de travail et de sobriété, sont exposées à manquer de leurs moyens naturels d'existence, et notre Nation est menacée de la perte de cette belle industrie de la soie, qui est la gloire la plus incontestée du génie commercial de ses habitants, parce que le goût français y tient le sceptre. »

*
* *

Que faire pour enrayer l'épidémie ? Arracher les mûriers comme en 1688 ? Fermer les magnaneries et les filatures ? Émigrer vers les villes ? De 1851 à 1861, la population des campagnes diminue de 10% et ce sont surtout les hommes valides qui partent, laissant les femmes, les enfants et les vieillards[103]. Et pour comble de malheur, à la maladie qui est à l'origine de la catastrophe économique, s'ajoutent les comportements abusifs du Crédit agricole et du Crédit foncier qui refusent comme gage les propriétés plantées en mûriers qui, selon leurs experts, ne valent plus un sou.

Jean-Baptiste Dumas touché par tous les désastres qu'on ne cesse de lui rapporter remue ciel et terre à Paris pour faire accélérer l'application des mesures décidées. Il propose quelques mesures immédiates pour empêcher l'exode des paysans. C'est une question d'économie nationale où l'illustre secrétaire perpétuel de l'Académie des sciences déploie toute sa sagacité et toute son ardeur. L'une des premières mesures proposées est l'ouverture de chantiers de travaux publics dont le but avoué est de retenir la population sur place. Pourquoi pas ? Dans cette démarche, le sénateur est relayé à l'assemblée du Corps législatif par le député Auguste Fabre, ancien conseiller à la Cour de Nîmes, qui demande, lui aussi, l'ouverture de chantiers « pour employer les bras inoccupés des ouvriers qui ne peuvent plus trouver les moyens de vivre par la culture du ver à soie. » De surcroît, cette mesure aurait l'heureux effet de conserver les mûriers – qui ne sont pas malades et dont les feuilles ne sont pas insalubres – dans ce pays de petites cultures, où chacun possède un lopin de terre avec quelques arbres. Ils ne seraient arrachés éventuellement qu'à la dernière extrémité. Mais, le sénateur doit surtout faire oublier l'idée émise par certains qui verraient bien la culture du tabac remplacer celle de *l'arbre d'or*. C'est un peu vite oublier que le terrain pauvre de la région ne peut pas convenir à son développement.

---

[103] Léonce de Lavergne, *Revue des deux mondes*, cité par E. de Masquard in : *Les maladies des vers à soie*, Nîmes, 1868.

*
* *

Près d'un an après, dans sa délibération du 31 août 1866, le Conseil général du Gard reprend à son compte l'idée d'ouvrir de grands travaux publics pour secourir « les campagnes désolées, comme aussi les agglomérations ouvrières où les filatures chôment. » La panacée des « grands travaux » plaît beaucoup et à tout le monde. D'autres propositions, même si quelques-unes sont farfelues, ne manquent pas d'affluer sur les bureaux du Sénat. La plus intéressante est sans doute celle de l'ingénieur et directeur général de la Compagnie du Paris-Lyon-Méditerranée, Paulin Talabot[104], qui fait espérer pour le prochain hiver « un commencement d'entreprise de quelques travaux d'art entre Quissac et Le Vigan, sur le chemin de fer de Lunel à cette dernière ville. »

Les mesures gouvernementales ne peuvent, hélas, suffire à faire évoluer la situation des éducateurs. Bien entendu, il faut d'abord soigner le mal et mettre en place « l'étude des procédés propres à faire disparaître la maladie et à prévenir son retour. » Les pétitionnaires du Midi réclament aussi une étude nouvelle de la maladie, de son origine, des conditions de sa propagation et des moyens de la combattre. Étude systématique et pratique à la fois qui avait toujours été négligée par les auteurs des travaux ou enquêtes déjà réalisés. Ces mêmes pétitionnaires « verraient donc avec une profonde reconnaissance qu'une commission spéciale fut constituée en permanence après du ministre de l'Agriculture… » Elle aurait pour mission, entre autres choses, « de discuter toutes les mesures commandées par la situation au point de vue de l'hygiène » et surtout de contrôler l'état des graines qui viennent de l'étranger (Japon, Chine, Orient, etc.), état le plus souvent défectueux. Cette question des graines avariées fait l'objet de nombreux rapports et même de pétitions particulières présentées au Sénat. La question semble si importante que quelques pétitionnaires n'hésitent pas à demander une répression correctionnelle à l'encontre des marchands de mauvaise foi, ceux qui mettent en vente sur le marché des graines impropres à l'éclosion. La répression des fraudeurs n'est pas facile à mettre en place : il s'agit de punir un délit, or l'arsenal répressif existe déjà, mais il est difficile à appliquer. Dans l'hémicycle, certains sénateurs pensent qu'il pourrait être question de ne considérer que la simple tentative et, dans ce cas-là, de la réprimer aussi sévèrement que le délit caractérisé : les escrocs qui jouent avec la misère et la naïveté des éducateurs mériteraient le même châtiment que les criminels de la pire espèce. De nombreux sénateurs font remarquer avec raison que

[104] Paulin Talabot, co-propriétaire des mines de charbon de La Grand'Combe, est aussi le promoteur de la ligne de chemin de fer qui relie le bassin minier d'Alès à la Méditerranée. Notons aussi au passage qu'il est président du Conseil général du Gard.

la jurisprudence dans un tel domaine demeure « assez flottante ». La commission sénatoriale tout en éprouvant « la plus vive sympathie pour les souffrances signalées » ne donne pas son appui « à des mesures probablement peu efficaces[105] ».

À la fin de la séance, après la lecture de son rapport suivi de l'intervention du commissaire du Gouvernement, Jean-Baptiste Dumas donne lecture d'une lettre qu'il vient juste de recevoir du Comice agricole d'Alès dans laquelle son président reprend les arguments concernant la fraude constatée dans le commerce de la graine :

« On peut dire d'une manière générale que toutes les graines de reproduction indigène, après deux ans de perfectionnement, ont échoué.

« Les graines du Japon, de première importation et de provenance authentique, ont seules donné un résultat vraiment satisfaisant.

« Mais l'approvisionnement de cette bonne graine ayant été infiniment au-dessous des besoins des éducateurs, la récolte se trouve être la plus mauvaise qu'on ait eue depuis quinze ans. Elle atteint à peine au vingtième d'une récolte moyenne.

« Le fonctionnement des filatures sera extrêmement réduit ; le travail manquera pour un grand nombre d'ouvrières, et la matière première pour nos fabriques de soieries, montera à un prix exagéré, surtout si le débouché de l'Amérique vient à se rouvrir.

« Quant à la situation des propriétaires qui vivent de la culture du mûrier, elle est déplorable. La majeure partie des terres à mûriers ne produira pas le montant de l'impôt payé ou à payer en 1865. »

À ces derniers mots, un mouvement d'ensemble parcourt l'hémicycle et Dumas estime qu'il est inutile d'ajouter quoi que ce soit après un tel tableau. Voilà la situation qui s'offrait au sénateur et qu'il doit prendre en charge. Que peut-il faire depuis Paris ? Son action reste limitée : il n'est qu'un simple politicien sans cesse balancé entre les solliciteurs, les pressions de son parti et l'inertie gouvernementale. De plus, il demeure impuissant devant l'action à mener sur place où l'on attend tellement de lui, même des miracles. La maladie qui est à l'origine du malheur de ses Cévennes n'est pas de son ressort. Il en est de plus en plus sûr maintenant. Seul Pasteur « pourrait peut-être faire la lumière dans le chaos où depuis quinze ans se débattent les savants et les sériciculteurs sans qu'aucun des remèdes proposés et essayés eût apporté le moindre bienfait[106]. »

Avant de clore la séance, les sénateurs prononcent par un vote unanime le renvoi de la pétition au ministre de l'Agriculture qui s'empresse d'y donner suite en instituant une commission.

---

[105] PV des séances du Sénat, année 1866, t. 2, pp. 755 et suiv. Au sujet des méthodes frauduleuses utilisées par les graineurs, voir aussi la note n°10 placée en annexe.

[106] Grancher, p. 11.

Chapitre 3

Il faut un sauveur pour la région

À cette époque, en 1865, la question primordiale pour les éducateurs du Midi est de connaître l'origine de la maladie du ver à soie. La plupart des auteurs qui ont étudié la question l'attribuent à la dégénérescence des mûriers[107]. Lors des réunions du Comice d'Alès, presque entièrement consacrées à cette question si vive, de nombreux observateurs en prenant la parole affirment que la maladie du ver a suivi celle des végétaux. Dans ce cas, les savants auront donc à trouver d'abord si les végétaux sont malades ? Ensuite, ils devront découvrir l'origine et la nature de leur maladie ? Et si elle est transmissible, et de quelle manière, au ver à soie ? Ceux qui croyaient que la maladie des vers venait de la feuille du mûrier ont essayé de le traiter comme la vigne, par le soufre. Sans résultats ?

Les sériciculteurs partagent leurs essais et leurs échecs lors des réunions du Comice où d'autres questions sont aussi débattues : quelles sont les contrées affectées ? quels sont les terrains qui résistent le mieux aux attaques du mal ? quels sont ceux qui résistent le moins ? les terrains calcaires ? les terrains granitiques ? les terrains humides ? les terrains secs ? Pourquoi la race *trivoltine* qui s'élève et se reproduit en été, qui est nourrie avec les secondes feuilles, a-t-elle résisté à la maladie ? Bien d'autres questions encore sont évoquées, les principales au sujet des installations : quel est le meilleur mode d'aération d'un atelier ? quels sont les meilleurs désinfectants à employer pendant l'éducation et surtout pendant la grenaison ? D'autres questions encore sur l'arrivée de cette maladie qui demeure incompréhensible : la gatine a-t-elle divers degrés ? Quelle différence y a-t-il entre la gatine et la pébrine ? Une forte chaleur peut-elle expurger une chrysalide infectée ? Et comment expliquer cette curiosité que tous les observateurs rapportent : l'histoire de cette maison située au centre de Saint-Hippolyte-du-Fort restée pendant cinq ans exempte de toute infection alors que le village entier était atteint[108] ?

---

[107] *Bulletin du Comice agricole de l'arrondissement d'Alais (Gard)*… Alais, A. Veirun, 1866, n° 33, p. 508.

[108] Armand de Quatrefages, dans le rapport présenté à l'Académie des sciences, le 21 mars 1859, au retour de son enquête dans les Cévennes avait déjà noté cette curiosité : « Dans les contrées le plus rudement éprouvées par le fléau, il est toujours quelques éleveurs qui réussissent *constamment*, tandis que tout le monde échoue autour d'eux. Ensemble ou séparément, vos Commissaires ont visité à

Toutes ces questions posées ne reçoivent pas toujours de réponses ; des solutions possibles, mais d'une tout autre nature, se présentent aux sériciculteurs. Par exemple, des inventeurs proposent d'apporter le secours de leur génie à la sériciculture souffrante. Ainsi, le sieur Bourguet, géomètre au Cambonnet, dans le canton de Saint-Jean-du-Gard, propose au préfet du Gard, le 8 octobre 1857 un brevet SGDG pour la réforme générale de l'éducation des vers à soie :

« Si je viens aujourd'hui présenter au public une réforme générale de l'éducation des vers à soie, c'est parce que je vois cette précieuse industrie dans une situation désolante et à la veille de s'anéantir pour toujours si on suit le train habituel pour venir à l'aide des bonnes graines rassurer le propriétaire et l'éducateur déconcertés, et leur faire regagner avec moins de peine ce qu'ils ont perdu en quelques instants après de longs et pénibles travaux[109]. »

Le manuscrit du brevet envoyé à la préfecture de Nîmes est orné de beaux dessins aquarellés représentant les installations d'une magnanerie idéale selon les idées de son inventeur. Des projets, des brevets destinés à sortir de la crise sont proposés par centaines ; la plupart semblent inutiles, voire farfelus.

*

* *

La maladie dont tout le monde parle, *la pébrine*, tire son nom, selon Adrien Jeanjean, éducateur et maire de Saint-Hippolyte-du-Fort, de *pebre*, mot du patois languedocien qui veut dire poivre[110]. Il rappelle à l'esprit le symptôme le plus saillant de cette épidémie : la dissémination de taches noires sur la peau de la nymphe et sur les ailes du papillon. Ce n'est pas une maladie nouvelle. Elle est connue depuis des lustres, mais sous d'autres nominations : *acétrophie* selon Charrel, *dystrophia myceta* suivant Lébert, *atrophie contagieuse* d'après Géra, *hydropisie* si l'on suit Cornalia et *étisie* selon Dumas.

En 1862, Adrien Jeanjean, cette fois-ci en qualité de secrétaire du Comice agricole du Vigan, est sûrement l'un des meilleurs observateurs de l'épidémie

---

Montpellier les ateliers de M. Marès ; au Vigan, ceux de M. Berthezède ; à Valleraugue, ceux de Mme Soulier, trois personnes qui ne comptent pas encore un seul échec, qui *ont du bonheur*, selon le langage populaire. Vos Commissaires se sont aisément expliqué cette *heureuse chance*. Chez ces trois éducateurs, ils ont trouvé les règles de l'hygiène observées à des degrés divers, et les succès, pourrait-on dire, étaient dans un rapport marqué avec la rigueur de cette observance. » CRAS, 1859, t. XLVIII.

[109] Archives départementales du Gard, 7 M 205.

[110] Le naturaliste Armand de Quatrefages fut le premier à avoir désigné, dans son rapport de 1859, la maladie sous ce nom-là. Après lui, il sera repris par tous les auteurs, y compris Louis Pasteur, qui citent ou en ne citent pas leur source.

depuis de nombreuses années. Sans cesse, il entretient de son évolution les lecteurs de son bulletin. Dans l'introduction de son ouvrage, *Conseils aux éducateurs*, il brosse de sa région un tableau désespérant qui résume bien l'étendue du fléau :

« Le voyageur qui aurait parcouru, il y a une quinzaine d'années, les montagnes des Cévennes, et qui reviendrait actuellement sur ses pas, serait étonné et vivement affecté des changements de toute nature qui se sont opérés en si peu de temps dans cette contrée.

« Jadis, il voyait, sur le penchant des collines, des hommes agiles et robustes briser le roc, établir avec ses débris des murs solidement construits, destinés à supporter une terre fertile, mais péniblement préparée, et élever ainsi, jusques au sommet des monts, des gradins échelonnés, plantés en mûriers. Ces hommes, malgré les fatigues d'un rude travail, étaient alors contents et heureux, parce que l'aisance régnait à leur foyer domestique.

« Aujourd'hui les plantations de mûriers sont entièrement délaissées ; l'*arbre d'or* n'enrichit plus le pays, et ces visages, autrefois radieux, sont maintenant mornes et tristes : là où régnait l'abondance ont succédé la gêne et le malaise. »

Quelques années plus tard, alors que l'épidémie des vers à soie a étendu son emprise, en décembre 1864, monsieur Gardie, membre du Conseil général du Gard, fait le même constat, mais il déplore en plus l'impuissance des scientifiques et n'imagine rien ni personne capable de tirer son pays de la catastrophe économique :

« Le fléau qui a frappé de mort l'industrie du ver à soie n'a pas de point de comparaison dans ce siècle de progrès et de civilisation. Il semble que ce soit là une des calamités publiques d'un autre âge, à laquelle la science moderne aurait dû soustraire la génération actuelle.

« ...Après des travaux considérables mais sans résultats, la science a en quelque sorte abdiqué devant ce mystère de destruction... Une seule conquête est restée c'est le nom de fléau lui-même.

« Le mal est donc sans remède. Le secret efficace qui échappe à l'intelligence humaine repose entièrement dans les mains de Dieu... Il suit de là que le présent est détruit, que l'avenir est sans espérance et qu'aucune illusion n'est plus possible[111]. »

On peut voir à la lecture de ce texte à quel point de désespoir les sériciculteurs sont rendus. Beaucoup semblent renoncer, succomber à une fatalité. Ils sont prêts à accepter n'importe quelles solutions, même celles de plusieurs charlatans qui ne manquent pas de se manifester ici ou là. Et, lorsqu'ils apprennent que leur sénateur va leur envoyer « un savant », ils s'accordent tous, ou presque, pour lui réserver le meilleur accueil possible.

---

[111] Archives nationales, Pétitions adressées au Sénat, année 1865, CC/482/3.

*
* *

Depuis que Jean-Baptiste Dumas, fameux chimiste, « le premier de son ordre » dit-on, son ancien professeur et aujourd'hui son collègue à l'Académie des sciences a demandé à Louis Pasteur d'intervenir, lui a mis dans la tête qu'il est le seul à pouvoir faire quelque chose pour son malheureux pays, le savant ne cesse de retourner la question dans tous les sens. Dumas lui dit que *son Midi* souffre, mais cela suffit-il pour qu'il se mette en quête de trouver les moyens de le guérir ? Cependant, son maître a parlé. En bon élève et disciple de ce temps, il doit obéir. L'offre est, bien entendu, flatteuse pour le jeune savant quadragénaire qui hésite encore à accepter le défi lancé par son ancien professeur. Mais, à tout bien considérer, le sujet ne lui semble pas tout à fait en dehors du cadre de ses études présentes : il croit depuis longtemps que ses recherches sur les fermentations et les générations spontanées ne resteront pas sans trouver des applications dans les domaines de la physiologie et de la pathologie animales[112]. Voilà que s'offre à lui le champ d'application idéal de ses intuitions. Mais, il lui faut encore un peu de temps avant de donner son accord. Il s'informe de la question : que sont donc ces vers et quelle est la nature des maladies qui les affectent ?

*
* *

Dans le cénacle des savants, cette mission vite connue ne passe pas sans grincements de dents. On n'en comprend pas très bien la nature et surtout on ne comprend pas très bien le choix du sénateur. D'une part, Pasteur n'est plus tout à fait un inconnu dans le monde scientifique, même si les résultats de ses travaux sont controversés ; mais d'autre part, le public ne sait pas grand-chose de ses recherches et de son action. Ses recherches sur les fermentations ont laissé une forte impression, très favorable à son égard. En revanche, ses travaux sur les générations spontanées ont ouvert de vastes débats dans les assemblées savantes. Ils s'étalèrent aussi au grand jour dans les colonnes des revues spécialisées, et les affrontements qu'ils occasionnèrent ont laissé au sol plusieurs victimes, dont quelques-unes et pas des moindres, à jamais blessées. Madame Godélier, femme du médecin de la famille Pasteur, dans une lettre à son père, le 16 avril 1864, raconte la belle leçon qu'elle a entendue sur ce sujet :

---

[112] L. Descour, p. 99.

« Je sais que tu n'es pas de son avis [avis de Pasteur], mais dans tous les cas tu aurais rendu justice, en ennemi généreux, au talent d'exposition du professeur, et ses belles expériences [sur les générations spontanées] auraient peut-être modifié tes idées. Cette leçon fort applaudie a eu du retentissement. M. Pasteur grandit tous les jours dans l'opinion du monde savant. »

Du clan de ses victimes, de ses détracteurs et de leurs amis, montent, au moment où Dumas propose le nom du savant, de très vives contestations. Ainsi, le professeur Joly de Toulouse ne peut s'empêcher de blâmer l'État pour avoir confié une pareille mission à un chimiste plutôt qu'à un zoologiste qui serait plus habile « à manier le scalpel et le microscope ». À la rigueur, des physiologistes initiés aux secrets de la vie ou des médecins familiers des microbes auraient mieux fait l'affaire.

*
* *

En acceptant cette mission, Pasteur sait qu'il s'attaque à une question complexe, terriblement obscurcie par des préjugés et des observations mal faites et mal communiquées. Mais aussi et surtout, il devra tirer les sériciculteurs hors des théories absurdes où ils se sont égarés depuis presque un demi-siècle : les théories officielles, du chimiste Dandolo et du sériciculteur « national » Camille Beauvais[113].

Alors, selon une habitude instituée en méthode, Pasteur commence par amasser toute la documentation possible sur le sujet à étudier. C'est ainsi qu'il applique à la lettre une phrase de Buffon qu'il cite volontiers : « Rassemblons des faits pour avoir des idées. » Au fur et à mesure des jours, ses très vagues notions de sériciculture se précisent. Il parcourt les livres et les articles publiés sur la matière. De cette masse, il voit très rapidement ce qui mérite d'être retenu et ce qui peut être négligé. Il lit aussi les rapports de la commission qui avait été envoyée dans le Midi et qu'Armand de Quatrefages avait rédigés. Tout de suite, il repousse l'idée d'une influence épidémique d'ordre climatique suggérée dans le rapport. Entre Pasteur et Quatrefages s'était installée une sorte d'antipathie non avouée, mais sensible à ceux qui fréquentaient l'Académie où ils avaient l'habitude de se croiser. En fait, cette détestation réciproque ne cessa jamais. Quatrefages, dans une lettre adressée à un confrère de l'Institut, probablement Jean-Baptiste Dumas, montre à

[113] Camille Beauvais avait créé pour le compte de l'État une magnanerie perfectionnée aux bergeries de Sénart, près de Paris. Selon ses détracteurs, les vers à soie étaient traités « comme un minerai devant cuire en tant d'heures et à tel degré, au moyen de chauffage artificiel, ventilateur mécanique… » Pour bien des sériciculteurs, aucun ver ne peut résister à un tel traitement. Selon eux, l'origine de l'épidémie serait plutôt dans l'abandon des anciennes pratiques : « petites éducations, peu de chauffage et beaucoup d'aération. »

quel point encore en 1877, alors que depuis longtemps l'un et l'autre ne s'occupent plus de la maladie des vers à soie, leur animosité reste latente :

« Vous avez bien voulu me dire hier que mon nom n'était pas écrit dans la note que vous a remise M. Pasteur et je me suis tout d'abord tenu pour satisfait. Pourtant la réflexion m'a montré que, sans me nommer, notre honorable confrère pouvait avoir tenu un langage tel que je serais obligé de répondre. Il peut s'en suivre une discussion que me serait extrêmement pénible. J'aurais à prouver à M. Pasteur bien des choses qui lui seraient très désagréables. Par cela même que je me suis occupé des mêmes questions, on pourrait attribuer mes critiques quelque justes qu'elles fussent au fond, quelque modérées qu'elles fussent, dans la forme, à des sentiments que, grâce à Dieu, je n'ai jamais éprouvés. En ce moment, occupé que je suis d'études fort différentes, le temps qu'exigerait une discussion approfondie me mettrait en retard d'une façon regrétable (sic). Enfin, mes populations, incapables de distinguer la nature de mes dissentiments pourraient conclure de ce désaccord que la science ne peut rien pour elles.

« Pour tous ces motifs, je désire vivement ne plus être obligé de prendre la parole et je prends la liberté d'appeler votre attention sur tous les termes de la note, fond et forme.

« Je ne sais si M. Pasteur agirait à ma place comme je le fais moi-même, car j'ai la certitude de ne pas avoir à redouter cette lutte possible. Bien décidé à rendre pleine justice à un homme dont j'estime le savoir à un haut degré, à des travaux qui ont leur côté vrai et bon, je n'en serai que plus fort pour signaler les côtés faibles. Peut-être perdrons-nous tous deux à la querelle ; mais à coup sûr mon confrère y perdra beaucoup plus que moi.

« Je m'en remets à votre prudence pour éviter un conflit. Le mieux serait que M. Pasteur considérât les paroles échangées lundi dernier, comme une simple conversation et n'en mît rien au compte rendu[114]. »

Au Musée Pasteur, quatre grandes boîtes contiennent les documents manuscrits et imprimés, extraits des travaux italiens et allemands sur les vers à soie, que le savant avait réunis pour ses études liminaires. Bon nombre de ces pièces portent des annotations de sa main ; quelques mémoires italiens et allemands sont accompagnés de la traduction manuscrite des principaux passages qu'il avait sélectionnés.

Pour compléter son information, il entre en relation avec quelques confrères italiens qui se sont occupés de la question, en particulier avec Emilio Cornalia, « l'éminent » directeur du Muséum d'histoire naturelle de Milan qui affirmera, plus tard et à plusieurs reprises que la méthode de Pasteur est « seule capable de régénérer les belles races de vers à soie de France et d'Italie ». Les deux savants ont

[114] Voir annexe note n°8.

pris l'habitude d'échanger des documents et des informations sur bien des points concernant la sériciculture. Pasteur demande à Cornalia, dans sa lettre du 2 août 1866, de lui faire envoyer par un libraire de Milan, « contre remboursement », tous les ouvrages ou brochures qui lui sembleront intéressants pour compléter son information.

Notons que dans sa documentation il y a peu d'ouvrages écrits par des membres du Muséum de Paris. Il faut dire, que depuis ses discussions, violentes parfois, avec Félix Pouchet au sujet de l'hétérogénie, il avait conservé une aversion particulière pour cette institution et ses professeurs[115].

Parmi les travaux italiens conservés à l'Institut Pasteur, on rencontre ceux de Fontana (non datés), de Filippi (1850), de Maestri (1856), de Cornalia (1856 à 1865), de Mario Osimo (1857, 1859 et 1867), de Bellotti (1861 et 1869), de Bondani et Passerini (1863), de Ciccone (1863), de Carlo Bassi (1868), de Franceschini (1869), de Cantoni (1869), de Crivelli (1869 et 1870). Les Italiens sont, avec les Français, ceux qui ont fourni les plus nombreuses contributions à la sériciculture. Au nombre des travaux allemands, ceux de Haberlandt et Verson (de 1866 à 1870) reviennent le plus souvent.

*

* *

Jean-Baptiste Dumas devine encore quelque réticence chez son ancien élève qui poursuit actuellement une série d'études sur les maladies du vin et des vinaigres et que ce dernier ne veut pas abandonner. Vieux sage, sans en rien dire à Pasteur, Dumas sait que deux ou trois années ne pourront suffire « pour juger ces sortes de questions ». Cependant, il doit mettre Pasteur dans son jeu et emporter sa décision. Dans une lettre qu'il lui adresse, au début du mois de mai 1865, il écrit, au sujet de sa future mission dans le Midi, qui viendrait « en extension » de ses recherches sur les vins :

« Comme elle vous conduirait dans les pays séricicoles, vous en prendriez occasion pour interroger en mon nom, ou au nom de qui vous conviendra, les éleveurs les plus instruits… Vous diriez que vous êtes bien fâché, mais que vous n'y connaissez rien et qu'on aurait pu choisir un meilleur connaisseur, mais que l'occasion vous a fait employer, en ne tenant compte que de votre bonne volonté, etc. »

[115] Adrien Loir, p. 49.

De la part d'un si grand maître, était-ce maladroit de s'adresser ainsi au jeune savant ? Ou, au contraire, était-ce très habile ? Pasteur est piqué à vif. Le 17 mai, il répond à Dumas :
« Votre proposition est très flatteuse, son but fort élevé, mais combien elle m'inquiète et m'embarrasse. Considérez, je vous prie, que je n'ai jamais touché un ver à soie et qu'il me faudra consacrer à *mon éducation* à moi un temps considérable peut-être, avant de commencer la moindre recherche... Avez-vous pensé également à la difficulté d'un congé par la nature de mes fonctions à l'École normale ? Monsieur Duruy [ministre de l'Instruction publique] verra-t-il cela d'un œil favorable ?... »

Dumas rassure vite son ancien élève.

Pasteur a sans cesse besoin de démêler le faux du vrai dans l'étude de ces insectes dont il ne sait rien. Il en parle souvent avec Dumas qui un jour, excédé peut-être, ou pressentant qu'il faut stimuler le savant, lui répond :
« Vous ne savez rien sur le sujet. Tant mieux ! vous n'aurez d'autres idées que celles qui vous viendront de vos propres observations[116] ! »

Ce n'est rien d'autre que ce que Jean-Henri Fabre écrit dans ses Souvenirs :
« À la riche bibliothèque est ici préférable l'assidu colloque des faits. En bien des cas, il est excellent d'ignorer ; l'esprit garde sa liberté d'investigation et ne s'égare pas dans des voies sans issues, suggérées par la lecture [...] Oui, l'ignorance peut avoir du bon ; loin des chemins battus le nouveau se rencontre. »

Sans le dire par la *voie officielle*, Pasteur a déjà accepté cette mission. C'est en sorte une dernière coquetterie, juste avant de dire « oui » et de tenter sans préparation l'examen de cette question si délicate.

*
* *

Enfin prêt pour cette mission, Pasteur imagine l'équipe qu'il pourrait constituer autour de lui. Il ne le sait pas encore, mais selon Paul Brouardel, cette mission sera « l'histoire d'une maladie scientifiquement étudiée dans ses causes, victorieusement combattue dans ses effets[117]. » Pendant ce temps, Dumas fait circuler dans des lettres à ses correspondants du Gard, la « bonne nouvelle ».

Pasteur sait qu'il ne pourra pas mener tout seul cette mission. Pour former son équipe, il pense d'abord à Jules Raulin, son disciple préféré, qui vient d'accepter la

---

[116] Duclaux, p. 193.
[117] Paul Brouardel, p. 10.

chaire de physique du lycée de Caen. Plus tard, il sera son premier préparateur en titre lorsque l'École normale consentira à Pasteur l'ouverture d'un laboratoire[118] digne de ce nom - quelque chose qui ne soit pas selon le mot terrible de Claude Bernard « le tombeau du savant » - dans un local de la rue d'Ulm qui fait pendant à la loge du concierge. Le savant abandonnera enfin aux rats, « ses légitimes propriétaires », les deux pièces en soupente où, sur la paillasse, l'eau gelait dans les fioles au cœur de l'hiver.

En fait, Pasteur n'était pas professeur à l'École normale : il avait été appelé comme directeur des études scientifiques. La situation était honorable, mais elle avait des inconvénients : déchargé du fardeau de l'enseignement, il pouvait se livrer tout entier à sa passion pour la science, mais il n'avait ni laboratoire ni assistant. Et, en dépit de ses nombreuses réclamations pour obtenir du matériel, le ministre, Victor Duruy, lui déclara qu'il n'y avait pas une ligne au budget pour la rubrique « frais d'expériences ».

Après tout qu'importe ! En attendant mieux, il installe son laboratoire dans deux chambres inoccupées sous les combles de l'École ; le matériel nécessaire à ses expériences est très « bricolé » : les polarimètres sont en bois et en carton noirci ; le microscope est emprunté aux collections de l'École ; les produits chimiques et la verrerie sont payés par « la bourse du ménage... [qui] maintenait toujours ouvert le chapitre qui manquait au budget de l'État[119]. » C'est « l'âge de bronze ».

*
* *

Le 19 mai 1865, Pasteur écrit à Jules Raulin à Caen où il enseigne maintenant :
« Le Ministre de l'Agriculture me charge d'une mission scientifique dans le midi de la France pour un objet que je vous indiquerai ultérieurement. Le questionnaire m'est encore inconnu, mais je prévois que je devrai faire des expériences, et, s'il en est ainsi, j'aurai besoin d'être aidé. Duclaux me conviendrait très bien, mais il rédige sa thèse et fait les dernières expériences. Je ne veux pas le déranger. Où en êtes-vous de vos études ? Vos leçons publiques sont-elles terminées ? Avez-vous repris votre travail de recherches ? Dans ce cas, je ne vous proposerai pas de m'accompagner. Mais si, d'une part, vous considérez que la fin du mois de mai et une partie du mois de juin ne vous sont pas nécessaires, et que d'un autre côté un autre professeur puisse vous remplacer sans que cela nuise à votre classe, il se pourrait que je vous fisse la proposition de venir passer avec moi trois semaines ou

[118] Voir annexe note n°9.

[119] E. Duclaux, *Le laboratoire de M. Pasteur*, in *Le centenaire de l'École normale*, p. 459.

Fig. 10. Portrait de Louis Pasteur, vers 1886. Photographie de Paul Nadar.

Fig. 11. Louis Pasteur dans un de ses laboratoires parisiens. À sa gauche, le microscope du type de celui qu'il utilisa pour étudier la maladie des vers à soie.

un mois au plus dans l'Isère ou dans le Gard, ou dans l'Hérault... sans bourse déliée, bien entendu, et à la condition également que je me chargerais entièrement de la négociation de votre éloignement momentané du lycée de Caen... Le départ aurait lieu la semaine prochaine. Tout ceci est confidentiel. N'en parlez à personne... J'ajoute en grand secret, vous saurez plus tard le motif de ma réserve, qu'il s'agirait principalement de la question de la maladie des vers à soie[120]. »

À quelques jours de son départ dans le Midi, il est étonnant de voir comment cet homme si organisé, si peu sujet à des impulsions, accepte une mission sans trop savoir qu'elle en sera sa nature, et plus extraordinaire encore, où elle aura lieu.

[120] *Correspondance*, vol. 2, pp. 194-195

Chapitre 4

Premier séjour alésien
7 juin - 1er juillet 1865

Alors qu'il prépare sa deuxième mission dans le Midi, Louis Pasteur expose à l'un de ses assistants, Jules Raulin, le barème que l'administration applique pour le dédommagement des dépenses de transport et les indemnités de frais de séjour au cours d'une mission :

« Proposition d'adopter la base suivante de dépenses : 20 fr. par jour, 20 cent. par kil.[omètre] de chemin de fer, 1 fr. par kil.[omètre] de terre. C'est la dépense des inspecteurs généraux de l'agriculture en tournées d'inspection[121]. »

Les conditions proposées par le ministère pour la seconde mission de 1866, à quelques détails près, sont en fait les mêmes que celles qui lui sont accordées pour sa mission précédente, celle qui nous intéresse à présent. Il s'agit d'une mission officielle, une mission gouvernementale. Tous les frais occasionnés sont remboursés sur présentation de justificatifs. Avec son esprit d'économie louable, Pasteur est méticuleux, parcimonieux de son argent sans doute et plus encore de celui qu'on lui confie. En homme de méthode, il est très organisé. Il garde les notes de tous les déplacements de son équipe, de toutes les fournitures qu'il commande. Il en tient une comptabilité précise, présentée régulièrement au comptable du Trésor pour justifier les sommes qu'il prélève sur la part des indemnités qui lui ont été confiées en espèces avant son départ.

*
* *

Finalement, Jules Raulin pressenti pour venir rejoindre Louis Pasteur dans le Midi à partir de la fin du mois de mai décline cette offre car il ne peut se faire remplacer à Caen et surtout il doit être présent dans le lycée où il vient de réorganiser le laboratoire des sciences physiques. Son absence apporterait beaucoup de désordre dans un domaine où personne sur place ne sait comment procéder. Pasteur se demande comment faire pour lui trouver un remplaçant qui soit à la fois « l'architecte, le contremaître et tout ce qu'on voudra » et dont

---

[121] Lettre du 4 janvier 1866 à Raulin, vol. 2, p. 241.

l'absence apportera beaucoup de désordre ? De son côté, Raulin regrette beaucoup de ne pouvoir retrouver Pasteur car, selon ses mots, il y aurait beaucoup à gagner à pratiquer l'école du savant qui l'avait remarqué en 1857 à son arrivée à l'École normale de la rue d'Ulm. Et puis, maintenant qu'il est si bien familiarisé avec les procédés d'expérimentation de son maître, qu'il a été initié par lui aux recherches scientifiques, il aurait eu peut-être le bonheur de participer à quelques découvertes[122].

*
* *

Le début du séjour de Pasteur dans le Midi sera tout à fait improvisé puisqu'il ne sait pas en partant ce qu'il va trouver sur place.

Pasteur ne sait rien non plus de ses conditions de travail, pas plus qu'il ne connaît le moindre des « détails généraux de l'organisation d'un ver blanc ». Il apprendra donc tout sur place. C'est là sa force. Émile Duclaux, son autre assistant de la rue d'Ulm, suit au jour le jour la préparation de son maître. Il en témoigne ainsi dans ses mémoires :

« On n'avait pas de vers à soie sous la main, il fallait pourtant bien savoir comment étaient faits, en gros, les êtres dont on allait entreprendre la guérison. M. Pasteur était donc tout ce qu'il y a de plus improvisé comme éducateur de vers à soie, au moment de son départ pour le Midi, ce qui ne l'empêcha pas de revenir, moins de trois semaines après, ayant acquis l'idée directrice de ses futures recherches[124]. »

C'est ce que reprend d'une autre façon Louis Pasteur Vallery-Radot lorsqu'il écrit dans l'introduction du quatrième volume des œuvres complètes de son grand-père :

« À peine a-t-il abordé ses recherches qu'il voit la cause du mal ; mais il met cinq années à contrôler ce que, dès le premier jour, lui a révélé son don d'intuition. »

*
* *

Le 6 juin Louis Pasteur quitte Paris pour Avignon et arrive, via Tarascon et Nîmes, le lendemain à Alès, « seul et sans apparat[125] ». À cette époque, son nom

---

[122] C. Chapuis, p. 24.

[124] Émile Duclaux, *Le laboratoire de M. Pasteur*, in : *Le centenaire de l'École normale*, pp. 464-465.

[125] Désiré Gernez, p. 1.

n'est pas encore connu du public, cependant « l'importance et la variété de ses découvertes avaient inspiré à ses maîtres les plus hautes espérances, forcé l'admiration de ses émules et enthousiasmé la jeunesse[126]. » Il ne connaît la maladie des vers à soie que par les savantes publications de son confrère Quatrefages, celles du naturaliste italien Cornalia et du docteur Osimo de Padoue. Il n'a qu'une idée en tête : découvrir comment naissent les tâches qui constellent le corps des chenilles et sont la marque de la maladie.

Pasteur veut en savoir un peu plus sur ce fameux ver à soie. Ce qu'il a entendu et lu ne le satisfait pas. On lui avait recommandé avant son départ de Paris de rendre visite à un entomologiste dont on parlait un peu. Ce n'est pas vraiment un savant, mais il est connu pour mener des observations originales sur les mœurs des insectes. Il y a sûrement pour lui des informations à glaner, quelques conseils à recevoir aussi. Avant de reprendre le train pour Alès, il décide de rendre visite à ce fameux entomologiste : il s'appelle Jean-Henri Fabre.

Si le lieu de la rencontre Louis Pasteur Jean-Henri Fabre est bien connu, le jour où elle eut lieu reste encore à préciser. Aucun document ne le donne avec précision. En toute logique, et avec Marcel Roland, nous pensons qu'elle se place sur son trajet, avant son arrivée à Alès, c'est-à-dire le 6 juin 1865. L'entomologiste le confirme bien de son côté lorsqu'il écrit, après le départ de Pasteur :
« Pour la première fois, il vient de voir un cocon… »

La rencontre a lieu à Avignon, rue des Teinturiers, au numéro 14, et non dans le Gard comme l'écrit par erreur Adrien Loir[127]. Cette rue est, selon Jean Charles-Roux, l'une des plus curieuses voies avignonnaises ; jour et nuit les eaux rapides de la Sorgue y meuvent les énormes roues des fabriques qui se dressent au-delà d'une belle rangée de platanes. Quant à l'entrevue des deux personnages, le moins qu'on puisse dire est qu'elle ne se passe pas très bien. Pour le savant parisien, le *pape des insectes* apparaît comme un drôle d'hurluberlu et, pour l'entomologiste avignonnais, l'académicien des sciences demeure trop guindé.

Fabre, nommé depuis 1853, professeur adjoint de sciences au lycée d'Avignon, ne bénéficie pas de l'estime de sa hiérarchie pas plus que de celle du monde scientifique au courant de ses publications sur les insectes. Quant au savant qui répugne à « toucher la main », son abord n'invite pas à la sympathie. Fabre est

---

[126] *Idem.*

[127] Adrien Loir, *À l'ombre de Pasteur*, p. 57 et suiv. La deuxième fille du premier lit de l'entomologiste confirme bien le lieu de cette rencontre. Le 16 août 1912, dans une lettre à madame Jeanne de Flandreysy, Aglaé Fabre écrit : « La maison de la rue des Teinturiers est la première en arrivant à gauche, après avoir passé le pont bordé de platanes et c'est bien là que mon père reçut la visite de Pasteur. » Un fac-similé de cette lettre est reproduit dans l'ouvrage de Jean Charles-Roux : *Fabre en Avignon*, Paris, Lemerre, 1913, p. 61.

frappé par la façon dont Pasteur a promené ses regards sur son « pauvre intérieur » d'humble professeur ! Comment ne pas être froissé ? :

« Si le petit professeur demeura interdit par sa froideur, il ne fut pas moins choqué par son attitude. Il semble bien que Pasteur, qui était son aîné d'une année seulement, le traita avec une hauteur un peu méprisante. C'est d'un ton distant que le génial ignorant questionnait son humble collègue, lui intimait des ordres, lui expliquait ses vues et ses plans et dans quel sens il entendait qu'il lui prêtât son aide.

« Faut-il donc nous résoudre à ne retrouver ici qu'un nouvel et déplorable exemple de cette mésestime traditionnelle et injustifiée dans laquelle les grands maîtres de la capitale ont tenu trop souvent les petits maîtres de la province, même les plus instruits, professeurs ou médecins ? Néanmoins cela surprend de la part d'un esprit de l'envergure de Pasteur qui, tant de fois, a exprimé le regret que les professeurs ayant le goût des recherches originales ne fussent pas mieux distingués et encouragés par les pouvoirs publics. Quoi qu'il en soit, il semble bien qu'il ne vit autre chose dans Fabre qu'un petit universitaire qui avait des prétentions à cette petite science qu'était encore alors l'Histoire naturelle ou l'Entomologie[128]. »

Ce rendez-vous demeure aujourd'hui encore l'un des plus beaux « malentendus scientifiques ». Mais, il devait avoir lieu ; il faisait partie de la méthode Pasteur : réunir tous les documents, tous les travaux, nous l'avons vu, et aussi pourquoi pas tous les avis sur le sujet de son étude.

Du côté de *l'Homère des insectes*, le mot est de Victor Hugo, la surprise est complète lorsqu'il ouvre la porte à un inconnu qui se présente à lui, sans lui tendre la main et sans avoir annoncé sa visite. Laissons Jean-Henri Fabre, avec son style bien particulier, raconter ce jour mémorable entre tous[129] ; même si ce récit est fort connu, il mérite d'être donné ici dans son intégralité :

« À l'improviste, un jour, sonnait à ma porte Pasteur, celui-là même qui devait acquérir bientôt célébrité si grande. Son nom m'était connu. J'avais lu du savant le beau travail sur la dissymétrie de l'acide tartrique ; j'avais suivi avec le plus vif intérêt ses recherches sur la génération des infusoires.

« Chaque époque a sa lubie scientifique ; nous avons aujourd'hui le transformisme, on avait alors la génération spontanée. Avec ses ballons stériles ou féconds à volonté, Pasteur ruinait pour toujours l'insanité qui, d'un conflit chimique au sein de la pourriture, prétendait voir surgir la vie.

« Au courant de ce litige si victorieusement élucidé, je fis de mon mieux accueil à l'illustre visiteur. Le savant venait à moi tout le premier pour certains

---

[128] G.V. Legros, *La vie de J.H. Fabre*, pp. 61-62

[129] Notons tout de même que Fabre fait paraître le neuvième volume de ses *Souvenirs entomologiques*, celui où se trouve le récit de sa rencontre avec Pasteur, plus de vingt ans après l'événement.

renseignements. Je devais cet insigne honneur à ma qualité de confrère en physique et chimie. Ah ! le petit, l'obscur confrère.

« La tournée de Pasteur dans la région avignonnaise avait pour objet la sériciculture. Depuis quelques années, les magnaneries étaient en désarroi, ravagées par des fléaux inconnus. Les vers, sans motifs appréciables, tombaient en déliquescence putride, se durcissaient en pralines de plâtre. Le paysan atterré voyait disparaître une de ses principales récoltes ; après bien des soins et des frais, il fallait jeter les chambrées au fumier.

« Quelques paroles s'échangent sur le mal qui sévit ; et, sans autre préambule :

« - Je désirerais voir des cocons, fait mon visiteur ; je n'en ai jamais vu, je ne les connais que de nom. Pourriez-vous m'en procurer ?

« - Rien de plus facile. Mon propriétaire fait précisément le commerce des cocons, et nous sommes porte-à-porte. Veuillez m'attendre un instant, et je reviens avec ce que vous désirez.

« En quatre pas, je cours chez le voisin, où je me bourre les poches de cocons. À mon retour, je les présente au savant. Il en prend un, le tourne, le retourne entre les doigts ; curieusement il l'examine comme nous le ferions d'un objet singulier venu de l'autre bout du monde. Il l'agite devant l'oreille.

« - Cela sonne, dit-il tout surpris, il y a quelque chose là-dedans ?

« - Mais oui.

« - Et quoi donc ?

« - La chrysalide.

« - Comment, la chrysalide ?

« - Je veux dire l'espèce de momie en laquelle se change la chenille avant de devenir papillon.

« - Et dans tout cocon il y a une de ces choses-là ?

« - Évidemment, c'est pour la sauvegarde de la chrysalide que la chenille a filé.

« - Ah !

« Et, sans plus, les cocons passèrent dans la poche du savant qui devait s'instruire à loisir de cette grande nouveauté, la chrysalide. Cette magnifique assurance me frappa. Ignorant chenille, cocon, chrysalide, métamorphose, Pasteur venait régénérer le ver à soie. Les antiques gymnastes se présentaient nus au combat. Génial lutteur contre le fléau des magnaneries, lui pareillement accourait à la bataille tout nu, c'est-à-dire dépourvu des plus simples notions sur l'insecte à tirer de péril. J'étais abasourdi ; mieux que cela, j'étais émerveillé.

« Je le fus moins de ce qui suivit. Une autre question préoccupait alors Pasteur, celle de l'amélioration des vins par le chauffage. En un brusque changement de causerie :

« - Montrez-moi votre cave, fit-il.

« Lui montrer ma cave, ma cave à moi, chétif qui naguère, avec mon dérisoire traitement de professeur, ne pouvait me permettre la dépense d'un peu de vin, et me fabriquais une sorte de piquette en mettant fermenter dans une jarre une poignée de cassonade et des pommes râpées ! Ma cave ! Montrer ma cave ! Pourquoi pas mes tonneaux, mes bouteilles poudreuses, étiquetées suivant l'âge et le cru ! Ma cave !

« Tout confus, j'esquivais la demande, je cherchais à détourner la conversation. Mais lui, tenace :

« - Montrez-moi votre cave, je vous prie.

« À telle insistance, nul moyen de résister. Du doigt, je désigne dans un coin de la cuisine une chaise sans paille, et sur cette chaise une dame-jeanne d'une douzaine de litres.

« - Ma cave, la voilà, Monsieur.

« - Votre cave, cela ?

« - Je n'en ai pas d'autre.

« - C'est tout ?

« - Hélas ! oui, c'est tout.

« - Ah !

« Pas un mot de plus ; rien d'autre de la part du savant. Pasteur, cela se voyait, ne connaissait pas ce mets aux fortes épices que le populaire nomme la vache enragée. Si ma cave, la vieille chaise et la dame-jeanne sonnant creux, se taisait sur les ferments à combattre par le chauffage, elle parlait éloquemment d'une autre chose que mon illustre visiteur parut ne pas comprendre. Un microbe lui échappait, et des plus terribles : celui de la mauvaise fortune étranglant le bon vouloir.

« Malgré la malencontreuse intervention de la cave, je n'en suis pas moins frappé de sa sereine assurance. Il ne sait rien de la transformation des insectes ; pour la première fois il vient de voir un cocon et d'apprendre que dans ce cocon il y a quelque chose, ébauche du papillon futur ; il ignore ce que sait le moindre écolier de nos campagnes méridionales ; et ce novice, dont les naïves demandes me surprennent tant, va révolutionner l'hygiène des magnaneries ; il révolutionnera de même la médecine et l'hygiène générale.

« Son arme est l'idée, insoucieuse des détails et planant sur l'ensemble. Que lui importent les métamorphoses, larves, nymphes, cocons, pupes, chrysalides, et les mille petits secrets de l'entomologie ! En, son problème, peut-être convient-il d'ignorer tout cela. Les idées conservent mieux leur indépendance et leur audacieuse envolée ; les mouvements seront plus libres, affranchis des lisières du connu. »

*

* *

À la suite de cette visite, Louis Pasteur passe la nuit dans un hôtel à Avignon où l'hôtelier conserve sur le toit sa provision de vin. Décidément, il est venu pour les vers à soie et ses recherches sur les vins, suspendues depuis quelques semaines, reviennent au tout premier plan, d'abord chez Fabre d'une certaine façon puis ici dans cet hôtel. Mais, il ne prend que quelques notes, rien de plus. Le ver à soie demeure et demeurera sa seule préoccupation. C'est le côté têtu du personnage qui s'impose dans un tel cas.

Durant la soirée, seul dans sa chambre, il a tout le temps de repenser à sa rencontre avec l'entomologiste et peut-être à ce qu'il n'a pas pu obtenir de lui. Il reconnaît à peine que son abord froid et rigide n'est pas facile à accepter ; cette main qu'on lui tend et qu'il n'aime pas toucher, ne facilite pas ses relations avec autrui et empêche, sans doute, un contact plus chaleureux, et aussi plus fructueux. Fabre ne lui a certainement pas révélé tout ce qu'il connaît du ver à soie ; il s'est contenté de répondre sèchement aux questions sèches du savant qu'il imagine mal au milieu des mûriers, des chenilles, des cocons et de leurs troublantes énigmes. Malheureusement, l'incomparable observateur des insectes n'a pas saisi la préoccupation du visiteur qu'il voyait pour la première fois. Pasteur demeurera pour Fabre l'éternel exemple du « simple chimiste ignorant l'anatomie et la physiologie humaines, aussi bien que la morphologie des êtres organisés, se mêlant des choses de la médecine ou de l'histoire naturelle[130]. » La douceur opiniâtre de Pasteur n'a pas su favoriser l'installation du dialogue, empêchant d'emblée toute sympathie entre eux. Cette rencontre reste pour les deux hommes, comme pour les observateurs de la science, l'histoire d'un rendez-vous manqué. Ce sentiment persiste, en dépit de la tentative de Louis Pasteur Vallery-Radot de nier ce malentendu. Dans chacun de ses ouvrages, le petit-fils du savant manifeste la profonde dévotion qu'il porte à son grand-père, et jamais, il ne pardonna à Fabre d'avoir relaté de « façon fantaisiste » sa rencontre avec Pasteur. Il taquinait volontiers son confrère Jean Rostand, *grand ami des insectes*, à propos de l'ermite de Sérignan :

« Votre Fabre, lui disait-il, n'est qu'un fabulateur : comment voulez-vous que je croie ce qu'il nous raconte sur les insectes quand je vois comme il maltraite la vérité en parlant de Pasteur ?[131] »

*
* *

[130] G.V. Legros, *La vie de J.H. Fabre*, p. 62.

[131] Réponse de Jean Rostand au discours d'Étienne Wolff qui vient d'être élu par l'Académie française à la place laissée vacante par la mort du professeur Louis Pasteur Vallery-Radot, le 19 octobre 1972.

En arrivant à Alès, le premier mouvement de Pasteur est de questionner autour de lui les éducateurs. C'est sa méthode :

« Il ne faut rien négliger, disait-il, et souvent une remarque de l'homme le plus inculte, mais qui fait bien ce qu'il fait, est infiniment précieuse[132]. »

Il se fait une loi d'adopter, sans le savoir, la *méthode ignorante* de Jean-Henri Fabre : tête-à-tête opiniâtre avec son sujet jusqu'à ce qu'il parvienne à le faire parler. Le résultat de son enquête est désarmant. C'est une vraie cacophonie. Chacun y va de sa méthode, de son idée, expose ses observations, sa théorie, donne ses remèdes. À ses questions, les réponses des magnaniers sont incomplètes, jamais précises et leurs observations mal faites. Lassé de tout ce chaos, il préfère s'en remettre à sa propre expérience, poser tout à plat et vérifier les données avancées par son confrère Quatrefages. Il ne sait rien de son sujet ! Tant mieux, ses interrogations ne seront que plus libres, comme dit J.H. Fabre, « aujourd'hui dans un sens, demain dans le sens opposé. » Et dans un coin de son esprit, il laisse une case largement ouverte au doute[133].

Marcel Roland raconte ces premiers temps :

« On le vit alors, matin et soir, faire la navette dans la ville, carré d'épaules, avec sa courte barbe, ses yeux clairs et perçants, son air à la fois pensif et décidé. Il n'était pas bavard, mais quand il parlait c'était d'une voix grave, d'un ton persuasif. Pour réfléchir mieux, il fronçait les sourcils, ce qui lui faisait à la racine du nez de petites rides en forme de croix, comme un piège à idées. »

Quelques jours seulement après son arrivée, il travaille sur des graines de Salindres éduquées dans une petite magnanerie proche de la ville. L'œil au microscope et le génie en éveil, Pasteur observe ce qu'il ne connaît pas encore. Son premier soin est de chercher ce fameux corpuscule qu'il n'avait jamais vu mais qui traduit la présence d'un parasite. Émile Duclaux nous dit qu'il n'a pas de peine à le rencontrer :

« Aux environs de la petite ville d'Alais, dans laquelle il s'était installé, toutes les éducations, déjà à leur fin, étaient infectées. Vers et papillons malades présentaient des corpuscules par milliers... En continuant un peu à l'aventure ses recherches, Pasteur rencontra un jour un de ces faits imprévus qu'il est si utile et si dangereux de trouver sur sa route, quand on débute dans une recherche quelconque. Ils ont une physionomie de sphinx, et ils posent en effet nettement la question : devine, ou tu seras dévoré. Pasteur n'a pas deviné, et n'a pas été dévoré, c'est ce qui fait l'intérêt de l'histoire[134]. »

---

[132] Pasteur Vallery-Radot, *Images de la vie et de l'œuvre de Pasteur*, p. 17.

[133] *La Semaine littéraire*, Genève, Année 1923, vol. 31, p. 276.

[134] Duclaux, pp. 194-195.

En réalité Pasteur arrive trop tard dans la saison : les éducations sont commencées depuis longtemps, et même pour certains sériciculteurs elles sont déjà finies. De plus, il n'a que quelques semaines à consacrer à ses recherches ; des obligations familiales, comme la communion de sa fille Cécile, l'obligeront à interrompre son séjour pour revenir à Paris vers le milieu du mois de juin. Il s'attache donc exclusivement à l'examen des questions que soulève l'existence des corpuscules dans le corps des vers malades. C'est ce qu'avait signalé Quatrefages dans son traité. Dès ce moment-là, Pasteur a le pressentiment que ses recherches ne seront pas achevées avant la fin de l'été. Il devra revenir – Jean-Baptiste Dumas l'avait bien pressenti sans lui en toucher un mot -, mais beaucoup plus tôt dans la saison prochaine, au moment de l'éclosion de la graine, au début du printemps. Ainsi, par de nouvelles observations sur les toutes jeunes couvaisons, il pourra mener à bien les expériences qu'il avait envisagées avant son départ.

Pasteur a pris l'habitude, comme bien d'autres savants avant lui, de noter sur des carnets ses observations, ses manipulations, les dates, des indications météorologiques, toutes sortes informations qui pourront lui servir plus tard lorsqu'il rédigera rapports, communications et ouvrages. Ses « notes de laboratoire » consignées au jour le jour occuperont plus de vingt carnets. Elles sont souvent difficiles à déchiffrer, mais si précieuses pour l'étude d'une méthode scientifique menée à la perfection, méthode qui ne cesse d'étonner savants et chercheurs. À suivre au fil des pages les notes de ses carnets de laboratoire, on décrypte sa démarche : d'abord vérifier les hypothèses de ses prédécesseurs et surtout ne pas négliger de les mettre en difficulté. En possession d'une idée directrice, sorte de fil conducteur de sa pensée, il cherche par des expériences précises si l'hypothèse de départ peut être retenue puis confirmée. Si des contradictions apparaissent et arrêtent la marche trop rapide de l'expérimentation, il revient au point douteux et reprend les expériences.

En passant très vite de la théorie au terrain, dès le début de son enquête dans la région d'Alès, il remarque en examinant deux chambrées bien distinctes une étrange situation : une chambrée qui a très bien marché et une autre qui présente la plus mauvaise apparence possible. L'examen au microscope des vers, des chrysalides et des papillons de chaque chambrée l'amène à constater que les individus de la *chambrée chétive* sont pleins des fameux corpuscules décrits par Cornalia. Ce qui ne le surprend pas. En revanche, à sa grande surprise, Pasteur constate que les individus de la *chambrée saine* fourmillent eux aussi de corpuscules. Pour lui, ces contradictions n'en sont pas ; elles ne sont qu'une apparence. Les corpuscules sont produits par la maladie qui n'est pas parasitaire mais héréditaire : plus elle gagne dans l'organisme des vers à soie, plus augmente le nombre des corpuscules. Alors, de fait, la solution s'impose à lui : il doit mettre en évidence l'agent du mal et donner le remède :

« On peut dire qu'avant l'entrée en scène du savant, tous les éléments sont réunis, mais qu'il est le seul à imaginer le chaînon qui permet de trouver l'origine du mal[135]. »

*
* *

Les allées et venues de Pasteur dans les environs d'Alès ne sont pas passées inaperçues ; il faut dire que les autorités locales, prévenues depuis Paris, attendaient l'arrivée de « quelqu'un ». Connaissaient-elles les détails de la mission qui lui avait été confiée ? Apparemment non. Mais c'est un vrai soulagement qu'exprime le maire de la ville dans une lettre qu'il adresse à Paris, le 12 du mois de juin, à Jean-Baptiste Dumas :

« Nous avons ici M. Pasteur depuis quelques jours. Vous avez devancé nos vœux. Il s'est mis à l'œuvre dès son arrivée. Il vous tiendra sans doute au courant. Sa présence fait bon effet. »

Ce même jour, le Comice agricole d'Alès, dans sa séance ordinaire vote des remerciements au sénateur pour son rapport à la *Chambre haute* où il a lu les pétitions des séricilculteurs. Le Conseil municipal qui avait pris l'initiative du pétitionnement a, en quelque sorte, payé d'avance sa dette de reconnaissance, « en décidant que la rue dans laquelle M. Dumas était né porterait son nom[136]. »

*
* *

La vie de Pasteur savant est étroitement liée à la vie de sa famille. Il y a véritablement une sorte de *clan Pasteur* ; sa femme Marie et ses filles en sont les pivots. Très curieusement, son fils Jean-Baptiste est tenu à l'écart ; il est en pension chez les Jésuites, rue de Vaugirard à Paris, d'où quelques amis très proches de ses parents le tirent, de temps à autre, certains dimanches. Au cours des cinq années que le savant passe dans les Cévennes, il ne rejoindra ses parents et sa sœur Zizi qu'une seule fois.

Rarement un savant aura autant lié ses recherches et son travail à sa vie privée : Marie prend des notes sous sa dictée, découpe dans la presse les articles au sujet de son « savant de mari » et les colle dans des calepins ; elle y ajoute des lettres

---

[135] Jacques Nicolle, *Un maître de l'enquête…*
[136] *L'aigle des Cévennes*, numéro du 15 juin 1865.

d'inconnus, des messages émouvants, naïfs parfois, souvent élogieux. Plus tard, lors de son deuxième séjour alésien, Marie-Louise, quatrième enfant du couple et seule survivante de leurs quatre filles, maniera aux côtés de son père le microscope mieux que personne. Rompant la routine des journées au Pont-Gisquet, pour l'admiration et la joie de son père, elle fera dans un coin du laboratoire ses propres éducations.

*
* *

Le 15 juin, Louis Pasteur revient à Paris où il reste jusqu'au 25 pour assister à la confirmation et à la communion de sa fille Cécile. C'est là qu'il apprend la mort soudaine de son père à Arbois. Sitôt les cérémonies religieuses terminées à l'Église Saint-Jean-du-Haut-Pas, il file à Arbois, seul encore, pour assister aux obsèques de son père. Durant le trajet, selon René Vallery-Radot, de sombres pensées l'assaillent :

« Le souvenir de sa mère emportée subitement et qu'il n'avait pas revue, pas plus qu'il n'avait revu sa fille aînée, Jeanne, morte elle aussi dans cette petite maison d'Arbois[137]. »

Après l'inhumation, le soir, il écrit à sa femme Marie restée à Paris avec les enfants :

« Le pauvre grand-père n'est plus et nous l'avons conduit ce matin à sa dernière demeure. Il est aux pieds de la pauvre petite Jeanne. »

La mort de son père l'affecte beaucoup : il lui doit tout, lui qui avait « été l'objet de sa constante et presque unique préoccupation ». Mais, il ne peut pas s'attarder dans sa région natale, ni passer par Paris pour embrasser tout son monde car il doit reprendre aussitôt le chemin d'Alès, sous peine de voir ses études retardées d'une année. De plus, il ne peut imaginer de laisser cet « immense fléau » accabler une région qui passe pour l'une des plus infectées. Il devient urgent maintenant de poursuivre ses expériences, surtout depuis que Charles Thézillat, sous-préfet d'Alès, lui a révélé que son arrondissement à lui tout seul avait perdu depuis quinze ans cent vingt millions de revenus[138].

---

137 René Vallery-Radot, p. 145. Jeanne, la première des filles de Pasteur, était morte en 1859 à l'âge de neuf ans.

138 Soit aujourd'hui environ 442 millions d'euros (données Insee communiquées à titre purement indicatif car reposant sur des hypothèses relativement fragiles.)

*
* *

Le 26 juin, de retour à Alès, Pasteur fait une communication au Comice agricole qu'il envoie quelques jours plus tard à l'Académie : il annonce « une solution probable de la question » dont il a préparé, pour l'année suivante, la vérification expérimentale. La solution consiste à choisir des papillons non corpusculeux, à les accoupler et à recueillir la graine qui doit donner une bonne récolte, en supposant que les corpuscules soient le critérium de la maladie[139]. De nombreuses objections lui sont formulées, la plus terrible étant que cette expérience a déjà été réalisée en Italie par le Dr Cantoni et qu'elle a complètement échoué. Cette remarque ne l'arrête pas puisqu'il n'a pas pu vérifier lui-même les faits en question. Il reviendra donc continuer ses travaux l'année prochaine.

Concernant l'échec de Cantoni et le génie de Pasteur, Émile Duclaux a filé une métaphore qui mérite d'être citée ici :

« Quand on prend, pour se mettre en route dans la nuit, un falot à lueurs aussi incertaines ; quand en outre, on connaît mal les tournants et les difficultés du chemin, on est assuré de s'égarer, et c'est ce qui est arrivé à M. Cantoni. Pasteur, au contraire, avait une lumière intérieure, le monde des infiniment petits lui était familier ; il sut échapper au piège de la route et, dans ce cas, son mérite est d'avoir su tirer d'une idée ancienne une conclusion nouvelle et féconde par le tour expérimental qu'il a su lui donner. »

Le lendemain, 27 juin, Pasteur part d'Alès. C'est la fin de sa première mission dans le Midi[140]. Avant de quitter la région, sur le chemin du retour, il fait un crochet par Montpellier où il rend visite à son ami Marès. Avec lui, il rencontre trois négociants en vins de la région : Privas et Thomas sur les bords de l'étang de Mèze puis Blanquier à Sète. Ainsi, comme on peut le voir, il n'a jamais perdu de vue ses recherches sur les maladies du vin, recherches qu'il avait mises en veille. Même ses observations sur les vers à soie n'avaient pas réussi à lui faire oublier ses travaux anciens suspendus.

Le 2 juillet, Pasteur revient à Paris où il retrouve son foyer et ses « soucis » familiaux. Sa dernière fille Camille, à deux ans à peine, est atteinte « d'une maladie très grave, extraordinaire chez une enfant de cet âge, une tumeur au foie. » Il est, d'après ses mots, étourdi par la douleur. Madame Godélier raconte à son père la scène qu'elle a vue :

---

[139] Désiré Gernez, p. 7.

[140] Voir annexe note n°10.

« M. Pasteur promène sa fille, la berce, lui chante tous ces refrains par lesquels nous avons, nous autres mères, l'habitude d'endormir nos enfants[141]. »

En répondant à Sainte-Beuve, Pasteur laisse, selon Henri Mondor, avec une simplicité déroutée, son cœur s'imposer à sa pensée. Il lui écrit :

« … Je les admire tous ces grands philosophes ! Nous avons, nous autres, l'expérience qui redresse et modifie sans cesse nos idées, et nous voyons constamment, pour ainsi dire, que la nature, dans la moindre de ses manifestations, est autrement faite que nous ne l'avions pressentie. Et ceux qui devinent toujours, placés qu'ils sont derrière ce voile épais du commencement et de la fin de toutes choses, comment donc font-ils pour savoir ?… »

En dépit de sa douleur, il remet à son calendrier divers travaux sur les vins qui avaient été relégués au second plan durant son séjour dans le Midi, mais qui avaient eu un regain d'intérêt après son passage à Montpellier. Alors, l'étude de la maladie des vers à soie s'efface quand la santé de sa fille redevient préoccupante. Le 9 septembre, il donne quelques nouvelles à Jean-Baptiste Dumas :

« Elle est si faible, dans un tel état de maigreur et d'abattement que nous croyons toujours qu'elle n'a plus que quelques heures à vivre. »

Dumas compatit et répond aussitôt :

« Je vous plains de toute mon âme ; je sais quels déchirements on éprouve auprès de ce lit de douleur d'un enfant qui s'éteint. Je souhaite et j'espère que cette grande tristesse vous sera épargnée. Vous le méritez bien. »

Le 11 septembre, la petite Camille rend son dernier souffle. Il écrit encore à Dumas dans l'après-midi :

« Ma pauvre enfant est morte ce matin, conservant toujours une telle lucidité d'esprit que lorsque ses petites mains sont devenues froides elle n'a cessé de demander de les placer dans les miennes… Après-demain je la conduirai en Franche-Comté auprès des trop nombreux membres de ma famille qui ne sont déjà plus. »

Ce malheur arrive après celui d'avoir déjà perdu Jeanne, sa première fille, dans sa neuvième année et son père en juin dernier.

*

* *

[141] Mme Godélier, lettre du 17 août 1865.

La douleur de Louis Pasteur est reléguée au second plan car sa mission officielle dans le Midi doit faire l'objet d'une publication. Il rédige un rapport qui est publié dans les *Comptes rendus hebdomadaires de l'Académie des sciences*, puis repris, avec ou sans son autorisation, dans les colonnes de diverses revues spécialisées. Dès sa première communication, le 25 septembre, il laisse entendre que ses recherches devront reprendre la saison prochaine et qu'elles seront probablement longues et difficiles :

« Les choses sont changées aujourd'hui. L'émotion que j'ai ressentie sur les lieux mêmes où le mal sévit dans toute sa force, sans doute aussi la passion qui s'empare de l'esprit du savant en présence des mystères de la nature, m'ont au contraire inspiré le vif désir de poursuivre les premières études que je viens de terminer...[141] »

Jules Duclaux-Monteil, maire d'Alès et membre du Conseil général du Gard interroge son sénateur et compatriote Jean-Baptiste Dumas au sujet de la nouvelle mission de Pasteur dans le Midi :

« Je ne sais si l'on aura eu soin de vous faire parvenir, à vous et à M. Pasteur, ainsi que je l'ai recommandé, le numéro du *Courrier du Gard* du 18 octobre [1865], contenant un article sur la maladie des vers à soie, fait par moi en vue d'appeler l'attention de l'administration supérieure sur la nécessité de donner à M. Pasteur une mission en règle pour l'année prochaine. Mais voilà nos vœux comblés puisque vous m'annoncez comme très probable une visite, au printemps prochain, du président de la Commission et des membres délégués par elle ; je m'en félicite en particulier parce que tout cela est bien le résultat de votre remarquable rapport au Sénat, provoqué par le pétitionnement dont il a fallu que je prisse l'initiative au milieu des continuels ajournements de nos sociétés agricoles, après tant d'années de souffrances supportées, on peut le dire, avec cette patience, avec cette inertie déplorable qui est propre aux populations méridionales. Votre venue sera saluée par elles avec joie et confiance[142]. »

*
* *

Une fois le rapport sur sa mission dans le Midi rendu et publié, jusqu'à la fin de l'année Pasteur ne s'occupe plus que des maladies du vin et des phénomènes dits de la *génération spontanée*. On peut noter aussi qu'à cette époque, il fait un séjour à Compiègne où l'empereur en personne l'a invité au grand rendez-vous de chasse organisé pour la cour. Il y passe, seul, une dizaine de jours. L'homme, si peu

---

[141] CRAS, 1865, t. LXI, séance du 25 septembre.

[142] Lettre du 25 octobre 1865. Archives de l'Académie des sciences, papiers J.B. Dumas, carton 25, dossier *Alais*.

mondain, sait ce qu'il peut tirer de la fréquentation des plus hauts personnages de l'État. On verra plus loin comment il utilisa le nom de l'empereur pour faire reprendre la construction de son nouveau laboratoire à l'École normale qu'un fonctionnaire trop zélé avait fait arrêter se fiant à la rumeur qui annonçait sa mort probable à la suite de son hémorragie cérébrale. Mais ceci ne remet pas en question son désintéressement fort connu : l'argent n'est pas son souci primordial, sauf s'il peut lui permettre de poursuivre des travaux engagés dont l'avancement piétine ou entamer de nouvelles recherches. À cet égard, il faut se remettre en mémoire l'admirable façon dont, jeune fiancé de Marie Laurent, il se présente sans fortune dans une lettre à son futur beau-père, recteur de l'Académie de Strasbourg :

« Tout ce que je possède, c'est une bonne santé, un bon cœur et une position dans l'Université[142a].»

À Compiègne, il participe aux festivités du *Grand monde* : galas, théâtre, messes, thé, chasse à courre, promenades, billard ; journées étincelantes de fêtes et de chamarrures, sans Marie en grand deuil qui a préféré ne pas l'accompagner. Il goûte là quelques moments de vie fastueuse qu'il relate avec humour parfois dans une longue lettre à sa femme. Il est sous la « même clef » que son aimable confrère le physiologiste François-Achille Longet qui avait été prié de faire pendant son séjour une leçon sur la circulation du sang. Par *sous la même clef*, entendez que les deux hommes partagent le même logement, mais chacun dans sa chambre, comme dans « un bon hôtel suisse ».

Dès son arrivée à Compiègne, pour la première fois, il est présenté à l'empereur qui aime la science :

« Monsieur Pasteur dit le chambellan à l'Empereur au moment où il s'éloigne de M. Dubois [Paul Dubois, sculpteur qui venait d'obtenir au Salon la médaille d'honneur pour son *Chanteur florentin*]. L'Empereur :

« - Ah ! il y a longtemps que je désirais vous féliciter sur vos beaux travaux.

« - Sire, c'est un grand honneur pour moi.

« - Vous les continuez ? Ils sont si intéressants.

« - Je m'efforce, Sire, de rester dans la même voie ; c'est seulement en demeurant longtemps dans les mêmes études que l'on peut espérer voir un peu mieux que ses devanciers.

« - Vous avez bien raison[143]. »

Puis l'empereur l'entraîne à l'écart ; près de la cheminée, ils échangent quelques mots sur la théorie des fermentations et la dissymétrie moléculaire. Un peu plus tard durant cette villégiature, à la demande de Napoléon III, il présentera ses

---

[142a] Cité par G. Lacour-Gayet, *Conférence sur Louis Pasteur à l'École polytechnique*, le 25 mai 1923.

[143] Louis Pasteur, *Correspondance*, vol.2, p. 217.

travaux sur le vin avec le matériel que lui a fait parvenir Marie et dont il déplore l'état lamentable de son microscope qui a été disloqué pendant le transport :

« On a traité cela comme un morceau de pierre. Mais heureusement que les parties principales sont intactes. »

Selon le mot de sa femme, dans l'un des salons dorés du château impérial, Pasteur fait « une espèce de leçon » sur les maladies du vin. L'empereur le fait conduire dans la cave du château où le savant pense trouver des échantillons de vins malades pour illustrer la démonstration qu'il propose de faire devant Leurs Majestés et quelques invités de marque. Il « espérait bien trouver là aussi des vins malades, puisque selon lui, les caves des grands en possèdent aussi bien que celles des humbles mortels[144]. » À la fin de la soirée de ce premier jour mémorable, il est présenté à l'impératrice qui semble très attachée à sa présence et jouera même un petit rôle de laborantine. La famille impériale gardera toujours pour Pasteur une admiration affectueuse qui le flattera mais dont il ne voudra jamais tirer profit.

[144] Lettre de Marie Pasteur à son fils Jean-Baptiste, 2 décembre 1865.

Chapitre 5

Deuxième séjour alésien
7 février - 5 juillet 1866

Dès le mois de janvier 1866, Pasteur envisage son prochain départ pour Alès. La durée de ce nouveau séjour devrait être de cinq ou six mois, mais avec un retour souhaité à Paris tous les mois. Dans une lettre à Jean-Baptiste Dumas, Pasteur se plaint des critiques et des discussions de la Commission de sériciculture qui « ont beaucoup refroidi [son] ardeur et diminué [sa] confiance[145]. » Bien entendu, il doit d'abord, comme pour la mission précédente, prendre un congé auprès de son ministère de tutelle. Pour cela, il usera, s'il le faut, du désir de l'empereur qui l'a autorisé à utiliser son nom « pour obtenir toutes les facilités, et notamment celle-là ».

Peut-être pour le rassurer, mais avec sincérité, Dumas lui promet une visite à Alès durant le mois d'avril prochain. La promesse faite au savant est vite connue et répandue :

« Un savant illustre, que la ville d'Alais a le glorieux privilège de compter au nombre de ses enfants, dans sa haute sollicitude pour notre malheureuse industrie, doit se rendre prochainement parmi vous pour se livrer à des recherches de concert avec l'éminent savant qui l'a devancé à Alais : c'est une occasion précieuse d'élucider la question. »

C'est ainsi que le secrétaire de rédaction du *Bulletin du Comice d'Alais* annonce l'arrivée du sénateur en voyage officiel et très curieusement envisage une collaboration des deux chimistes. Il n'a jamais été question pour Dumas de mener des recherches avec Pasteur ; l'annonce est une simple erreur de journaliste. Mais en revanche, il est sûr qu'à l'occasion de son passage dans l'arrondissement, Dumas rendra visite à Louis Pasteur. En attendant, ce dernier le tient au courant, avec régularité, de l'avancement de ses travaux. Cette visite promise, le sénateur ne pourra la faire à cause d'une méchante chute dans l'escalier de son hôtel particulier de la rue Saint-Dominique, chute dont les « contusions ne sont pas dangereuses » mais suffisantes pour annuler son voyage.

L'annonce de l'arrivée du sénateur avait produit dans la ville « beaucoup d'émoi » ; l'annulation du voyage suscite « beaucoup de peine ». Le maire, Victor

---

[145] Lettre du 1er janvier 1866, *Correspondance*, t. 2, p. 239.

Pagès, s'apprêtait à recevoir l'enfant du pays à la tête du conseil municipal ; une séance exceptionnelle du Comice avait été prévue, suivie d'un banquet. Il avait même été envisagé de confier au maire « la moins mal des voitures d'Alais » pour conduire le sénateur auprès du savant. Tout fut donc annulé.

*

* *

Au cours de la séance du Comice d'Alès, le 5 février, le président Paul de Lachadenède fait part aux membres présents de l'excellente nouvelle qui vient de lui être confirmée :

« …Le Comice avait émis le vœu que le Gouvernement fût instamment prié de faire reprendre et continuer les études scientifiques sur la maladie du ver à soie : ce vœu a été pris en sérieuse considération, et l'honorable M. Pasteur qui, l'an dernier, est venu étudier l'état pathologique de ce précieux insecte, doit arriver très-prochainement à Alais afin de poursuivre ses observations commencées déjà et ses savantes études sur les graines et la marche des essais précoces. »

À la suite de cette communication, l'assemblée s'empresse d'exprimer par courrier toute sa gratitude au ministre de l'Agriculture. Cependant, le président recommande aux éleveurs, pour faciliter le travail de « l'honorable savant », de faire divers essais dans une sorte de « chambrée expérimentale » afin de lui fournir des éléments d'études et d'observations. Parmi les échantillons de graines que le président confie à M. Combalusier pour procéder à ces expérimentations se trouve un envoi de graines sélectionnées par l'attaché à la chancellerie de Yokohama. Le ministre de l'Agriculture et du Commerce avait reçu, le 6 février, cent cartons de graines du Japon (soit 2600 grammes) offerts par l'empereur de ce pays à l'empereur du nôtre. Aussitôt, une partie de cet envoi est expédiée à Stanislas Boffinton, préfet du Gard, « département où l'on s'occupe plus spécialement de l'éducation des vers à soie ». Le préfet demeure très sensible aux problèmes de la sériciculture de son département. À la fois homme de cabinet et de terrain, il distribue la graine à ses différents sous-préfets chargés de la remettre aux principaux sériciculteurs chez qui elle doit faire l'objet d'une « éducation spéciale ». La sous-préfecture d'Alès accuse réception de treize cartons que Pasteur aura la charge, entre autres travaux, de suivre : deux pour Alexandre Boyer, un pour les Hospices, deux pour Maximin d'Hombres, un pour Ours, juge de paix à La Grand'Combe, six pour Émile Silhol et un pour Auquier. Ce dernier n'avait pas été sélectionné pour bénéficier du choix décidé par la préfecture. Il avait fait part, autour de lui, de son mécontentement. Son gendre écrit alors au préfet

Boffinton[146], le 12 mars, et lui demande d'inscrire son beau-père dans la répartition des cartons de graine car il élève chaque saison, en moyenne, huit onces de graine dans une éducation « qu'il effectue dans une petite campagne qu'il possède à proximité de la ville et où il a assez de mûriers pour les besoins de sa magnanerie. » La préfecture lui accordera donc un carton[147]. Laurent de l'Arbousset, secrétaire général de la Société d'agriculture d'Alès et directeur du *Bulletin séricicole français*, témoin de la distribution des cartons, nous dit l'empressement fiévreux qui s'était emparé des sériciculteurs qui se pressaient à s'étouffer dans toutes les mairies où elle avait lieu :

« … Les mains se tendaient, pressées, anxieuses… Ne serait-on pas oublié !

« Dès que l'on avait reçu la petite fraction de carton grande comme une carte à jouer qui revenait à chacun, avec quel soin, avec quelle sollicitude on l'emportait, on la serrait comme un précieux trésor, dans l'armoire, à côté des humbles bijoux ou des papiers de famille. »

Les vers à soie issus de ces graines conservèrent pendant longtemps le nom de *vers de l'Empereur*[148].

*

* *

Pasteur quitte Paris le 6 février par le train de 7 heures 45 avec ses deux assistants Désiré Gernez et Émile Maillot. Cette fois-ci, un dessinateur et

---

146 Les préfets ne restent jamais insensibles aux demandes qui leur sont faites. Leur ministre de tutelle, le ministre de l'Intérieur, donne souvent des instructions en ce sens, poussant parfois très loin les limites de ce qu'un *homme du monde* sait naturellement respecter. Par exemple, le 30 mai 1868, dans une lettre à un préfet, le ministre recommande « d'être aimable tout plein, de manger beaucoup, de boire davantage, d'embrasser les filles, de courtiser les femmes, de frapper sur le ventre des maris et de faire la bouche en cœur à tout le monde. » Ce qui vaut pour ce préfet vaut pour tous les autres. Sa mission principale est de ramasser tous les renseignements d'ordre politique ou économique venus jusqu'à lui – à défaut de savoir aller les chercher -, de les réunir en dossiers dont la connaissance lui permettra, ainsi qu'à ses successeurs, d'apprécier rapidement l'éventuel comportement de tel ou tel individu ou association. Tout au long du Second Empire, le préfet doit recevoir tous ceux qui ont une requête ou une affaire à lui présenter. C'est une de ses obligations, une partie de sa mission, et le meilleur moyen de s'informer. Bernard Le Clère, *La vie quotidienne des préfets au XIXe siècle (1815-1914)*, in : *Les préfets en France*, Centre de recherches d'histoire et de philologie de la IVe section de l'École pratique des Hautes Études, Genève, Droz, 1978.

147 Archives départementales du Gard, 7 M 208. À cette même époque, *L'Aigle des Cévennes*, revue hebdomadaire paraissant le samedi, dans son numéro du 10 mars 1866, insère l'annonce suivante : « Les 22 et 27 février 1866, le ministre de l'Agriculture a fait connaître au préfet du Gard qu'il recevra 4000 (sic) cartons de graines du Japon à répartir entre les communes. »

148 Antoine Laurent de l'Arbousset, *Vigne ou mûrier, mémoire agricole*, Alais, A. Brugueirolle et Cie, 1878.

photographe, Peter Lackerbauer, s'est joint à eux à la demande du savant. Gernez, pour ce nouveau séjour dans le Midi, avait réglé son remplacement au lycée de Dijon où il avait été nommé pour la rentrée scolaire de 1864. Jules Raulin qui devait faire partie de l'équipe n'a pas pu se joindre à eux. Émile Duclaux, sollicité lui aussi, avait vu venir cette offre sans plaisir. Il avait fait part de sa contrariété à son ami Gernez, au début du mois de janvier, dans une lettre où il donne libre cours à ses sentiments :

« Je ne te cache pas que cette mission dans le Midi m'ennuie profondément[149]. »

Il est vrai que Duclaux en acceptant de rejoindre cette mission devait, dans un premier temps, se séparer de sa mère et la renvoyer à Tours. Ensuite, il lui fallait renoncer à s'occuper de l'éducation de son jeune frère. Mais par-dessus tout, il devait refuser un poste de suppléant à la faculté de Clermont-Ferrand, nomination qui faisait de lui, à 26 ans, « le plus jeune professeur des Facultés de France ». Cette Faculté venait d'être rénovée et, par la générosité d'un mécène local, dotée d'un laboratoire. Le mécène, pharmacien enrichi par la vente d'un « sirop au suc de laitue », avait été nommé professeur de chimie. Mais, s'il tenait au titre, il ne se sentait pas du tout de disposition pour enseigner. Le mécène en question cherche aussitôt un suppléant. Gernez sollicité refuse le poste et propose le nom de son ami Duclaux qui accepte. Mais le nouveau professeur ne peut quitter le poste où il vient de prendre ses fonctions. Il propose à Pasteur de les rejoindre un peu plus tard, après avoir réglé des affaires personnelles et terminé la rédaction de sa thèse qui résume ses travaux sur la fermentation alcoolique.

Sur leur trajet vers le Midi, les voyageurs s'arrêtent à Lyon où vivent la famille Loir et les parents de Marie : le recteur Laurent et sa femme. Cette fois-ci, comme pour les voyages suivants, quand il le peut, Pasteur se rend au palais Saint-Pierre où se trouvaient alors la Faculté des sciences et le laboratoire de son beau-frère Adrien Loir. Il fait avec lui des examens microscopiques de vers à soie. Mais, le plus souvent, la famille Pasteur, élargie au groupe des assistants, se contente d'embrassades sur le quai pendant les longs arrêts du train.

*

* *

Le 8 février, dans l'après-midi, toute la compagnie arrive à Alès où elle s'installe dans un hôtel à l'entrée du faubourg de Rochebelle. « Pendant les premiers temps, raconte Émile Duclaux, la mission avait dû se contenter de la vie d'hôtel pour le vivre et le couvert, et, pour les expériences, d'une installation plus que sommaire

---

[149] Mme Duclaux, p. 60.

chez un sériciculteur voisin de la ville[150]. » Pasteur n'aime pas la vie dans cet hôtel ; il s'en plaint dans une lettre à Marie qui lui souhaite de trouver rapidement un autre logement. Elle attend maintenant qu'il lui écrive qu'il s'est installé autre part[151]. Monsieur Combalusier, fleuriste et marchand de graines, mais qui possède aussi quelques éducations dans une pièce chauffée par un calorifère à air chaud, leur propose un logement plus décent. Toute la troupe déménage le 10 février et s'installe dans ce nouvel hébergement où Pasteur fait quelques observations dans les pièces voisines. Il prend de nombreuses notes sur son carnet de laboratoire[152].

Très vite l'installation provisoire devient insatisfaisante. La maison qui est à l'angle de deux routes est sans cesse troublée, surtout les jours de foire et de marché, par le charroi des carrioles de paysans et des lourds fardiers des houillères. Le travail de l'équipe souffre du vacarme de la rue, leurs recherches aussi, jusqu'à ce qu'ils trouvent dans le voisinage, à l'entrée de la route de Saint-Jean-du-Pin, dans le faubourg du Soleil, près du quai du Gardon, une maisonnette haute et étroite, avec une seule fenêtre de façade, où ils installent dans le grenier le « cabinet d'essais précoces ». Le laboratoire est installé dans une grande pièce que le propriétaire libère dans la journée en se réfugiant au sous-sol. Près d'une fenêtre avec son microscope, Pasteur ne quitte plus ce grenier, « véritable étude obscure où il suivait, à la flamme d'une chandelle les évolutions des vers mis à l'essai[153]. »

De temps à autre, la tranquillité du savant est interrompue par les visites d'acheteurs de graines qui viennent, sans prévenir, le questionner sur des points qui ne sont pas vraiment de sa compétence. Ces interruptions répétées le perturbent et l'éloignent de ses observations minutieuses, rompent le fil de ses notes, et en fin de compte le distraient de sa concentration. De plus, toute l'équipe doit cesser son activité pour le déjeuner qui se prend de l'autre côté de la ville. Les allers et les retours sont l'occasion d'énormes pertes de temps que Pasteur accepte de plus en plus mal. Il doit trouver une solution plus confortable et plus rationnelle.

La vie à l'hôtel au bout de huit jours devient, selon le mot de Pasteur, tout à fait « insupportable », d'autant plus insupportable que toute l'équipe doit traverser la ville plusieurs fois par jour. Or, la vieille ville d'alors, pressée autour de sa cathédrale, se composait d'un écheveau de petites rues sales que le soleil ne pénétrait jamais. Les maisons, à deux étages, dont certaines dataient de la fin de la Renaissance, s'ouvraient sur la rue par une porte surplombant une volée de deux ou trois marches très hautes. Les inondations n'étaient pas rares à l'automne et au début du printemps. Elles laissaient des traces sur les murs et surtout entretenaient

---

[150] Émile Duclaux, *Le laboratoire de M. Pasteur*, in : *Le centenaire de l'École normale*, p. 465.

[151] Lettre de Marie Pasteur à son fils Jean-Baptiste, le 11 février 1866.

[152] BnF, département des manuscrits, NAF 17953.

[153] Désiré Gernez, p.9.

Fig. 12. et 13. Deux différents ex-libris du Comice, dessinés par David Jeune.

Fig. 14. En-tête du Comice agricole d'Alès.

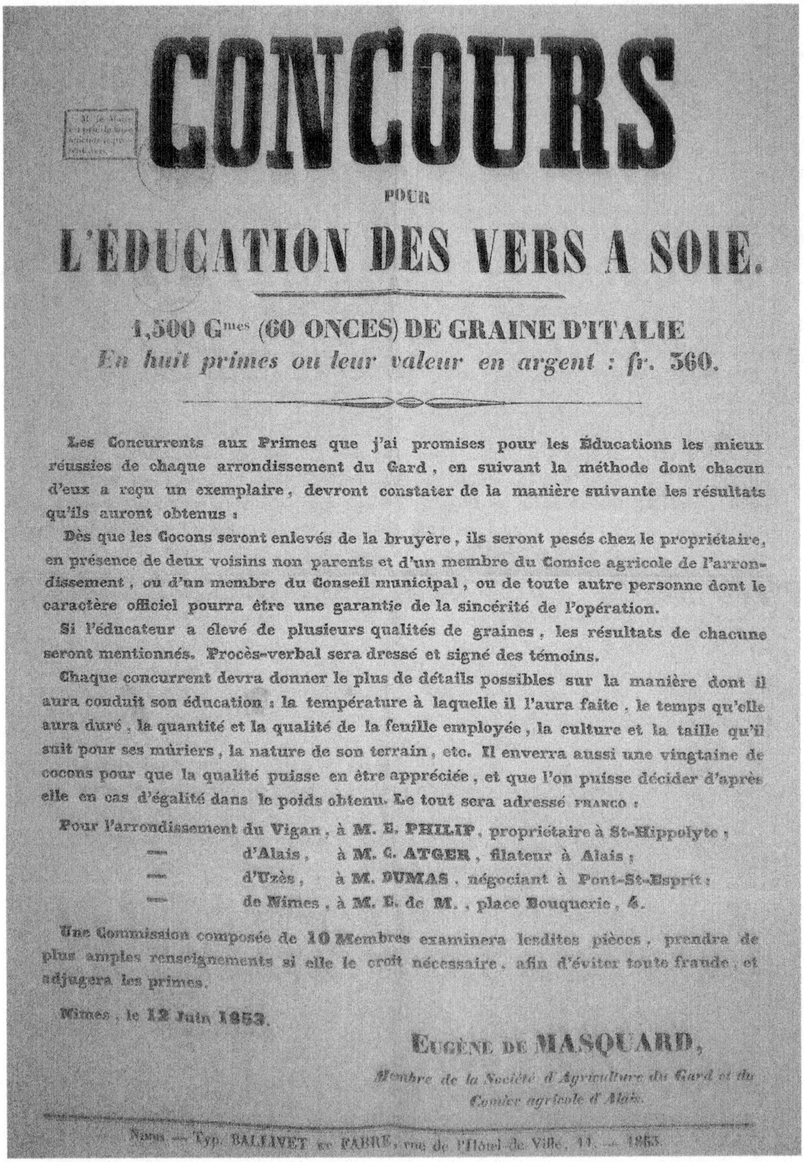

CONCOURS

POUR

L'ÉDUCATION DES VERS A SOIE.

1,500 Gmes (60 ONCES) DE GRAINE D'ITALIE

En huit primes ou leur valeur en argent : fr. 360.

Les Concurrents aux Primes que j'ai promises pour les Éducations les mieux réussies de chaque arrondissement du Gard, en suivant la méthode dont chacun d'eux a reçu un exemplaire, devront constater de la manière suivante les résultats qu'ils auront obtenus :

Dès que les Cocons seront enlevés de la bruyère, ils seront pesés chez le propriétaire, en présence de deux voisins non parents et d'un membre du Comice agricole de l'arrondissement, ou d'un membre du Conseil municipal, ou de toute autre personne dont le caractère officiel pourra être une garantie de la sincérité de l'opération.

Si l'éducateur a élevé de plusieurs qualités de graines, les résultats de chacune seront mentionnés. Procès-verbal sera dressé et signé des témoins.

Chaque concurrent devra donner le plus de détails possibles sur la manière dont il aura conduit son éducation : la température à laquelle il l'aura faite, le temps qu'elle aura duré, la quantité et la qualité de la feuille employée, la culture et la taille qu'il suit pour ses mûriers, la nature de son terrain, etc. Il enverra aussi une vingtaine de cocons pour que la qualité puisse en être appréciée, et que l'on puisse décider d'après elle en cas d'égalité dans le poids obtenu. Le tout sera adressé FRANCO :

Pour l'arrondissement du Vigan, à M. E. PHILIP, propriétaire à St-Hippolyte ;
— d'Alais, à M. C. ATGER, filateur à Alais ;
— d'Uzès, à M. DUMAS, négociant à Pont-St-Esprit ;
— de Nimes, à M. E. de M., place Bouquerie, 4.

Une Commission composée de 10 Membres examinera lesdites pièces, prendra de plus amples renseignements si elle le croit nécessaire, afin d'éviter toute fraude, et adjugera les primes.

Nimes, le 12 Juin 1853.

EUGÈNE DE MASQUARD,

Membre de la Société d'Agriculture du Gard et du Comice agricole d'Alais.

Nimes — Typ. BALLIVET et FABRE, rue de l'Hôtel-de-Ville, 11. — 1853.

Fig. 15. Affiche du concours organisé en 1853 par Eugène Masquard, ennemi déclaré de Louis Pasteur.

une humidité malsaine qui remontait par les soupiraux ouverts au ras de la chaussée. De cette vieille ville aux rues pavées, certaines de simple terre battue, que le soleil pénétrait mal, qui jetait ses eaux usées dans la rigole centrale, qui portait son odeur nauséeuse à tout le voisinage, de cette ville-là aujourd'hui, il ne reste plus que la cathédrale massive que le vandalisme des bulldozers lâchés par le député Béchard épargna dans les années soixante.

*
* *

Au début de ce deuxième séjour, Pasteur connaît toujours aussi peu de choses de la maladie du ver à soie, mais il ne désespère pas de trouver l'origine du mal. Son premier séjour, celui de l'année précédente, fut beaucoup trop court : il était arrivé à la fin des éducations. Il l'a considéré comme une simple prise de contact avec les éléments en jeu.

Maintenant, à peine arrivé, on lui signale que toutes les chambrées de la région sont atteintes du mal. La situation des sériciculteurs est si catastrophique qu'on parle, ici et là, de fléau ; l'économie locale est frappée de plein fouet. Les sériciculteurs sont désemparés. Parmi eux, ceux qui ont un peu d'audience rédigent des articles pour les revues locales où ils expriment leur désarroi, proposent des solutions, à l'occasion disent leur haine contre le savant envoyé de Paris. À la tête des détracteurs de Pasteur figure le marquis Eugène de Masquard, agronome nîmois qui « écrit sur les choses de la terre comme les Grecs et les Romains ». Attardons-nous un peu sur ce personnage qui va jouer un rôle important dans la vie de Pasteur durant ses recherches sur la maladie des vers à soie.

Le personnage n'est pas un inconnu pour l'Administration. Priamar Boselli, préfet du Gard, avait rédigé un rapport sur lui en 1852 et l'avait envoyé à Noël Lefebvre-Duruflé, ministre de l'Agriculture. Il ne lui faisait grâce de rien ; il s'était même empressé de refuser le concours de l'Administration à une entreprise que le marquis avait mise en train, vraisemblablement pour défendre ses propres intérêts. Voici le rapport du préfet :

« Je m'empresse… de vous transmettre les divers renseignements que j'ai pu recueillir sur M. de Masquard et sur la portée du concours institué par lui [concours pour l'éducation des vers à soie].

« M. de Masquard ne s'était jamais occupé de sériciculture, lorsqu'il fit l'année dernière un voyage en Italie ; il en rapporta quelques idées assez justes sur la manière d'élever les vers à soie et il les consigna dans un mémoire adressé à la Société d'agriculture du Gard… La Société crut devoir encourager ses essais et il fut nommé membre de la Société. Depuis lors, M. de Masquard s'est livré à la fabrication et au commerce de la graine de vers à soie, en concurrence avec divers producteurs du département. La graine qu'il a fournie cette année a été de bonne qualité et servira à lui créer une clientelle (sic) convenable. Quant au concours qu'il a institué, je ne pense pas, Monsieur le Ministre, qu'il ait une bien grande portée. Il pourrait avoir quelque importance, si les primes offertes étaient plus nombreuses et plus considérables ou si M. de Masquard obtenait l'appui de la Société d'agriculture du Gard ; mais cette association agricole n'a pas cru devoir prendre une part quelconque à son concours, dans la crainte de paraître une entreprise particulière au détriment d'entreprises du même genre.

« J'ai donc tout lieu de craindre, Monsieur le Ministre, que dans ses conditions actuelles, le concours institué par M. de Masquard ne puisse donner des résultats importants au point de vue de l'amélioration de notre industrie séricicole et j'estime que l'administration départementale n'a pas à intervenir dans cette affaire[154]. »

Un *portrait physique* du personnage a été publié dans un article paru à l'occasion du Dixième Congrès national du Parti ouvrier. Il mérite d'être cité :

« D'une physionomie ascétique, qui respire une bonté patriarcale ; le front haut et d'un angle où la pensée, jamais accroupie, peut évoluer librement ; l'arc du sourcil, tendu par la méditation continuelle, au fond duquel veillent deux yeux crépusculaires de penseur ; telle est l'impression inoubliable produite sur nous par ce vieillard de soixante-quatorze ans, qui porte allègrement son âge, grâce au régime végétarien et à sa grande activité[155]. »

Ce calviniste nîmois, anti-vaccinateur, « sec comme un coup de trique », une vraie pièce d'anatomie, rigide et noueux comme un chêne de la garrigue, marié à la fille d'un filateur d'Alès dont il perdit la dot dans un investissement malheureux, dirige sa propre éducation de vers à soie, à Saint-Césaire, dans les faubourgs de la ville. Le moins qu'on puisse dire de lui, c'est qu'il supporte peu la contradiction. Il est l'auteur de très nombreux ouvrages et articles qui tournent souvent au pamphlet, sentent la polémique, comme si sa prose, dit-on « avait été conservée dans du vinaigre ». En 1866, lorsqu'il apprend que Dumas va envoyer un savant dans la région pour étudier la maladie qui sévit, l'austère Masquard offre « son bienveillant concours » au savant en question qui n'a vu de sa vie un ver à soie et ne connaît aucun ouvrage de sériciculture. Pasteur « avec la morgue qui distingue les gens officiels » dédaigne les avances du praticien. Dès ce premier contact, l'amateur de légumes et de verdure se drape dans sa dignité et fait du savant parisien son ennemi personnel. Aujourd'hui, il se déchaîne littéralement contre les

[154] Archives départementales du Gard, 7 M 207.

[155] Étienne Bellot, *Eugène de Masquard*, extrait de la revue *Les hommes du jour*, Marseille, octobre et novembre 1892.

écrits et la méthode de celui qu'il dit être né « deux jours après le Sauveur du monde ». Sûr de ses propos et du bien fondé de ses idées tirées, dit-il, de son expérience qu'il met sans cesse en avant, il fait parvenir à Pasteur une épreuve de sa dernière brochure. Pasteur, son « orgueilleux adversaire », lui renvoie son texte accompagné de quelques « amabilités », entre autres celle-ci :

« Dieu me garde de suivre le conseil que vous me donnez dans votre ouvrage, de substituer à mes expériences de laboratoire des courses dans deux ou trois villages… J'ai mon idée et je la poursuis… »

Masquard[156] est renvoyé à ses vers et le « grand maître de la science corpusculeuse et vibrionneuse » s'en tient à sa méthode et à son microscope. Pasteur est sûr de sa méthode ; il l'écrit à son ami Marès :

« Je pense, en outre, qu'il est facile de combattre [le fléau], de l'éloigner même entièrement, au prix d'un examen microscopique simple et rapide dans son application[157]. »

*

* *

Le maire d'Alès suit de près les travaux de la mission. Il écrit à Jean-Baptiste Dumas qui lui a annoncé sa venue :

« M. Pasteur est arrivé et s'est mis presqu'aussitôt au travail assisté de ses deux intelligents auxiliaires [Désiré Gernez et Eugène Maillot]. On vous prépare les meilleurs éléments et lorsque vous arriverez vous-même au commencement de mai, vous serez peut-être en mesure, en y ajoutant vos propres investigations, de vous former une opinion décisive – *Hic opus, hic labor.* C'est toujours une grande satisfaction pour notre population qu'Alais soit le siège des observations des princes de la science[158]. »

*

* *

---

156 Quelques notes pour compléter le portrait de Masquard : il serait le fondateur d'une revue mensuelle, *Le Réactionnaire* dont le nom est tout un programme. Dans son œuvre écrite, abondante et haineuse, il cache la disette de sa pensée. Il entend lutter contre les idées brillantes, mais fausses qui, sous prétexte de liberté et de progrès, conduisent à tous les esclavages et à toutes les ruines. En 1891, dans l'un des numéros de sa revue, il prend la défense des tisseurs et des sériciculteurs, contre Jules Simon et d'autres *rurophobes* qui s'acharnent à ruiner les industries par les doctrines *dupe-échangistes*.

157 Lettre de Pasteur à Marès, *Correspondance*, t. 2, p. 4.

158 Lettre du 17 février 1866.

Très vite, dès le début de ce nouveau séjour, Pasteur a le sentiment que ses recherches risquent de durer plus longtemps qu'il l'avait imaginé. Chaque soir, à l'occasion des repas pris avec ses assistants, ou lors des trajets à travers la ville, il revient sur leur situation matérielle si peu satisfaisante. Il n'a pas le temps ou pas le courage de chercher un nouveau lieu plus adéquat. Il s'en remet entièrement à ses assistants. Ce qui n'est pas pour leur déplaire. Émile Duclaux rapporte le témoignage d'une heureuse découverte de son camarade Gernez ; découverte qui va changer leur vie quotidienne et les conditions de leur travail :

« On mangeait mal, on dormait peu, on travaillait péniblement, et cela dura jusqu'au jour où l'ami Gernez profita d'un dimanche pour faire une tournée aux environs d'Alais, avec l'idée d'y découvrir quelque chose de plus confortable. La Providence des savants, ou plutôt celle des vers à soie, le conduisit en face de Pont-Gisquet, qui lui sembla un paradis, vu au travers des grilles. Mais ce paradis ne semblait pas à louer, et la grille ne s'ouvrait pas, malgré les appels réitérés et les coups de sonnette. C'est que le propriétaire était absent, et que tout était aux soins d'un jardinier, dérangé dans son repos, qui fit un accueil plus que froid à Gernez, lorsque celui-ci, fatigué de sonner en vain, se fut décidé à franchir une muraille. Gernez fit si bien qu'il emporta l'assentiment du jardinier, puis celui du propriétaire, et qu'on pouvait s'installer, huit jours après, dans le domaine charmant que depuis on n'a pas quitté[159]. »

Ce nouveau lieu de séjour opère très vite sur le moral du savant un changement salutaire contagieux. L'ambiance au travail et la vie commune du petit monde scientifique bénéficient, bien évidemment, de cette embellie de l'humeur de Pasteur. Le domaine est assez spacieux pour que chacun y soit à l'aise en son particulier et aussi dans les lieux voués aux recherches et aux observations. Duclaux s'en souvient encore lorsqu'il écrit :

« Je ne crois pas qu'il y ait eu jamais, réunie autour d'un chef, une communauté plus unie et plus laborieuse. »

*

* *

Le domaine du Pont de Gisquet ou Pont-Gisquet[160] est situé, tout près de la ville, à quinze cents mètres seulement, sur le chemin sinueux et pierreux, creusé d'ornières de Saint-Jean-du-Pin, au pied d'un vallon où des murs de pierres sèches soutiennent des mûriers qui périssent, faute de soins. Madame Duclaux qui

---

[159] Émile Duclaux, *Le laboratoire de M. Pasteur*, in : *Le centenaire de l'École normale*, p. 465.

[160] On dit aussi aujourd'hui « Villa Pasteur ». Voir annexe note n°11.

Fig. 16. Vue générale depuis la pente de l'Ermitage du Pont-Gisquet à l'époque du séjour de Louis Pasteur. Photographie originale de Peter Lackerbauer.

Fig. 17. Prise de vue montrant la terrasse du domaine où Louis Pasteur s'installa le 18 février, lors de son deuxième séjour dans les Cévennes.

Fig. 18. La façade actuelle de l'habitation telle qu'on la voit depuis la route de Saint-Jean-du-Pin.

Fig.19. Façade arrière de l'habitation du Pont-Gisquet.

pourtant ne s'est jamais rendue dans la région auprès de son mari dit même qu'on les arrachait « pour brûler leur bois inutile. Car, dans la région, les magnaneries chômaient[161]. » Dans cette campagne, hier du temps de Pasteur, comme aujourd'hui encore, rien n'a changé, surtout pas le silence et la lumière du printemps qui baigne le domaine au creux du vallon.

La découverte du domaine du Pont-Gisquet par Gernez arrive à point. Elle met fin à toute une série d'allées et venues fastidieuses à travers la ville. L'installation se fait dès le 18 février. Louis Pasteur enfin soulagé, écrit à sa sœur Virginie, Mme Gustave Vichot, pour lui dire toute sa joie :

« Après bien des recherches, nous avons fini par trouver à louer une maison située plus à la campagne qu'à la ville, très propre, bien meublée et fort bien située sur un ravin entre deux montagnes... Nous avons engagé une cuisinière très entendue qui retourne à Alais tous les soirs et revient le matin avec les provisions de la journée. Nous lui donnons 45 F. par mois, et nous avons fait prix pour 600 F.[162] pour la location de la maison durant toute la campagne de cinq ou six mois. Tu vois ce sont des prix raisonnables. D'ailleurs tous les frais sont couverts par le Ministre de l'agriculture, c'est bien entendu. Quoi qu'il en soit, il est bon d'être convenablement, sans trop dépenser. La vie à l'hôtel nous était devenue insupportable déjà au bout de huit jours[163].»

*
* *

Émile Duclaux a décrit dans le détail le domaine où Louis Pasteur est venu s'installer avec sa tribu :

« Des ombrages, de l'eau, une orangerie qui faisait un admirable laboratoire, des magnaneries pour les expériences pratiques, des mûriers dans la propriété, une maison d'habitation, vaste, propre et commode, où on faisait ménage en commun, tout cela a bien contribué au succès des études, à l'entrain et à la bonne santé des travailleurs et de leur chef.[164] »

En fait, Émile Duclaux en évoquant cette *science bucolique* se souvenait des conditions de travail si peu favorables lorsqu'il étudiait, quelques mois plus tôt, avec son maître, les maladies du vin à Arbois :

---

[161] Madame Duclaux, p. 73.

[162] Soit environ 170 € pour le salaire de la cuisinière et 2200 € pour la location (données Insee communiquées à titre purement indicatif car reposant sur des hypothèses relativement fragiles.)

[163] Lettre à sa sœur du 18 février 1866, *Correspondance*, vol. 2, p. 247.

[164] Émile Duclaux, *Le laboratoire de M. Pasteur*, in : *Livre du centenaire de l'École normale.*

« Dans un laboratoire improvisé que M. Pasteur avait installé dans une salle de café… Point de gaz : on chauffait avec des charbons dont on activait, au moment voulu, le feu avec des éventails. Point d'eau : c'était nous qui allions, comme Rébecca, la chercher à la fontaine publique, ou comme Nausicaa, laver nos ustensiles à la rivière. Nos tables étaient des tréteaux, et quant aux appareils, comme ils sortaient presque tous de chez le menuisier, le ferblantier ou le forgeron d'Arbois, on peut deviner qu'ils n'avaient pas les formes canoniques… »

Toute l'installation sommaire du Jura n'a rien à voir avec les conditions du laboratoire du Pont-Gisquet. Pasteur loge, provisoirement, son laboratoire dans l'une des nombreuses pièces de la maison. Ce n'est que plus tard que l'équipe déménagera le matériel dans l'orangerie qui jouxte le corps d'habitation principal donnant sur une vaste cour intérieure. Émile Duclaux trouve l'agencement tout à fait à son goût et, sans conteste, bien mieux que le laboratoire parisien de la rue d'Ulm[165].

Le premier soin exigé par Louis Pasteur avant d'installer le matériel est de désinfecter les locaux, y compris la magnanerie que les propriétaires avaient installée au premier étage, au-dessus de l'orangerie. Les assistants aidés du jardinier passent les murs au soufre et à la chaux.

Tout en continuant à surveiller les éducations du grenier de Combalusier, Pasteur passe des heures chaque jour, enfermé dans son nouveau laboratoire qui est comme une sorte de serre vitrée, chauffée à une température haute et constante, « auprès d'une collection de ces annellides ». François Bournand voit dans cette atmosphère surchauffée l'origine du mal qui mettra à mal sa santé dans quelque temps :

« Si vous continuez à vivre là-dedans, lui dit son médecin, c'est la mort peut-être, c'est la paralysie sûrement.

– Docteur, répondit Pasteur, je ne puis abandonner mes études ; je touche au but, je sens la découverte prochaine.

- Advienne que pourra ! J'aurai fait mon devoir. »

*

* *

C'est dans ce laboratoire tout nouveau, au milieu de la verdure, que Pasteur procède lui-même à l'éducation des graines qu'il avait préparées pendant l'hiver[166].

---

165 Idem, p. 464.

166 Pour être tout à fait juste, Louis Pasteur ne s'occupe pas personnellement de ses *éducations*. Il est aidé, si l'on en croit Marcel Roland qui rapporte l'anecdote suivante : « Émilie Gascual, plus tard

Gernez, le fidèle « aide de camp » comme son maître aime l'appeler dans ses lettres, nous explique par le menu le travail intensif et quotidien de toute l'équipe :

« Pasteur entreprenait un grand nombre d'essais qu'il suivait lui-même jusque dans leurs plus menus détails ; il ne réclamait notre concours que pour des opérations similaires qui servaient de contrôle aux siennes. Il en résultait qu'aux fatigues de la journée, que notre jeunesse nous permettait de supporter, s'ajoutaient pour lui les préoccupations des recherches, les surprises désagréables d'une correspondance où les critiques abondaient, la nécessité de répondre aux importuns… D'autre part, pour déblayer le terrain, il fallait démêler, dans une foule d'assertions produites en France et à l'étranger, celles qui paraissaient avoir quelque valeur. Enfin des remèdes présumés infaillibles pour guérir les maladies avaient été proposés ; il était nécessaire d'en faire le contrôle minutieux avant de se prononcer sur leur efficacité. De là, un amoncellement d'expériences, et, en même temps, de consultations venant de tous côtés sur les points les plus divers et les plus imprévus. »

Les résultats obtenus déçoivent Pasteur ; il demeure perplexe, découragé : contre toute logique certaines de ses graines ont donné des vers à soie sans taches de pébrine mais malades et mourants. Il raconte son découragement à Marie qui, par ricochet, le mande à son fils Jean-Baptiste, pensionnaire dans un collège parisien :

« Mon cher enfant… j'ai eu de ses nouvelles hier de ce cher papa qui se fatigue loin de nous pour étudier une maladie si difficile à étudier. Prie le bon Dieu pour qu'il réussisse et qu'il revienne bien portant[167]. »

Aux recherches qui piétinent - « Hélas ! nous n'avançons pas », disait Pasteur - à l'abattement qui en résulte, s'ajoutent les surprises désagréables d'une correspondance où les critiques abondent. Louis Pasteur contrarié s'en plaint dans les lettres à sa femme qui compatit à la détresse de son époux. Pour elle, c'est une sorte de cri d'alarme qu'elle veut faire cesser sans plus attendre. Elle lui annonce son arrivée avec leurs deux filles, Cécile et Marie-Louise ; mais avant d'arriver à Alès, elles feront toutes les trois un crochet par Chambéry où Marie veut rendre visite à sa sœur.

---

femme Cabanel a travaillé aux élevages de M. Pasteur. Avec elle travaillaient aussi Philomène Gisquet et Marie Viala qui amena un jour au Pont-Gisquet son petit frère. Il était alors élève à l'école des Frères et Pasteur remarqua sa gentillesse, son sérieux et son goût pour l'étude. Il demanda qu'on lui permît de l'emmener à Paris et de le faire instruire. Ce petit bonhomme est devenu Eugène Viala, un des aides de Pasteur dans tous ses travaux de laboratoire. C'est lui qui a préparé pendant des années le vaccin anti-rabique de l'Institut Pasteur. Cette fonction a été transmise en 1902 à son neveu Jules Viala. »

[167] Lettre de Mme Pasteur, du 18 février 1866.

*
* *

Le savant et ses assistants travaillent sans relâche à leur microscope. Après quelques semaines, une évidence s'impose à Pasteur : la maladie est héréditaire et s'aggrave d'une génération à l'autre ; elle peut se faire par piqûre ou par ingestion des corpuscules rejetés par les papillons ou les vers malades. Alors, dans un premier temps, il propose aussitôt aux éducateurs quelques conseils d'hygiène très simples : aération des magnaneries, changements fréquents des feuilles de mûrier pour éviter leur fermentation, et élimination rapide des vers malades et bien sûr des morts.

Antique méthode insuffisante dont on peut douter de l'efficacité ! Sans le savoir, Pasteur énonce à peu de choses près les préceptes que Pierre Perrin avait rassemblés, en 1645, dans deux de ses stances :

« Aussi tous les trois jours je fay purger leurs tables.
De tous leurs excréments,
Enlevant dessous eux les restes méprisables
De leurs vieux aliments.
Mais malgré tous ces soins, certaine maladie
Saisit ces vermisseaux,
Laquelle bien souvent, si l'on n'y remédie,
Dépeuple leurs troupeaux. »

Tous s'accordent, savant et poète, pour procéder à l'élimination des vers contaminés et des déchets qu'ils produisent :

« Je le sépare alors, craignant que l'eau funeste
N'infecte le voisin.
Tant est contagieux de cette étrange peste,
L'injurieux venin. »

Avec moins de poésie, deux siècles plus tard, Pasteur dit avec conviction : il faut éviter la transmission héréditaire de la maladie. Mais les auteurs et les éducateurs sont loin de s'accorder sur ce point, tel ce séricículteur des environs de Nice qui écrit dans un mémoire adressé au ministre de l'Agriculture et du Commerce (transmis au sénateur Jean-Baptiste Dumas) :

« Le mal n'est pas dans la graine. C'est une erreur générale de l'avoir cherché là lorsqu'il réside ailleurs. Le mal est de deux sortes et procède de deux causes ; la première de la nourriture, la seconde de la couvaison de la graine pour obtenir le ver[168]. »

---

[168] Mémoire du duc d'Acquaviva, adressé au ministre de l'Agriculture et du Commerce qui l'a transmis à Jean-Baptiste Dumas. Archives Académie des sciences, papiers Jean-Baptiste Dumas, carton 14, dossier *soie.*

Ni Pasteur ni Dumas ne retiendront cette critique. Pour le premier, il n'y a aucun doute possible : le mal est bien dans la graine. Son travail est loin d'avoir été bien compris et surtout les mesures qu'il préconise ne sont pas bien mises en pratique. Il revient, et reviendra sans cesse, sur ce problème de la sélection de la graine. Pour cela, il recommande déjà le « grainage cellulaire », transformant ainsi l'éducateur en laborantin apte à utiliser les instruments et les appareils du savant, en particulier le microscope. Nous verrons par la suite comment la résistance passive et active à l'application de cette méthode lui vaudra de sérieuses polémiques avec quelques magnaniers et certains personnages influents ; polémiques qui ne seront pas pour rien dans la détérioration de sa santé.

La méthode du savant paraît très compliquée à bien des éducateurs. Il faut dire à leur décharge qu'elle leur semble de la brique et du bois : ça ne se digère pas. Alors, pour faciliter sa mise en place, Pasteur la résume en quelques étapes très simples et la prolonge par des articles envoyés à des revues agricoles à l'usage de ceux qui ont un peu de « jugement scientifique ».

En quoi consiste cette méthode ? Sitôt sortie de son cocon, chaque femelle du papillon est isolée ; elle pond sa graine à part sur une pièce de tissu. Une fois les œufs pondus, la *papillonne* est épinglée dans un coin du linge. Quelques jours plus tard, elle est broyée dans un mortier et examinée au microscope. Si la mixture contient des corpuscules, la graine est détruite. C'est ce procédé bien simple qui doit sauver la sériciculture :

« Si j'étais éducateur, écrit Pasteur dans ses *Études sur la maladie des vers à soie*, je ne voudrais jamais élever une graine née de vers que je n'aurais pas observés à maintes reprises, dans les derniers jours de leur vie afin de constater leur vigueur, c'est-à-dire leur agilité au moment de filer leur soie. Servez-vous de graines provenant de papillons dont les vers sont montés avec prestesse à la bruyère… et dont le microscope aura démontré la sanité au point de vue des corpuscules, et vous réussirez dans toutes vos éducations, si peu que vous connaissiez l'art d'élever les vers à soie. »

La méthode révolutionne « la science de la sériciculture » et surtout la science tout court : pour la première fois, selon Louis Pasteur Vallery-Radot, les problèmes de l'hérédité et de la contagion étaient résolus et enfin étaient établies des règles rigoureuses de prophylaxie.

*

* *

Pour le séjour de 1866, comme pour le précédent, c'est Louis Pasteur qui tient le livre de comptes. Il y note méticuleusement, mois par mois, au jour le jour, les dépenses communes de la vie quotidienne du groupe qu'il a sous sa responsabilité : location de voitures, visites de monuments publics à Nîmes, frais d'hôtel et gages de la cuisinière, vin, bois et charbon, loyer. Par exemple, en février il inscrit à côté de leurs trois noms (Pasteur, Maillot et Gernez) :

- 780,30 francs soit le 1/3 ou partie de chacun : 260,10 francs

Les frais de transport sont comptés à part pour chacun :

- Voyage de Paris à Alais 841 kilomètres à 0,20 soit 168,20 francs pour lui.
- Idem pour Gernez et pour Maillot.

À ces indemnités de transport s'ajoutent des indemnités journalières de 20 francs. Il est à remarquer que celles de Pasteur, de Gernez et de Duclaux sont identiques alors que celles de Maillot sont comptées à 12 francs.

Les dépenses courantes de laboratoire, d'intendance et de fournitures sont notées à part : télégramme, tables, chaises, corbeilles, bougeoirs, flambeaux, bougies, brosses, tapis, timbres, carnet, crayons, ciseaux, boîtes, tubes, produits chimiques, etc.

Un petit total de récapitulation générale donne la somme de 10 000 francs.

Pour l'année suivante, celle de 1867, le total du bordereau des dépenses occasionnées par *la mission relative à des recherches sur la maladie des vers à soie confiée à M. Pasteur, membre de l'Institut* s'élèvera à la somme de 15 804,60 francs.

Celui de la dernière année, 1869, comprenant les frais de voyage de Pasteur et de ses assistants Maillot, Raulin, Gernez et Duclaux, ainsi que les dépenses de laboratoire seront de 23 823,50 francs.

Alors que les frais généraux ne cessent d'augmenter au fur et à mesure des années, les indemnités journalières restent fixes, et demeurent identiques pour tous les membres de la mission scientifique, y compris pour Maillot à présent, soit 20 francs[169].

Les dépenses pour les missions de Pasteur doivent être justifiées au centime près. Les services comptables de l'administration sont intraitables sur ce point. Ainsi, le 11 novembre 1876, soit plus de sept ans après sa troisième mission dans le Midi, Alfred Gisolme, préfet du Gard, lui adresse une demande venant de la Cour des comptes qui réclame des pièces justificatives pour certaines dépenses. Louis

---

[169] Soit aujourd'hui environ 2 800 € (pour 780 F), 960 (pour 260 F), 620 (pour 168 F), 75 (pour 20 F), 45 (pour 12 F), 37 000 (pour 10 000 F), 58 200 (pour 15 804 F) et 87 700 (pour 23 823 F).

Pasteur répond au préfet par l'intermédiaire du maire du Ve arrondissement de Paris :

« M. le Maire,

« En réponse à la lettre de M. le Préfet du Gard en date du 4 courant [1876] que vous avez eu l'obligeance de me faire parvenir hier et qui réclame des pièces justificatives de l'emploi d'une somme de 10 000 francs relative à la mission qui m'avait été confiée en 1868 pour l'étude de la maladie des vers à soie, j'ai l'honneur de vous informer que je trouve dans mes papiers une chemise portant ce titre *1868, Mission et Comptes* et d'où j'extrais les 4 pièces ci-jointes qui me paraissent répondre à la demande qui m'est adressée, au moins en partie et par mois (?) car le total des sommes qui y sont portées s'élève à onze mille cent quatre-vingt-un francs, cinquante-cinq centimes, au lieu de 10 000 fr. Je crois que pour des renseignements complémentaires, s'il y avait lieu, il faudrait recourir à ma correspondance avec le Ministre de l'Agriculture.

« Veuillez etc.[170] »

*

* *

Durant l'hiver de 1865, avant son arrivée à Alès pour les nouvelles éducations, Louis Pasteur avait procédé à son propre grainage. Il l'avait obtenu par la sélection de graines issues de papillons sains, non corpusculeux. Le grainage se fait toujours en hiver ; c'est une activité minutieuse qui demande du temps et du soin ; la difficulté après est de conserver la graine à une température assez basse et bien stable.

Le poète Pierre Perrin, dans son chant du *ver à soye*, en 1645, avait consacré une stance à la sélection de cette fameuse graine :

« Je prépare Lysis, une noire semence,
Dont se forme le ver ;
Semence qui n'a veu du jour de sa naissance
Que le cours d'un hyver »

Dès le début de son nouveau séjour, de nombreux faits de la plus haute importance se présentent à Pasteur qui décide alors de modifier son plan de campagne pour cette nouvelle mission.

---

[170] Archives départementales du Gard, 7 M 212. Le contrôle rigoureux exercé par l'Administration peut sembler bien tatillon à Louis Pasteur qui convient très vite que cette rigueur met plutôt en évidence la volonté de procéder à une bonne gestion des deniers publics. Et Pasteur aime cette rigueur-là.

Le premier de ces faits est la constatation suivante : les lots de graines se comportent d'autant plus mal à l'éducation industrielle que leurs géniteurs sont plus chargés de corpuscules. Suivant sa nouvelle méthode, c'est « un lien de fait ».

Le deuxième fait concerne la graine issue de papillons corpusculeux. Les vers nés de cette graine peuvent aller jusqu'au cocon en donnant un rendement acceptable. Le contrôle au microscope devient indispensable à l'éducateur. C'est l'annonce de la future méthode pastorienne de grainage cellulaire au microscope.

Le troisième fait est que, même dans les éducations les plus corpusculeuses, là où la mortalité est la plus grande chez les vers ou chez les chrysalides, on trouve toujours des papillons non corpusculeux, pouvant donner de la graine meilleure que celle dont ils proviennent eux-mêmes. Cette constatation paradoxale est de la plus haute importance ; elle répond à l'objection qu'on lui faisait : si la maladie est bien caractérisée par la présence de nombreux corpuscules, comment faire pour trouver la graine nécessaire à la simple conservation des races françaises et italiennes, bien supérieures au point de vue du rendement aux races japonaises ? À cela Pasteur répond :

« Regardez-les, étudiez-les au microscope, vous verrez qu'ils promettent des produits encore plus beaux pour l'an prochain. Faites donc comme moi ; que chacun se procure sa graine comme je fais pour moi-même. Si vous me dites que le microscope vous fait peur, et que son maniement ne vous semble pas facile, apprenez ceci, c'est qu'il y a chez moi une petite fille de huit ans qui s'en tire très bien[171]. »

Le problème de la maladie des vers à soie semble résolu. Et plus jamais aucun savant n'eut à revenir sur la question : le grainage cellulaire au microscope doit entrer dans les habitudes des éducateurs et la pébrine cessera de hanter leur esprit. Pasteur ne fait pas disparaître la maladie, comme nous le verrons plus loin, puisque rien ne peut y faire pour cela. En revanche, il la contient et la rend presque inoffensive. « Grand enseignement qui, de la sériciculture, a passé dans la pathologie[172]. »

La méthode de grainage, qui est un des points essentiels de la découverte du savant, doit être confirmée par une série d'expériences mises au point avec la précision d'un horloger : Pasteur envoie à un choix d'éducateurs dont il connaît la rigueur dans le travail, au maréchal Vaillant à Paris et à la Commission des soies de Lyon, des lots de graines qu'il a pris la précaution de numéroter. Chaque lot est accompagné d'une note de sa main prédisant sa destinée, c'est-à-dire le résultat que le lot en question devrait donner. De cette façon, il lève à l'avance les difficultés et

---

[171] Duclaux, pp. 203-204.

[172] Idem, p. 217.

les objections qu'on peut lui faire ; il répond à toutes les questions et surtout, il explique comment la pratique frauduleuse des graineurs professionnels, la plupart hostiles à sa méthode, est à l'origine du voyage de la pébrine tout autour du monde[172a]. De ce jour commence pour Pasteur le dur combat qu'il va devoir mener contre les graineurs et leurs complices.

*
* *

Au mois de mars, après un court séjour à Paris où il était passé pour régler quelques problèmes en cours à l'École normale supérieure, Louis Pasteur revient à Alès. Maintenant, la bonne marche de ses observations et de ses recherches l'oblige, lui et ses assistants, à de nombreux déplacements dans les environs de la ville. Mais, la plupart du temps, pour ces observations extérieures, il délègue ses assistants :

« D'un ton bref, sans explications, Pasteur indiquait à chacun sa tâche, l'envoyait parfois au loin pour faire des constatations. Les préparateurs de Pasteur devaient être prêts à tous les déplacements[173]. »

Pour ces trajets plus ou moins longs, les assistants utilisent très souvent les services d'une voiture particulière et de son cocher. On retrouve la trace de ces déplacements sur le cahier des dépenses de la mission : destination, kilométrage parcouru, prix payé au conducteur.

Le service d'un cocher local est absolument indispensable, car il n'est pas question pour le savant et son équipe de louer une voiture et un cheval et encore moins de conduire un attelage d'une magnanerie à l'autre. En effet, le menage d'une voiture n'est pas chose aisée car cela suppose la maîtrise des bêtes et la connaissance des règles de conduite. Et, par-dessus tout, les petits chemins qui relient les villages, les hameaux, et les mas isolés sont souvent en mauvais état et très fréquentés : piétons, animaux, attelages circulent sans règles précises.

À Paris principalement, mais ailleurs aussi, les accidents sont fréquents et parfois très graves, car beaucoup de gens se mêlent de conduire des chevaux sans rien y connaître[174]. De plus, l'état des routes dans cette province oubliée du Languedoc est déplorable. Au nombre des souhaits exprimés par les élus locaux, on retrouve

---

[172a] L. Descour, p. 114.

[173] Adrien Loir, p. 47.

[174] Ainsi en 1840, le préfet de police de Paris enregistre la plainte d'un piéton qui reproche à un cocher de ne pas avoir su maîtriser ses bêtes et surtout de ne pas connaître les règles élémentaires de la bonne conduite hippomobile. Cité par Daniel Roche, p. 229.

sans cesse la réclamation de l'achèvement des chemins vicinaux et des voies ferrées. Nous verrons un peu plus loin le récit d'un terrible accident dû au très mauvais état du chemin et dont Pasteur fut le témoin. Ce drame de la route était survenu à deux pas du Pont-Gisquet.

D'après la *carte routière, industrielle et minière de l'arrondissement d'Alès*, dressée en 1867, seulement trois routes impériales desservent le nord du département :
Nîmes Alès par Ners, RI 106
Nîmes Alès par Lédignan, RI 107 puis RI 110
Alès Saint-Ambroix RI 104

Des routes départementales relient Alès à Anduze, Saint-Jean-du-Gard, Saint-Hippolyte-du-Fort, Sauve et Quissac. Toutes les autres liaisons se font par des chemins vicinaux. Dans la région, le réseau routier assez lâche est marqué par la médiocrité du revêtement hérité du siècle précédent, lorsque l'intendant Basville se vit confier la mission d'ouvrir les Cévennes aux troupes du maréchal Villars chargé de la répression des Camisards[175].

À cette époque-là, la bonne construction des routes et des chemins obéissait à un cahier de charges bien connu, mais réservé la plupart du temps aux grands axes de circulation :

« Une couche de fondation ferme et sèche, une assise bombée, remblayée, facilitant le drainage, des pierres enfoncées en hérisson dans la masse ; une couche de roulement et une couche d'usure, empierrement de cailloux jetés à la pelle et gravier fin et sableux. Le problème résolu est celui de la liaison entre les couches qui supportent le poids du trafic, la pression des roues à jantes de fer et d'acier qui arase l'empierrement, dont les grains arrachés comblent les vides, les coups donnés par les sabots des animaux[176]. »

La construction des petits chemins qui relient les villages et les hameaux échappe à ces règles de bonne construction. Les voies sont étroites, faites de simple terre tassée, défoncées régulièrement par des charrois trop lourds et un climat sévère. Il faut les entretenir en permanence. Circuler dans les Cévennes par les chemins secondaires, au début de chaque année, est une épreuve pour ceux qui ont l'habitude des grandes routes mieux entretenues[177] : chaussée défoncée par les pluies torrentielles de

---

[175] En 1867, le département du Gard est sillonné par : 10 routes impériales de 496 kilomètres ; 23 routes départementales d'une longueur de 664 kilomètres ; 31 chemins vicinaux de grande communication d'une longueur de 624 kilomètres ; 41 chemins de moyenne communication d'une longueur de 483 kilomètres et par un nombre infini de chemins de petite vicinalité, pour la plupart impraticables aux voitures hippomobiles. (Destremx, *Agriculture méridionale*, p. 36).

[176] Cité par Daniel Roche, p. 232.

[177] Le mauvais état des chemins ruraux et vicinaux fait l'objet, au milieu du XIXe siècle, de très nombreuses pétitions individuelles ou collectives présentées au Sénat.

l'automne, gués emportés par les crues des Gardons, couche supérieure arrachée par plaques aux premiers dégels, ornières effroyables où les roues patinent sans cesse et les essieux cassent ; tous ces pièges de la route rendent les déplacements hasardeux que seul un cocher local sait éviter. Au pas d'un cheval, pour ces routes-là, si tout va bien, on peut estimer la vitesse d'une voiture à 9 km/h.

Certes, John McAdam avait résolu, en 1820, la question des couches du sous-sol par l'imperméabilisation qui évite au trafic de défoncer les chemins. Mais, les autorités chargées des réseaux routiers réservent ces nouvelles techniques très coûteuses aux routes d'intérêt national. Tout comme le revêtement goudronné inventé par l'ingénieur Polonceau en 1854, qui n'est appliqué que dans quelques rues de Paris.

Le réseau secondaire et les chemins de campagne, ceux qu'empruntent régulièrement Pasteur et ses assistants dans leurs visites aux magnaneries, sont encore dans l'état du mauvais réseau hérité de l'Ancien Régime. Le nord du département du Gard est resté à l'écart de la modernité, car à présent c'est le développement intense du chemin de fer qui mobilise capitaux et énergie. Du temps de Louis Pasteur, de Nîmes à Alès, c'est encore la grande route du siècle précédent, à peine améliorée ; entre les petites villes, on suit les anciens grands chemins, à peu près corrects, mais fatigants ; d'un village à un autre, c'est la grande incertitude sur l'état du sol.

*
* *

Au mois d'avril, on assiste au chassé-croisé des assistants au Pont Gisquet : Maillot retourne à Paris et est remplacé aussitôt par Duclaux. Les travaux de Pasteur n'avancent pas, il s'en plaint à sa femme, qui rapporte le sentiment de son mari à leur fils Jean-Baptiste :

« ...Ton père travaille toujours, sans grand espoir, et avec beaucoup d'ennui de se trouver si loin de nous. Il est là-bas, bien loin, tout au bout de la terre[178]... »

Peut-être par découragement, il confie à Duclaux la mission de conduire les éducations et d'examiner les graines au microscope. Tout en prenant part aux recherches qui vont mener au *grainage cellulaire*, Émile Duclaux fait de son côté des observations originales sur la respiration de la graine et sur l'influence du froid sur sa conservation. Il en déduit que le refroidissement de l'hiver est nécessaire à la bonne éclosion des graines et que, s'il ne peut être produit naturellement, on peut

[178] Lettre de Mme Pasteur, du 13 avril 1866.

le provoquer dans des glacières. L'industrie séricicole a tiré un grand profit de ces observations[179].

C'est dans l'orangerie du Pont-Gisquet transformée maintenant en laboratoire, que Pasteur et ses assistants pratiquent les milliers d'observations microscopiques qui occupent leurs journées. À cette activité essentielle s'ajoutent la surveillance des éducations d'essai et surtout la chasse continuelle aux souris qui préfèrent grignoter les vers à soie plutôt que les « plus succulents appâts » placés dans tous les coins. Dans un tel climat, que peuvent donc attendre les éducateurs cévenols désespérés de ce « petit groupe de chimistes parisiens » qui travaille sans arrêt dans l'ancienne orangerie du domaine ?

*
* *

Avec le courrier, les articles de la presse, les communications que Pasteur demande et reçoit chaque jour, c'est un peu comme si un sac de nouvelles s'ouvrait sur la terrasse du Pont-Gisquet. En ce mois d'avril, au milieu du courrier, arrivent de Chambéry de bien tristes nouvelles sur la santé de sa fille Cécile alitée à cause d'une mauvaise fièvre typhoïde. Comment continuer des travaux dans un tel climat d'angoisse ? Il ne peut rester sur place à attendre et décide d'aller rejoindre Marie et leurs deux filles en Savoie. Il confie la continuation de ses essais à Désiré Gernez car loin des siens, il n'arrive pas à se concentrer sur ses recherches. Près d'elles maintenant, au chevet de la petite malade, il pense à ses observations abandonnées. Alors, depuis Chambéry, il écrit à ses collaborateurs, les conseillant pour la poursuite des essais sur les vers, les renvoyant à ses carnets de laboratoire où il a consigné minutieusement les observations et les expériences déjà faites, mais aussi celles qui restent à entreprendre. Quelques jours plus tard, le 22 avril, Pasteur quitte Chambéry et revient à Alès. Marie est restée avec Marie-Louise au chevet de la petite malade. Elle ne rejoindra son mari « qu'après l'entier rétablissement de Cécile. »

Un jour, par le courrier du matin, une lettre de sa « pauvre Marie » apprend à Pasteur que Cécile est au plus mal ; elle ne peut donc plus envisager de le rejoindre, et par ailleurs le médecin le leur défend bien. Il répond aussitôt, lui écrit tout son désespoir, touché au plus profond une fois encore :

« Ils mourront donc tous les uns après les autres nos chers enfants… J'attends que tu me dises de partir encore assez tôt pour l'embrasser vivante et souffrir un peu plus. »

[179] *Notice sur la vie et les travaux d'Émile Duclaux*, Sceaux, 1904, pp. 14-15.

Prévenu trop tard par une dépêche, Pasteur n'arrive finalement à Chambéry que le 24, le lendemain de la mort de sa fille. Cécile n'avait que douze ans et demi. Marie raconte à son fils Jean-Baptiste tout son chagrin et l'arrivée de son père :

« Ton père est arrivé ici ce matin d'Alais, où je l'ai demandé hier par dépêche. Il est arrivé trop tard pour recueillir le dernier soupir de notre Cécile. Il va demain la conduire à Arbois, et recommencer le triste voyage qu'il a fait au mois de septembre avec notre chère petite Camille[180].»

Il va, cette fois-ci encore, seul à Arbois, sans Marie, pour l'inhumation de sa fille dans le caveau familial. Des cinq enfants qui avaient fait la joie de son foyer, il n'en garde que deux. Sous son enveloppe un peu rude, Pasteur cache sa tendresse paternelle. Il ne trouve d'adoucissement à sa douleur qu'en s'acharnant à ce travail dont la population du Midi commence à apprécier le bienfait[181], même si ses recherches ne font pas l'unanimité chez les éducateurs et si des voix discordantes se font entendre :

« Alais est le centre séricicole le plus considérable de France, et son Comice l'un de ceux dont l'intérêt a été le plus vivement excité par le dépérissement de l'industrie soierière… Les hommes qui s'occupent de cette question ne sont pas d'accord sur les causes du fléau, et c'est très regrettable, car la question est arrêtée par ce désaccord même[182]. »

*

* *

Le 30 avril, Émile Duclaux quitte le Pont-Gisquet pour Clermont-Ferrand d'où sont parvenues de bien mauvaises nouvelles concernant la santé de son plus jeune frère, Eugène, à qui il porte une affection toute particulière. Dès les premiers jours de juin, Pasteur revient « en toute hâte de sa triste mission à Arbois » au Pont-Gisquet avec Marie et sa fille Marie-Louise, dite affectueusement Zizi. Il n'a pas pu supporter l'idée de revenir seul dans le Midi, avec tant de chagrin dans le cœur. Toute la famille, maintenant ce qu'il en reste à l'exception de Jean-Baptiste en pension à Paris, retrouve Gernez qui avait continué, seul, les éducations et les observations en l'absence du savant. Pasteur et son assistant poursuivent les travaux prévus et circulent beaucoup dans les environs, d'une magnanerie à l'autre. La vie reprend un train presque monotone. L'humeur du savant est plutôt morose.

---

180 Lettre de Mme Pasteur, du 24 mai 1866.

181 L. Descour, p. 126.

182 Comice agricole de l'arrondissement d'Alais, séance du 7 mai 1866, propos tenus par M. Cagnat, juge de paix à Joyeuse (Ardèche) et membre de la Commission de sériciculture.

Le soir, au moment où le calme retombe après l'agitation de la journée, Gernez cherche à distraire son maître de l'état où il s'enferme :

« Nous étions seuls, et, toute la journée, nous ne parlions que de vers à soie et de leurs maladies. Il m'arriva un soir, pour changer un peu le cours des idées, sans toutefois sortir du sujet, de mettre sous les yeux de Pasteur un livre qu'il ne connaissait pas, la *Mireille* de Mistral. Je vis ses yeux après quelques instants d'hésitation, se poser sur la traduction avec une attention et un entrain de bon augure ; au bout d'une heure je l'entendis tout à coup sangloter. Il ferma brusquement le livre :

« - Je ne saurais, dit-il, continuer cette lecture, elle me rend malade.

« Il s'était tellement identifié avec les situations des personnages qu'il n'était plus maître de son émotion[183]. »

*

* *

Marie écrit à sa cousine Adèle pour lui raconter son arrivée et son installation dans cette maison qu'elle découvre :

« Nous sommes en ce moment à Alais dans une charmante habitation où je devais être déjà le 10 avril, quand cette affreuse maladie nous a retenu à notre passage à Chambéry. Ici, ma petite Louise prend l'air dont elle avait si grand besoin après ce triste séjour en Savoie, et elle s'amuse quand même au milieu des fleurs et des champs qui la ravissent[184]. »

En dépit de l'émerveillement de Zizi, l'ambiance n'est pas à la joie. Marie se console beaucoup dans la correspondance qu'elle adresse aux uns et aux autres. Elle s'est toujours tenue dans l'ombre de son « cher mari » et réfugiée dans l'affection qu'elle porte à ses enfants. Très affectueuse avec ses filles, elle est plutôt *rude* avec son fils qu'elle ne peut pas choyer à son gré : sans doute ne veut-elle pas contrarier son mari trop autoritaire, à l'affection un peu rigide ? Pour autant, rien ne l'empêche dans une lettre à ce fils tenu à l'écart de lui raconter toute sa tristesse ; elle en profite aussi pour lui dire son dégoût extrême des vers :

« Il y en a partout ici, et ton père commence à espérer n'être pas venu en vain à Alais. »

Elle se « contente d'éplucher les cocons, de les compter, de les trier et de les disposer dans des corbeilles bien propres, pour faciliter la sortie du papillon. » Toute la famille est mobilisée pour donner la main aux hommes de science. C'est

---

183 Désiré Gernez, p. 19.

184 Lettre de Mme Pasteur, du 1er juin 1866.

Marie-Louise qui s'attache le plus « aux petites bêtes de son père » alors qu'elles ne lui inspirent, à elle, Marie, que répugnance et dégoût. La jeune enfant en revanche les élève avec un soin *tout maternel* alors qu'elle ne les approche qu'« avec crainte et respect », mais sans négliger de leur donner la nourriture nécessaire à leur croissance. En fait, elle ne les aime qu'en « raison de la gloire qu'elles vont procurer à [son] cher mari. »

À la femme du docteur Godélier qui lui demande comment se passe sa vie « dans ce pays », Marie répond :

« D'une manière bien simple, bien calme, bien uniforme, mais d'une manière qui convient parfaitement à l'état de mon cœur. Mon mari a eu tant à faire depuis mon arrivée ici, qu'il a employé autour de lui toutes les personnes de bonne volonté, et je me suis mise tout de suite à son service comme garçon de laboratoire, me figurant que je faisais moi aussi de la sériciculture. Ma Zizi qui a aussi rempli sa petite fonction auprès de son père a pourtant beaucoup plus couru et pris l'air avec les uns et les autres, qu'elle n'a travaillé[185]. »

Femme de caractère et de culture, Marie sait donner à ses propos la vivacité qu'il faut pour intéresser ses interlocuteurs. Sans forcer le trait, toujours à Mme Godélier, elle envoie une description lyrique du lieu de séjour qu'elle découvre :

« C'est un vrai nid d'oiseaux que ce petit coin de terre. C'est d'abord le rossignol qui donne le signal du concert tous les matins, puis à sa suite arrive cette ribambelle de petits oiseaux moins distingués mais qui chantent très bien pourtant, et toute la journée nous jouissons du ramage de ce peuple ailé qui pullule à Pont-Gisquet. En revanche, nous avons le soir le chant des grenouilles qui nous fait fuir, mais cette habitation est vraiment très agréable et je voudrais l'avoir sur les bords de la Seine. Les bords du Gardon sont trop éloignés de tous ceux que nous aimons, aussi je me félicite de les quitter bientôt. Dans quinze jours, nous serons à Paris, après avoir arpenté la France un peu dans tous les sens, pour continuer nos études sur les vers à soie. »

La femme du savant se sent complètement associée aux travaux de son mari ; en les évoquant, elle les fait siens. Les recherches de la maladie des vers à soie sont aussi les siennes. Elle n'hésite pas à parler, dans sa lettre à la femme du médecin de son mari, et dans bien d'autres encore, de « nos études ». Elle ajoute encore :

« Pour ce qui regarde les vers à soie, vous savez chère amie, que nous sommes satisfaits et que l'avenir nous promet mieux encore[186]... »

Il est bien difficile de ne pas reconnaître tous les bienfaits que cette femme apporte dans la petite communauté scientifique du Pont-Gisquet. Elle en est l'âme et

---

[185] Idem, du 22 juin 1866.

[186] Lettre à Madame Godélier du 7 avril 1868.

aussi l'organisatrice de la vie quotidienne : elle donne les ordres au domestique, voit avec le jardinier et la cuisinière la fourniture des provisions et la préparation des menus. Elle tient, avec une certaine rigidité, à la ponctualité des repas pris en commun. C'est un vrai moment de détente pour chacun : les assistants rient sous cape de la phobie microbienne du savant qui, invariablement, essuie son assiette, son verre, son couteau et sa fourchette avant le service ; Marie aime beaucoup l'accent auvergnat que Duclaux n'avait pas tout à fait gommé en dépit de quelques leçons de diction ; pour s'amuser et faire sourire son mari, elle lui demande, de temps à autre : « Dites terrine ». Quand cette ambiance bon enfant à l'ombre fraîche de la maison s'éternise un peu trop au goût du savant, il la rompt de son éternel « laboremus ».

Grâce à Marie, rien n'est laissé au hasard : c'est l'ordre, la prévoyance, la sollicitude, la volonté et la décision qui baignent cette assemblée de chercheurs. Et puis, elle se mêle, avec sa discrétion bien connue, aux recherches de l'équipe et surtout à celles de son mari : recopiant ses notes, mais refusant de faire un travail mécanique. Elle devient une sorte d'élève afin de mieux seconder[187]. Jean-Baptiste, le fils laissé à Paris dans son pensionnat chez les Jésuites, lui écrit tout son regret de ne pas être parmi eux. Aussitôt, Marie se fait un devoir de lui répondre et de peindre leur vie dans ce coin de la montagne cévenole, en insistant doucement sur la monotonie des jours :

« ...Ton père est si occupé que nous ne bougeons pas du Pont-Gisquet, agréable propriété située au fond d'une vallée, et dominée de tous côtés par des montagnes sur lesquelles croissent le mûrier, l'olivier, la vigne. C'est sur la montagne que ton père va cueillir lui-même le mûrier qui nourrit ses vers à soie, et les gens du pays qui font des éducations industrielles, et que l'on appelle magnaniers et magnanières, vont aussi récolter là deux à trois fois le jour la feuille qu'il faut toujours donner toute fraîche. Notre Zizi a beaucoup de plaisir à suivre les magnaniers sur la montagne... Voilà mon cher enfant, avec quelques petits soins donnés au ménage et à quelques courses en ville avec notre Zizi, à peu près l'emploi de chaque journée pour moi, ici...[187a] »

Toute la compagnie vit dans le domaine au rythme des jours et des changements du temps. Quand l'orage menace à l'horizon bouché, tout le monde se mobilise pour cueillir la feuille du mûrier avant la pluie :

« Mme Pasteur, ses enfants, les préparateurs, les magnanarelles, tout le monde, même le revêche jardinier, qui n'avait pas à être avec nous contre lui-même et à travailler aussi pour son pays[188]. »

---

[187] Paul Rabier, *Un grand Français*, 1922.

[187a] Louis Pasteur, *Correspondance*, vol. 2, p. 255.

[188] *Livre du centenaire de l'École normale*, lettre de Duclaux.

Fig. 20. La cueillette de la feuille de mûrier dans les Cévennes. Cette gravure d'après une photographie de P. Lackerbauer. La jeune fille dans l'arbre serait Marie-Louise, fille du savant.

Fig. 21. La cueillette du mûrier en Chine. Paniers en filet servant à transporter la feuille et instrument Sang-Kia, en usage dans le nord, pour la couper.

*

* *

En ville, le 4 juin, avant de lever la séance du Comice, le Président dit quelques mots sur les « recherches incessantes » menées par Louis Pasteur dans la chambrée installée par le Comice au Pont-Gisquet. Il émet le vœu, qu'avant son départ, le savant consente à entretenir la Société du résultat « de ses patientes et intéressantes études[189]. »

À Paris, le ministre Victor Duruy qui avait tout fait pour lever les difficultés devant le savant s'impatiente de ne pas avoir de ses nouvelles. Il lui écrit comme à un ami :

« Vous me laissez tout à fait en oubli. Vous savez cependant avec quel intérêt je suis vos travaux. Où êtes-vous et où en êtes-vous ? Certainement sur la voie de quelque chose. Votre tout dévoué. »

Pasteur le remercie de sa bienveillance :

« Mes études ont été associées à bien des peines… Me voici remis tout entier à mes études, seule distraction à de si grandes douleurs.

« Grâce aux facilités que vous m'avez accordées, j'ai pu réunir une multitude d'observations expérimentales et je crois comprendre assez bien aujourd'hui sur plusieurs points cette maladie qui ruine tant les contrées du Midi depuis quinze ou vingt ans. Je serai en mesure, à mon retour, de proposer à la commission de sériciculture un moyen pratique de lutter contre le mal et de le faire disparaître en peu d'années. »

Vers le 22 juin, Pasteur quitte le Pont-Gisquet pour une « tournée scientifique » de trois jours dans les environs d'Alès : Saint-Ambroix, puis Saint-Hilaire-de-Brethmas, ensuite Anduze, Saint-Hippolyte-du-Fort, Sauve, Ganges, Le Vigan[190] et retour à Alès. Soixante-quatre kilomètres seulement sont comptés en frais de mission : pour les autres, il bénéficie de la voiture de M. Jeanjean, maire de Saint-Hippolyte qui l'accompagne dans les déplacements autour de sa commune. Ces visites sont nécessaires car il doit suivre la marche des éducations dans les principales magnaneries prises comme témoins.

---

[189] *Journal d'agriculture pratique*, 1874, 38e année, t. I, n°11, p.516.

[190] Pasteur aurait dû faire cette tournée avec Jean-Baptiste Dumas qui lui avait promis de l'accompagner. D'Alès, il envoie au préfet de Nîmes le télégramme suivant, daté du 20 juin : « Monsieur Dumas toujours retenu par les suites de sa chute je vais seul au Vigan demain. » Archives départementales du Gard, 7 M 212.

*
* *

Quelques jours plus tard, le 26, au cours d'une séance extraordinaire, le souhait émis par le Comice lors de la séance au début du mois est réalisé. L'auditoire mobilisé avec une attention toute particulière est venu entendre « les communications impatiemment attendues que l'honorable M. Pasteur, avant de quitter [la] ville avait consenti à faire au Comice sur les principaux résultats de ses patientes recherches concernant l'étude de la maladie du ver à soie. » Le savant est vivement accueilli par l'assemblée réunie au grand complet. Il improvise un résumé de ses derniers travaux à Alès et essaie de « recueillir ses souvenirs » pour présenter le résultat de cinq mois de recherches et en particulier les observations qu'il a pu faire lors de ses visites récentes aux magnaneries des environs. Le président du Comice note bien qu'il intervient en « des termes d'une précision remarquable », n'hésitant pas à se mettre à la portée des moins informés. D'abord il se pose une première question : qu'est-ce que la maladie ? Puis une autre : cette maladie existe-t-elle ? Puisque les graines sont malades, il n'y a plus à se poser la question. Mais, cette maladie particulière au ver à soie est encore à définir, ses symptômes ne sont pas vraiment caractérisés et les opinions des spécialistes s'appuyant sur des observations communes semblent diverger. Pasteur revient à ses propres travaux : les corpuscules qu'il observe ne ressemblent en rien à ce qu'il connaît déjà : ils sont immobiles, ne se multiplient pas ; ce ne sont donc ni des bactéries ni des levures. C'est ce qu'il écrit à Dumas : « ce ne sont ni des animaux ni des végétaux. » Rien, selon son expression, « n'est encore certain et positif[191] ».

Cependant, pour lui, la maladie du ver à soie présente deux caractères principaux : les taches et les corpuscules. Pasteur explique simplement la situation :

« Tout le monde connaît les taches, ce sont ces points noirs disséminés irrégulièrement sur le corps du ver, qui se montrent le plus souvent à l'extrémité de l'éperon, aux pattes, et qui apparaissent surtout sur les ailes du papillon.

« Les corpuscules sont une production de forme et de dimension très-régulière qu'on remarque dans toutes les humeurs du ver, dans les muscles, dans le tissu cellulaire. Celui-ci surtout est quelquefois criblé de corpuscules, il s'y forme d'abord des poches qui en sont remplies, et qui, rompues on ne sait par quelle cause, les laisse se répandre dans toutes les parties du corps. Plus le sujet est malade, plus le nombre de corpuscules est grand : ils sont quelquefois innombrables.

« Relativement aux taches, on a dit qu'un ver ou un papillon est malade quand il est taché.

---

[191] Voir annexe note n°12.

« Quant aux corpuscules, on a dit qu'un ver ou un papillon est malade quand il présente des corpuscules. »

De très nombreux éducateurs ne comprennent pas les propos du savant car, bien souvent, le ver taché, donc malade, peut filer un bon cocon ou être un bon reproducteur lorsqu'il n'est pas gravement atteint, ce qui n'est pas le cas du ver corpusculeux. À ce sujet, Pasteur est encore plein de doute, mais des nombreuses constatations relevées dans certaines chambrées, il peut avancer cinq observations nouvelles :

1° Que le papillon sans corpuscules est plus sain que le corpusculeux, car le ver corpusculeux ne pouvant vivre, on doit admettre que son papillon est malade parce qu'il est corpusculeux.

2° Que dans les mauvaises chambrées, les chrysalides sont remplies de corpuscules, aussi les papillons fournis par ces chambrées sont-ils mous, sans énergie, de mauvaise apparence.

3° Qu'une belle chambrée peut donner des papillons sans corpuscules, les *polyvoltins*, par exemple, sont dans ce cas. Les corpuscules ne sont pas nécessaires, c'est un accident et non un état normal.

4° Qu'une très belle chambrée peut ne donner que des papillons corpusculeux.

5° Que c'est au moment de la métamorphose et surtout dans le dernier âge de la chrysalide que se produisent les corpuscules.

Dans son rapport, Pasteur déclare qu'il est porté à croire qu'il n'existe point de maladie actuelle particulière des vers à soie et que le mal dont on se plaint a toujours existé, mais à un degré moindre. Cinq mois entiers cette année ont été consacrés à ses observations, mais il doit les poursuivre car il « croit avoir approché du but », c'est-à-dire de pouvoir indiquer d'ici peu un « moyen pratique de prévenir la maladie. »

Pasteur poursuit ses réflexions devant l'assemblée attentive à laquelle il demande de ne pas hésiter à lui faire des objections. Pas d'objections ! Il termine en disant que « tout ce qu'il vient d'exposer a besoin d'être confirmé par de nouvelles expériences. » Ses études ne sont donc pas terminées et il engage chacun à répéter ses observations et à lui faire part, la saison prochaine, de ses résultats afin de rendre ses propres recherches plus faciles. Il réserve donc son diagnostic bien qu'il se soit déjà fait une opinion. Cependant, il veut plus de preuves. Alors, il donne rendez-vous aux Alésiens au printemps prochain « pour étudier les graines qu'il a préparées cette année ». Chacun s'accorde pour trouver ce délai bien long. Mais le Président qui connaît bien son monde ajoute, pour conclure et rassurer, qu'en

« agriculture on ne peut répéter de suite les expériences, il faut presque toujours espérer le retour de la saison. » Force est donc d'attendre encore un an.[192]

M. Combes demande alors à Pasteur « la permission d'exprimer » sa reconnaissance pour ses « beaux travaux ». Il se sent en même temps « le fidèle interprète des populations séricicoles du Midi de la France, qui souffrent depuis si longtemps du fléau dont M. Pasteur étudie les causes, pour en découvrir le remède. » Ainsi pourra-t-il ramener la prospérité dans les Cévennes « qui sont aujourd'hui réduites à une misère déplorable[193]. » Chemin faisant, le savant deviendra le bienfaiteur de ce pays et ajoutera des lauriers à sa gloire déjà bien établie.

La séance terminée, le vicomte de Cambis-d'Oms et le docteur Auguste Serre remercient avec chaleur le savant « de ses communications pleines d'intérêt et en même temps rassurantes pour l'avenir de [leur] importante industrie sétifère[194]. »

À ce stade de recherche, Pasteur ne donne aucun diagnostic, aucun remède. Il constate tout simplement, comme il l'a déjà fait dans le courant du mois de février, que « les magnaneries désorganisées » sont remplies de paille et de fourrage, suivant la coutume du pays. Il recueille alors plusieurs échantillons de poussières et des débris de litière pour les examiner au microscope. Comme il s'y attendait, il constate la présence de grandes quantités de corpuscules. Il en déduit que « ces poussières ne doivent pas être sans influence sur la santé des vers. » Heureux de cette découverte, il emporte à Paris dans un flacon « un peu de la poussière de la magnanerie », et lors de la séance du 23 juillet, il la dépose sur le bureau de l'Académie afin que ses collègues – au nombre desquels se trouvent Decaisne, Trécul, Béchamp et Eugène Peligot – l'examinent au microscope dans les jours prochains. C'est pour ces vénérables savants, le meilleur moyen de se rendre compte de « l'effrayante multiplication de ces petits corps [corpuscules], qu'[il] regarde toujours comme une production ni végétale ni animale, incapable de reproduction, et qu'il faut ranger dans la catégorie de ces corps réguliers de forme que la physiologie distingue depuis quelques années par le nom d'*organites*, tels que les globules du sang, les globules du pus, etc.[195] »

*
* *

192 *Bulletin du Comice d'Alais*, 1866, p. 518.

193 L. Pasteur, *Nouvelles études sur la maladie des vers à soie*, CRAS, 1866, t. LXIII, p. 17.

194 *Bulletin du Comice d'Alais*, 1866, pp. 517-525.

195 L. Pasteur, *Nouvelles études sur la maladie des vers à soie*, CRAS, 1866, t. LXIII, p. 134.

Début juillet, les grandes chaleurs arrivent, les éducations touchent à leur fin partout dans la région. Toute l'équipe du Pont-Gisquet envisage de mettre un terme à cette deuxième mission et de préparer son départ. Sur le chemin du retour, Pasteur projette de visiter des magnaneries à Tarascon et à Lyon. Cette dernière ville est toujours pour la famille Pasteur une étape agréable : Marie y retrouve ses parents, sa sœur et Louis met à profit son passage pour exécuter avec son beau-frère Adrien Loir quelques expériences dans son laboratoire.

À Paris, dès son arrivée, il dîne avec son médecin devenu son ami intime, le docteur Charles Godélier. La conversation entre les deux hommes roule sur les vers à soie. Madame Godélier raconte à sa fille cette soirée :

« M. Pasteur a fait de beaux travaux, sa femme l'a aidé ; il aurait découvert une sorte de maladie héréditaire qui, en se perpétuant, gâte à tout jamais la graine[196]. »

Dans son laboratoire de la rue d'Ulm, tout en poursuivant ses recherches sur les vers à soie, il reprend celles qu'il avait abandonnées sur les vins et présente quelques communications, oubliant ainsi ceux qui dans les cénacles de la capitale souriaient de la question des vers à soie : « Fallait-il la rapprocher de la question d'Italie ou de la question d'Allemagne » ? Pasteur ne savait pas sourire au propos des persifleurs :

« C'était le moins ironique des hommes, car il regardait les rires et le scepticisme des plaisantins comme une forme dissolvante de l'activité humaine[197]. »

*

* *

Pasteur prenant l'effet pour la cause et la cause pour l'effet ne cesse de se tromper depuis le début des travaux de cette année. Émile Duclaux résume ainsi la mission de 1866 :

« Pasteur continua à se tromper pendant toute l'année 1866, par suite d'un défaut de technique qu'il faut relever. Il avait eu à cœur d'appliquer lui-même sa méthode de grainage pour se procurer des matériaux d'étude pour l'année suivante. Il avait donc cherché aux environs d'Alais des chrysalides et des papillons aussi sains que possible. Mais le pays était bien infecté[198]. »

Dans le courant du mois d'août, il envoie à l'impératrice une des notes qu'il avait présentées à l'Académie des sciences où il résumait de la belle manière des courtisans ses travaux durant les cinq derniers mois passés dans le Midi :

---

196 Mme Godélier, lettre à sa fille du 6 juillet1866.

197 René Vallery-Radot, p. 180.

198 Duclaux, p. 199.

« Lorsque j'eus l'insigne honneur d'être invité, cet hiver, au Palais de Compiègne, Votre Majesté daigna m'encourager à poursuivre les recherches que je venais de commencer sur la maladie qui, depuis vingt ans, décime les vers à soie. La difficulté du sujet m'avait effrayé l'an dernier, et j'avais eu quelque répugnance à accepter la mission de m'en occuper. Le désir exprimé par Votre Majesté m'a fait oublier tous mes scrupules, et c'est avec empressement que je me suis mis à l'œuvre, de nouveau… J'ai le ferme espoir que je pourrai compléter [la note], l'an prochain, en donnant de bonnes preuves que la graine préparée par le procédé que j'indique a été irréprochable[199]. »

Le professeur Joly, de Toulouse, qui s'est occupé longtemps de sériciculture et que nous avons déjà vu au moment du choix de Jean-Baptiste Dumas manifester son hostilité envers Louis Pasteur, continue toujours de marquer sa désapprobation. Il fait paraître un article dans un journal d'agriculture où il laisse aller tout son fiel :

« Il vient de paraître, dans les *Comptes rendus* de l'Institut [séance du 23 juillet 1866], un travail auquel ce corps savant a fait l'accueil le plus favorable, on pourrait presque dire le plus exceptionnel. L'auteur de ce travail a été proclamé et s'est proclamé lui-même le sauveur de la sériciculture en détresse, le bienfaiteur du pays [c'est l'expression dont s'est servi Charles Combes, à l'Institut. Il est vrai qu'elle est accompagnée d'un *si* très fortement conditionnel.] Enfin, il a été décidé que son mémoire, qui dépasse de beaucoup les limites réglementaires, serait inséré en entier dans les *Comptes rendus*, et qu'un nombre assez considérable d'exemplaires seraient mis à la disposition de l'auteur pour être distribués dans le Midi.

« [Je me suis] empressé de lire l'œuvre nouvelle de M. Pasteur, espérant y trouver la solution des difficultés, l'éclaircissement des obscurités de tout genre qui avaient ralenti ou arrêté mes pas dans une voie où l'habile chimiste paraît vouloir entrer de prime abord en conquérant.

« Eh bien ! je le dis avec autant de regret que de franchise, mon espoir a été déçu. Après la lecture attentive et plusieurs fois répétée du mémoire de l'illustre académicien, j'ai acquis la conviction qu'aucun des faits qui s'y trouvent consignés n'est entièrement nouveau, qu'aucune des idées qu'il exprime (une ou deux peut-être exceptées), n'appartient en propre à l'auteur.

« Le sage n'affirme rien qu'il ne prouve.

« Sans avoir la prétention d'être un sage, surtout dans le sens antique de ce mot, je vais néanmoins essayer de prouver à mes honorables confrères et à M. Pasteur lui-même que, jusqu'à ce moment, et seulement en ce qui concerne la maladie des vers à soie, bien entendu, il n'a rien découvert et malheureusement rien sauvé.

---

199 Lettre à l'impératrice, août 1866, vol. 2, pp. 267-268.

« Quant à la question de savoir s'il a lu, ou du moins parcouru les nombreuses publications dont cette maladie a été le sujet, il est au moins permis d'en douter, en le voyant donner comme sienne des découvertes dont les auteurs, pour être de la province ou de l'étranger, n'en méritaient pas moins l'honneur d'être cités ou consultés par lui[199a]. »

Ce n'est pas la première fois que Pasteur est accusé de plagiat. Fuir les objections n'est pas dans sa nature. Cette fois-ci encore il riposte avec la rudesse qu'il sait montrer quand l'occasion se présente.

*
* *

Pasteur retournera dans le Midi pour reprendre ses expériences et poursuivre ses observations. Jean-Baptiste Dumas qui suit de près le dossier et reçoit sans cesse des témoignages de sa région natale, prie l'Académie d'imprimer « un nombre assez considérable d'exemplaires de son *Mémoire* » afin que le savant puisse les distribuer dans le Midi[200]. La demande est adoptée à l'unanimité. C'est une bonne chose pour le sénateur qui voit arriver chaque jour des lettres d'éducateurs ne prêtant aucun crédit aux propos de Pasteur. Ainsi, un certain Monsieur Jacques (?), membre de la Commission de sériciculture et juge de paix à Joyeuse en Ardèche, adresse à Dumas une longue lettre dans laquelle, entre autres propos, il prétend avoir découvert, lui, l'origine de la maladie :

« Monsieur Pasteur s'est arrêté à des causes qui ne sont que les effets de causes supérieures. Il voudra voir maintenant quelles sont ces causes supérieures et il les trouvera dans une météorite analogue à celle de 1685 qui affecta pendant 25 ans toute la végétation, et alors il aura le mal à sa source[201]. »

Comme bien d'autres propos de ce tonneau, le fin politique les classe dans ses archives, sans y donner suite[202].

C'est à la même époque que Pasteur apprend une bien désagréable nouvelle par une lettre adressée à Marie. Son beau-père, le recteur Laurent qui habite à Lyon chez son gendre Adrien Loir lui écrit qu'un bruit court dans la presse selon lequel

---

199a N. Joly, *Examen critique du mémoire de M. Pasteur* in : *Journal d'agriculture pratique et d'économie rurale pour le Midi de la France*, Toulouse, 1866, 3e série, t. XVII, pp. 385-403.

200 L. Pasteur, *Nouvelles études sur la maladie des vers à soie*, CRAS, 1866, t. LXIII, p. 17.

201 Lettre du 7 août 1866 adressée à Jean-Baptiste Dumas. Archives Académie des sciences, papiers J.B. Dumas, carton 14, dossier *soie*.

202 Voir annexe note n°13.

on aurait jeté des pierres à son mari du côté d'Alès. Cette nouvelle affecte profondément Pasteur. Voici le récit selon le recteur Laurent :

« Apprends donc qu'on a répandu ici le bruit que le peu de succès des éducations et des procédés de Pasteur a ému la population de vos contrées au point de l'obliger à quitter précipitamment Alais, assailli par les pierres que les habitants lui jetaient de tous côtés. C'est le successeur de Loir [le beau-frère de Marie chez qui loge M. Laurent] qui [lui a] demandé ce qu'il y avait de fondé dans ces bruits malveillants. Édifié par un démenti formel, M. Chourand, avocat distingué, Président de la Société d'agriculture, s'est mis en mesure de désabuser les trop crédules dupes vendeurs de graines qui ont intérêt à déprécier celles que l'on présente avec des chances de succès.

« Tu vois quelles conséquences s'attachent aux travaux de Pasteur, et combien nous désirons avec vous que le résultat soit décisif. C'est aussi ce qu'Amélie [la mère de Marie] a entendu dire à Orléans où l'on craint, d'après les journaux, un échec aussi préjudiciable à l'industrie agricole qu'à la valeur des expériences entreprises et suivies depuis trois ans[203]. »

Pasteur fait démentir tout de suite par Marie, ce bruit qui court de Lyon à Orléans.

---

[203] Lettre de M. Laurent à sa fille, le 30 août 1866.

Chapitre 6

Troisième séjour alésien
21 janvier - 25 juin 1867

« Il faut que l'année 1867 soit la dernière à entendre les plaintes des éducateurs. Mettons-nous donc à l'œuvre résolument et ayons confiance. » Ce sont les derniers mots de la lettre que Pasteur adresse à M. Marès, correspondant de l'Académie des sciences à Montpellier, datée du Pont-Gisquet, le 1er mars. Cet optimisme vient adoucir le sombre tableau dressé par E. Duseigneur Kléber, filateur de soie et membre de la Chambre de commerce de Lyon. Dans une notice imprimée spécialement pour accompagner une collection de cocons qu'il présente dans l'une des vitrines de l'Exposition universelle de Paris, il expose sa crainte pour l'avenir et apparemment ignore les conseils d'hygiène et de sélection de la graine que donne Pasteur :

« La perspective de 1867 ne laisse encore entrevoir aucun adoucissement au mal, aucune modification aux prix élevés ; le commerce des semences s'étant considérablement ralenti, par suite des craintes d'avarie de saison, et la reproduction indigène ayant en certains centres pris un développement peu raisonné[205]. »

Pasteur n'a pas renoncé à ses recherches sur la maladie des vers à soie, loin de là, puisque dès le mois d'octobre 1866, dans une lettre qu'il avait adressée à M. Béhic, ministre de l'Agriculture et du Commerce, il avait fait part de son intention de retourner dans le Midi :

« Le moment est venu de décider si Votre Exellence (sic) désire que je poursuive, l'an prochain, les recherches qu'Elle a bien voulu me confier sur la maladie des vers à soie. Malgré les dérangements inhérents à un travail de si longue

---

205 Académie des sciences, papiers de Jean-Baptiste Dumas, carton 14, dossier *soie*. La collection de cocons a été donnée par son propriétaire au Musée industriel de Lyon. 1867 est l'année de la grande Exposition universelle à Paris. Parmi les nombreuses publications officielles, les statistiques publiées par le Gouvernement sur la production de la soie retiennent notre attention :
« L'empire chinois avec 406 millions de francs [soit environ 1 500 millions €], l'Italie avec 196 millions de francs [720 millions €] et la France avec 128 millions de francs [470 millions €] se placent en tête des premiers pays producteurs de soie dans l'univers, bien avant l'Inde, le Japon et les pays du Moyen-Orient. » (Elliot Gowdin, Commissaire des États-Unis d'Amérique, *Rapport sur la soie, les soieries*…, Exposition universelle de 1867).

haleine, entrepris à une si grande distance de Paris, j'ai le désir de le continuer et de ne l'abandonner que si je viens à reconnaître qu'il est au-dessus de mes efforts. »

En même temps, il écrit à Victor Duruy, ministre de l'Instruction publique, pour obtenir les appointements promis pour lui et pour ses assistants Gernez et Maillot. Plusieurs fois déjà, Pasteur avait montré son obstination à poursuivre des recherches dont les résultats lui apparaissaient mal, à répéter des expériences qui ne prouvaient rien, à modifier les moyens tout en conservant sa méthode.

Dumas désire plus que tout voir son collègue conserver l'enthousiasme qu'il avait manifesté tout au long de l'année. À cet effet, il reçoit dans son hôtel particulier du faubourg Saint-Germain le ministre Victor Duruy et Stanislas Boffinton, le préfet de Nîmes de passage à Paris. C'est l'occasion rêvée d'associer Pasteur à cet entretien. Il lui envoie aussitôt un mot :

« Il sera tant question d'Alais qu'on ne peut guère se passer de vous qui en serez le bienfaiteur. »

Pasteur accepte cette invitation, et remercie son collègue :

« Mon cher Maître, s'il était vrai qu'on pût résoudre des questions de cette nature en y pensant toujours, je partagerais votre confiance, car je ne cesse de préparer mes facultés pour la campagne prochaine. »

Avant-hier à l'impératrice, hier aux ministres, aujourd'hui à Jean-Baptiste Dumas, Pasteur ne cesse d'affirmer sa volonté de poursuivre ses travaux et d'user de la confiance qu'il a dans ses capacités à mener une mission jusqu'à son terme. Quelques semaines plus tard, le 30 novembre 1866, il reçoit une lettre du préfet, Stanislas Boffinton, lui annonçant qu'il va faire délivrer pour mars prochain, à son profit, un mandat de dix mille francs conformément au crédit qui a été ouvert pour sa mission à Alès. Ce mandat est en ce moment entre les mains du trésorier payeur qui le lui enverra dès qu'il aura reçu l'ordonnance de délégation en vertu de laquelle le paiement pourra être effectué.

*
* *

Les deux premières années de campagne dans le Midi avaient été un échec pour Pasteur. Cet échec est en partie confirmé par la note que Stanilas Boffinton, le préfet du Gard, adresse à Louis Béhic, ministre de l'Agriculture, le 20 septembre 1866, au sujet des résultats de l'éducation des cartons de graines du Japon distribués dans son département et plus particulièrement dans l'arrondissement d'Alès :

« L'éducation des graines du Japon a généralement réussi et si quelques cartons n'ont pas donné tout le produit que l'on devait en tirer, il faut attribuer ce demi-succès non à la qualité des graines, mais à un défaut de soins, ou, dans certains cas, à la confusion des graines du Japon avec des graines d'autres provenances. Quoi qu'il en soit, il paraît être avéré aujourd'hui que les graines du Japon sont les seules qui puissent relever l'industrie séricicole de l'état de détresse dans lequel elle se trouve depuis bien des années[206]. »

*
* *

Pasteur a une bonne méthode déjà éprouvée et il compte bien l'appliquer ici une nouvelle fois. Tous les moyens lui paraissent bons pour la faire connaître et, bien entendu, pour emporter la confiance des éducateurs principalement[208] :

« Visites, correspondances, lettres aux journaux, il ne négligeait rien ; il distribuait des graines saines et des graines malades, provoquait des jugements publics sur les résultats des éducations les pronostiquant à l'avance, de façon à exciter l'attention et à piquer la curiosité, et chaque matin c'était un courrier volumineux qu'on dépouillait avec émotion, souriant aux bonnes nouvelles, attentifs aux mauvaises... En 1867, Pasteur avait distribué par petits lots ses graines saines préparées en 1866, et le succès, nous le savions avait été général. Pourtant, à mesure qu'arrivaient les lettres annonçant le résultat des éducations, nous trouvions notre maître de plus en plus soucieux. Il nous tenait si loin de sa pensée que nous ne nous expliquions pas ses inquiétudes, jusqu'au jour où il nous apparut presque les larmes aux yeux, tombant découragé sur sa chaise et s'écriant : 'il n'y a rien de fait ; il y a deux maladies[209] !' »

Il veut parler de la maladie des morts-flats :

« Nous nous efforcions naturellement de réconforter de notre mieux le maître découragé. De ce que tout n'était pas fini, il ne fallait pas conclure qu'il n'y avait rien de fait, mais seulement qu'il fallait se remettre à la besogne. Nous étions

---

[206] Archives départementales du Gard, 7 M 208.

[208] La méthode de Pasteur est tout à fait originale dans sa mise en place, nous l'avons vu. Elle est aussi remarquable par la manière dont il a, en dépit de son caractère difficile, constitué « des réseaux de sériciculteurs acceptant ses règles de travail et s'insérant par conséquent dans des dispositifs expérimentaux prévus par lui. » Cette collaboration lui a permis d'étendre son champ expérimental bien au-delà de ce qu'il aurait pu envisager tout seul et aussi de communiquer très rapidement le résultat de ses travaux. (Jean-Marie Legay & Gérard Chavancy, pp. 413-417).

[209] Duclaux, p. 218.

jeunes, et nous avions confiance non en nous, mais en lui. C'étaient d'ailleurs des heures bien employées que celles où on le voyait aux prises avec ces questions difficiles, sans cesse en quête, tantôt trompé dans ses prévisions et hésitant, tantôt triomphant et marchant à grandes enjambées. Nous ne savions pas toujours où il voulait aller, car il parlait peu ; mais nous tâchions de deviner, jugeant d'après l'événement, et rectifiant nos idées sur ce qu'il nous était permis d'apercevoir des siennes[210]. »

Voici exactement le récit de cette découverte majeure :

Un jour de 1867, dans son laboratoire, Pasteur est soudain assailli par de nouveaux doutes. Il demeure perplexe devant quelques insuccès, qu'il ne peut attribuer à la maladie des corpuscules. De quoi s'agit-il ? Y aurait-il eu de mauvaises manipulations ? A-t-il oublié de noter quelques observations ? A-t-il omis de faire quelques rapprochements qui s'imposaient ? Rien pourtant ne laissait présager une telle constatation et il est absolument sûr de lui sur ce point. Il ne peut être question que d'un fait nouveau tout à fait imprévisible. Il pressent derrière la pébrine l'ombre d'autre chose : la présence d'une autre maladie des vers à soie ; c'est la flacherie[211]. La pébrine n'est donc pas seule en cause :

« Autant je crois bien connaître la maladie des corpuscules, autant je vois d'obscurité dans la seconde maladie… Je n'abandonnerai jamais la partie. J'étudie et j'étudierai de nouveau la maladie des morts-flats [la flacherie]. Elle m'effraie beaucoup moins que celle des corpuscules[212]. »

De cette maladie nouvelle dont il avait pressenti l'existence vers la fin de la saison précédente, Pasteur reconnaît en toute simplicité qu'il ne sait rien ou presque, « sinon qu'elle existe… Connaître l'existence d'un ennemi, c'est être prêt à le combattre. »

Voilà donc un plan tout tracé pour la prochaine saison tel qu'il le mande à son ministre de tutelle :

« S'il plaît à Dieu et si Votre Excellence [Victor Duruy, ministre de l'Instruction publique] m'y autorise, je reviendrai, l'an prochain, lui tenir tête. Cela n'est pas gai, mais qu'est-ce que la gaîté à quarante-quatre ans lorsqu'on a éprouvé déjà de grands chagrins ? Le bonheur n'est plus que dans la recherche du vrai sous tel ou tel de ses multiples aspects[213]. »

---

[210] Duclaux, p. 220.

[211] « On attribue l'origine du principe *morbifique* [infection par la flacherie] à un être vivant issu de l'intérieur des vers malades, et se multipliant dans ceux qu'il envahit. » Eugène Maillot, *Rapports… du Congrès séricicole international tenu à Reveredo du 15 au 20 septembre 1872…* Paris, Masson, [1872].

[212] Lettre du 23 mai, *Correspondance*, vol. 2, p. 322.

[213] Lettre du 15 juin au ministre de l'Instruction publique Victor Duruy, *Correspondance*, vol. 2, p. 327.

Pasteur a toujours mis en doute les résultats de ses observations car il sait avec pertinence, que derrière une apparence de vérité peuvent se dissimuler d'infimes détails qui mettent en péril le fragile édifice qu'il avait réussi à construire. Ainsi, deux ans plus tard, au retour de son dernier séjour dans le Midi, tout en poursuivant la rédaction de son ouvrage, dans les nombreuses lettres qu'il envoie chaque jour, il fait part à ses correspondants de ses doutes, de ses hésitations et quelquefois de ses certitudes : c'est un aller et retour permanent entre ses réflexions d'aujourd'hui et ses observations des années précédentes. Par exemple, le 17 juillet 1869, il écrit à Napoléon III :

« Depuis 1867, j'ai dû concentrer tous mes efforts sur la connaissance de cette autre maladie, anciennement connue sous le nom de flacherie. Aujourd'hui [c'est-à-dire deux ans après] je suis également assuré de pouvoir prévenir cette seconde maladie, en tant qu'elle est produite par l'hérédité, seule circonstance où elle est redoutable[214]. »

*

* *

Sans abuser de son autorité sur son collègue Pasteur, Jean-Baptiste Dumas ne manque pas une occasion de l'informer de l'évolution de la situation générale de la sériciculture dans le Midi. Il vient juste de recevoir des statistiques du comte Charles Thézillat, sous-préfet d'Alès, qui l'alarment : la production de cocons pour l'année de 1866 est évaluée à un million de kilogrammes seulement ce qui représente une valeur de six millions de francs[215]. La chute de la production est spectaculaire. Rappelons en passant qu'elle était évaluée à vingt-six millions de kilogrammes une décennie plus tôt.

*

* *

Toutes autorisations accordées et remplacements des assistants réglés, à partir du 3 janvier, Louis Pasteur prépare son prochain séjour dans le Midi qui devrait commencer après la réunion de la Commission impériale de sériciculture au ministère de l'Agriculture qui aura lieu le 12 janvier :

---

[214] *Correspondance*, vol. 2, p. 451.

[215] *Agriculture, arrondissement d'Alais, tableaux statistiques des produits annuels par quantité et en argent*, rapport du sous-préfet en date du 15 novembre 1866. Archives de l'Académie des sciences, papiers de J.B. Dumas, carton 25, dossier *Alais*. Soit environ 1 620 000 € (données Insee, etc.)

« Mon projet est de quitter Paris le 15 janvier au plus tard. Je ne puis tarder davantage parce que les essais précoces ont commencé dans le Midi depuis la fin de décembre. »

De fortes chutes de neige retardent ce départ qui, finalement, n'aura lieu que le 21.

*

* *

Les 831 kilomètres de Paris à Alès se font comme d'habitude en chemin de fer. Marie et Marie-Louise accompagnent Pasteur cette fois-ci. À Alès, ils retrouvent Gernez arrivé depuis le 17 ; mais ils retrouvent aussi les souvenirs de la chère Cécile, décédée au mois de juin dernier à l'âge de douze ans. Pasteur écrit au docteur Charles Godélier, médecin en chef de l'hôpital militaire. Ce praticien qu'il avait connu vers 1850 durant son séjour à Strasbourg est à présent son médecin consultant. Il lui dit tout son bonheur d'être revenu au Pont-Gisquet, même au milieu des quelques souvenirs douloureux :

« Rien de bien nouveau au Pont-Gisquet. Bonne santé et une gaieté voulue, cherchée réalisant à merveille le sage précepte de faire contre mauvaise fortune bon cœur, y réussissant quelquefois, souvent même, voilà bien notre genre de vie[216]. »

Une gaîté un peu forcée sans doute, soutenue par un travail très prenant qui mobilise toute l'équipe, comme à chacune des missions : Zizi ourle des pièces de tissu pour essuyer les lames des préparations microscopiques, Marie prend des copies de sa correspondance, et son « aide de camp » Gernez assiste à ses côtés à l'apparition des premiers vers issus des graines qu'il avait sélectionnées l'année précédente.

Pasteur aborde les essais de cette nouvelle année avec des lots de graines saines, c'est-à-dire débarrassées de parasites. Plusieurs expériences l'avaient mené à conclure dès l'année précédente que la maladie est contagieuse et héréditaire, mais qu'il y a de bons moyens pour éviter sa propagation. De là quelques conseils aux éducateurs :

« Voulez-vous savoir si un lot de cocons vous donnera de la bonne graine ?... Mais voulez-vous qu'elle reste bonne jusqu'à la fin et vous donne une graine irréprochable ? Partez de graine absolument saine, provenant de parents absolument purs, et élevez-la dans des conditions de propreté et d'isolement telles que l'infection ne puisse s'y répandre. Que si, par malheur en elle y apparaît, je

[216] Lettre du 19 février, *Correspondance*, vol. 2, p. 310.

vous donne encore le moyen d'établir une sélection, et de séparer rigoureusement les œufs sains des œufs corpusculeux[217]. »

Ce raisonnement d'une implacable logique et d'une rigueur sans faille, il arrive à l'imposer à son entourage pendant ses recherches. Mais, comment exiger de ceux qui sont si peu convaincus de la valeur de sa méthode qu'ils appliquent une telle rigueur dans leurs propres éducations ? Peu importe ! Il ne démordra jamais de cette idée ; il y est revenu en 1866, mais d'une autre façon cette fois-ci, dans une nouvelle communication à l'Académie des sciences :

« Je suis très-porté à croire qu'il n'existe pas de maladie actuelle particulière des vers à soie. Le mal dont on se plaint me paraît avoir existé toujours, mais à un moindre degré. J'ai déjà dit qu'il existait sûrement au Japon, bien que ce pays nous envoie des graines relativement saines[218]. »

Louis Pasteur est tellement convaincu de cette idée que, quelques pages plus loin (p. 15 du mémoire qu'il avait publié au retour de sa deuxième mission dans le Midi), il la reprend :

« La maladie actuelle a toujours existé. Il n'y a qu'exagération d'un état de choses en quelque sorte inhérent aux éducations industrielles. »

Puisque cette maladie est consubstantielle aux vers à soie, seule la sélection de la graine sauvegardera les futures éducations. Cette constatation devient une évidence, mais il lui faut toujours expérimenter et toujours prouver. Et cela d'autant plus, que Pasteur constate de nombreux échecs dans diverses magnaneries dont il suit de près la marche des éducations. Déconcerté, le savant fait part de son découragement autour de lui. Marie maintenant familiarisée aux travaux de son époux le ressent à son tour. Elle en parle dans une lettre à son amie madame Godélier en lui contant tout le « doux espoir » qui fait prendre le temps en patience.

Pasteur est donc venu cette année encore pour débrouiller cette question compliquée et touffue dont il fera, selon Duclaux, le « plus bel exemple d'investigation scientifique. » En même temps, il devra vérifier une question qu'il s'était posée au cours du séjour précédent et à laquelle il devient à présent urgent de donner une réponse : la maladie serait-elle parasitaire ? Maintenant, en janvier 1867, de retour à Alès, il se pose toujours cette même question, ses nombreuses expériences et observations au microscope n'ayant apporté aucun résultat concluant.

---

[217] Duclaux, p. 216.

[218] L. Pasteur, *Nouvelles études sur la maladie des vers à soie*, CRAS, 1866, t. LXIII, p. 11.

*
* *

Selon un usage maintenant bien établi, dont la rigueur lui va parfaitement même s'il bride un peu la liberté de ses assistants, Pasteur aime partager son temps entre son laboratoire et la visite des magnaneries du voisinage où il observe, souvent avec irritation, les « mauvaises habitudes » des éducateurs. De ce point de vue, Pasteur rejoint les idées que son ami Henri Marès avait avancées, en 1851, dans ses observations sur les graines défectueuses :

« La mauvaise graine, disait-il, est un fléau, il faut par tous les moyens le poursuivre et le combattre. Il est d'autant plus dangereux qu'on se méfie moins de lui, et que de nombreuses réussites rendent l'éducateur moins vigilant[219]. »

À quelques centaines de mètres du Pont-Gisquet, la magnanerie des Cardinal, envahie de mauvaise graine, permet à Louis Pasteur, une fois encore, renseignements pris sur la manière dont les propriétaires mènent leur activité, d'affirmer que sa méthode de sélection de la graine est vraiment la seule qui sauvera la sériciculture. Il prend de nombreuses notes au cours de chacune des visites qu'il rend à cette famille voisine ; elles feront l'objet d'une communication[220] qu'il réserve aux membres du Comice d'Alès dont une réunion est prévue dans le courant du mois de juin, la veille de son départ.

*
* *

Pendant ce temps, Marie profite du superbe printemps qui lui permet avec la petite Zizi de faire d'agréables promenades au milieu des amandiers déjà en fleurs. Mais après la détente, elle reprend « ses » chères études auprès de son mari, celles des corpuscules :

« L'étude des corpuscules qui m'intéresse aussi, charme souvent mes loisirs, et dans ces derniers jours, j'ai appris à compter le nombre d'œufs que peut produire un seul papillon. Je sais que chaque ponte donne 350 à 400 graines en moyenne… »

Ainsi, comme elle l'écrit en plaisantant, elle pourrait prétendre, à son retour à Paris, à un poste de premier ordre au sein de la Commission de sériciculture. Quant à l'emploi du temps de la jeune fille de neuf ans, il est partagé entre les

---

[219] *Bulletin de la Société centrale d'agriculture et des comices agricoles du département de l'Hérault…* Montpellier, L. Grollier, 1901, p. 105.

[220] Voir annexe note n°14.

études sous la conduite de sa mère et des assistants de Pasteur, la récréation souvent employée à la cueillette des feuilles de mûrier, à l'éducation des « petites bêtes de son père » qu'elle a vu éclore et à des promenades aux environs de la maison. Par exemple, en ce début de printemps, elle ramasse des bouquets de violettes qu'elle envoie à sa grand-mère à Lyon. Madame Laurent, la mère de Marie, la remercie dans une lettre affectueuse :

« J'ai reçu hier soir les violettes et les branches de citronnier que tu m'annonçais et en suivant ton avis boutons et feuilles avaient ce matin le plus joli aspect. Les violettes embaument mon armoire[221]. » Zizi, chaque matin, dès l'aurore, ici comme à Paris, accompagne sa mère à la messe. Elles y vont, conduites en voiture par le jardinier ; le dimanche matin Louis Pasteur les accompagne.

*
* *

Un peu plus tard dans le courant du mois de février, confiant dans la méthode qu'il préconise pour la sélection des graines, Pasteur envoie à M. Jeanjean, secrétaire du Comice agricole du Vigan, un pli cacheté qui ne doit être ouvert qu'à la fin des éducations de cette année. Ce pli contient le pronostic de tous les grainages qu'il a faits dans les différentes magnaneries au mois de juin de l'année précédente. Chaque lot est numéroté. Sur son carnet personnel, face aux numéros, Pasteur indique son pronostic :

- Lot de graine saine devant réussir ;
- Lot de graine devant périr uniquement de la pébrine ;
- Lot de graine devant périr uniquement de la maladie des morts-flats ;
- Lot de graine devant périr partiellement de la pébrine et des morts-flats.

Il y a toujours, chez le savant, cette confiance en sa méthode, même s'il continue de faire d'autres expériences, d'autres recherches. Il exprime toujours un peu sa crainte de la voir échouer et son jugement mis à l'épreuve. Pourtant, à cette époque-là, il confond encore la pébrine avec la maladie des morts-flats au point d'en faire une seule maladie[222] : c'est le sens de ce qu'il écrit à Jean-Baptiste Dumas, le 13 février :

« Croyez-moi, il n'y a pas de maladie propre depuis vingt ans, il n'y a que l'exagération d'une maladie ancienne, inhérente à toutes les contrées séricicoles. »

---

221 Lettre de Mme Laurent, du 8 février 1867.

222 Philippe Delcourt, p. 180.

*
* *

En Mars, avec Gernez, Pasteur se rend au Vigan et parcourt cent vingt-quatre kilomètres aller et retour. On ne sait pour quelle raison les mûriers sont en retard cette année. Le savant risque de manquer de feuilles pour ses essais précoces. Il raconte sa crainte au maire de Saint-Hippolyte-du-Fort :

« Impossible d'en trouver à Alais. Pourriez-vous, sans être gêné le moins du monde, m'en envoyer par la voiture de Saint-Hippolyte tous les jours dans un bocal de verre qui la conserve très bien ? Je donnerai un bon pourboire à la femme chargée de la recueillir[223]. »

L'affaire marche très bien, à un détail près : Pasteur recommande au maire d'en cueillir moins et surtout « de la moins tasser ». Un seul bocal suffira à ses besoins car, maintenant, les mûriers en plein air poussent enfin.

Tout se passe selon les souhaits du savant. Dans le calme de son laboratoire, il poursuit ses observations et en prend toujours note dans ses carnets. Rien ne vient troubler le recueillement qui lui est absolument nécessaire. Rien sauf un accident extrêmement violent et bruyant qui le bouleverse profondément. C'est un vrai choc pour lui. Il en fait le récit aussitôt au rédacteur de l'hebdomadaire local, *L'Aigle des Cévennes,* qui s'empresse de placer sa lettre à la une de sa « revue », dans *La chronique locale* qui habituellement se trouve à la deuxième page. Précisons que cette lettre est inédite :

« Monsieur,

« Un accident épouvantable vient d'avoir lieu au Pont-Gisquet. Une énorme voiture chargée de pièces de bois destinées à la houillère du Bois-Commun est tombée de plusieurs mètres de hauteur dans le ruisseau de Chaudebois avec les quatre chevaux qui la traînaient et deux des hommes qui l'accompagnaient. Ces hommes sont tous deux blessés, l'un très gravement, et, des chevaux, l'un est abandonné mourant dans le ruisseau au moment où je vous écris ces lignes. J'apprends qu'un accident du même genre est arrivé, il y a peu de temps et à peu de distance dans le même chemin qui conduit à la houillère.

« Permettez-moi, M. le Rédacteur, d'appeler votre attention sur le mauvais état de ce chemin, sur la tolérance accordée pour les fardeaux énormes des voitures qui le parcourent. Les ornières ont dix à vingt centimètres de profondeur ; nulle part pour ainsi dire il n'y a place pour deux voitures de front ; le mur qui le borde du côté du ruisseau est tombé en divers endroits, etc. N'existe-t-il donc pas une police pour de tels chemins ? Qui est chargé de les entretenir, de les surveiller ? Il ne se

[223] Lettre du 11 mars, *Correspondance*, vol. 2, p. 313.

passe pas de jour que je ne me pose ces questions. L'émotion que j'éprouve en présence du malheur qui est sous mes yeux me fait un devoir de vous les adresser à vous-même et de vous prier de les rendre publiques en insérant ma lettre dans votre estimable journal.

« Veuillez agréer, etc. » Signé : L. Pasteur, membre de l'Académie des sciences en mission à Alais[224].

Aucune réponse à cette lettre n'est parue dans l'hebdomadaire qui l'avait publiée.

Après une absence de quinze jours que Pasteur occupe à des visites dans diverses magnaneries du département, principalement à Saint-Hilaire-de-Brethmas, à Saint-Jean-du-Pin et aussi à Perpignan, il revient le 21 mars au Pont-Gisquet où il travaille avec Gernez en attendant le nouveau retour d'Émile Duclaux – pour quelques jours seulement – prévu le 5 juin.

*
* *

Le mois d'avril voit un peu d'animation dans la petite colonie du Pont-Gisquet. D'abord le 5, c'est l'arrivée pour quatre semaines entières d'Émile Duclaux qui s'était annoncé depuis longtemps et que tout le monde attendait. Puis, à la fin du mois, Jean-Baptiste, enfin tiré de son pensionnat de la rue de Vaugirard à Paris où ses parents l'avaient inscrit à la rentrée scolaire précédente vient les retrouver ainsi que sa sœur pour la grande joie de cette dernière qui va sans doute trouver en lui un jeune compagnon de jeux, en dépit des sept années qui les séparent.

Le 4 mai, dans une lettre à Madame Godélier, Marie donne quelques « nouvelles scientifiques » et raconte son angoisse passée face à l'état « si perplexe » de son mari :

« … Je voyais mon mari si perplexe que j'étais moi-même bien tourmentée. Aujourd'hui que toutes ces inquiétudes sont passées, je puis vous dire de la part de mon *immortel* que nous avons gagné la partie[225]… »

Une fois encore nous voyons à quel point Marie est impliquée dans le travail de son époux, mais aussi combien Pasteur compte sur sa présence et son appui.

*
* *

---

224 *L'Aigle des Cévennes*, 13e année, n° 648 du samedi 9 mars 1867.

225 Lettres de Mme Pasteur, du 4 mai 1867.

Les travaux de Pasteur et les résultats de ses observations, régulièrement envoyés à l'Académie des sciences et aux revues agricoles, servent au Gouvernement et aux autorités qui en dépendent, pour mener une politique appropriée. À cette époque, pendant le mois de mai, suite à l'interpellation du député Auguste Fabre et de plusieurs de ses collègues, une discussion animée agite la chambre du Corps législatif. Lors de la séance du 17 mai, parmi les sujets portés à l'ordre du jour figurent « les mesures prises pour combattre la maladie épidémique et contagieuse des vers à soie ». Un autre député du Gard, M. André, en profite pour déclarer :

« … Le pays n'a que deux espérances possibles : 1° le rétablissement de la sériciculture et 2° l'exécution de certains travaux d'utilité publique qui permettront d'attendre des temps meilleurs en donnant du travail aux ouvriers. »

Le ministre de l'Agriculture, Adolphe de Forcade de la Roquette, répond alors que le Gouvernement ne peut pas remédier à tout et « ne peut pas considérer comme étant de sa mission de réparer tous les maux et d'être perpétuellement comme une Providence dont les mains sont toujours ouvertes sur ceux qui souffrent. » Auguste Fabre[226] prend la parole. De toute évidence, il semble ne pas bien comprendre « les principes scientifiques relatifs à la maladie régnante » ; de plus, il prétend qu'ils entravent sans cesse l'action de l'État[227]. Son ignorance est notoire, et il faut ajouter à sa charge que ce représentant de la majorité gouvernementale traîne une histoire peu reluisante qui mérite d'être racontée ici. Antoine Louis Auguste Fabre, né dans l'Aveyron en 1820, fut élu dans la troisième circonscription du Gard le 21 août 1864 en dépit de la défection des voix de l'évêque de Nîmes qui allèrent à son concurrent. L'*Administration* le soutint alors ouvertement, « et l'on vit les ouvriers des mines de La Grand'Combe et de Bessèges amenés au scrutin, par brigades, sous les yeux de leurs directeurs » pour déposer dans les urnes le bulletin qu'on leur mettait dans la main. L'opposition essaya vainement de faire invalider cette élection[228].

---

[226] Auguste Fabre fut député du Corps législatif [Assemblée nationale] de 1864 à 1869 ; cette législature correspond aux séjours de Pasteur à Alès.

[227] L'esprit obtus de ce député était de notoriété publique. Le ministre de l'Agriculture et du Commerce avait transmis à Jean-Baptiste Dumas, un mémoire que le duc d'Acquaviva, sériciculteur des environs de Nice lui avait envoyé. Dans ce mémoire, le sériciculteur niçois souligne l'ignorance du député : « Je ne viens pas émettre des théories scientifiques, mais je mets sous les yeux de votre Excellence le résultat d'études pratiques… Le premier cultivateur venu du Vivarais, des Cévennes, du Var, des Alpes maritimes aurait pu facilement démontrer à l'honorable député [Fabre qui accumule les hérésies] qu'il ignorait radicalement le premier mot de la question dont il parlait avec une aussi grande assurance. » Archives de l'Académie des sciences, papiers de Jean-Baptiste Dumas, carton 14, dossier *soie*.

[228] *Dictionnaire des parlementaires français*… Genève, Slatkine, 2000.

À la tribune, afin de démontrer que son intervention n'est pas seulement destinée à protéger une production locale, le député dresse un tableau de la situation générale de l'industrie séricicole en France : près de quarante départements cultivent le mûrier ; tout le bassin du Rhône et une grande partie du bassin de la Garonne élèvent des vers à soie. Avant 1853 la production représentait une valeur de 120 millions de francs et pas loin de 300 millions de produits manufacturés par l'industrie lyonnaise[229]. Pour une fois, les chiffres annoncés par le député permettent à tous les représentants de la nation d'avoir une bien meilleure idée du volume financier dégagé par cette industrie et aussi, *a fortiori*, de constater l'ampleur de la catastrophe. C'est dire l'importance économique de cette activité et aussi la hauteur du préjudice subi par la région depuis l'apparition du fléau qui s'aggrave au fil du temps. D'une certaine manière, c'est aussi la reconnaissance du travail de Pasteur, même s'il est vrai que le député Auguste Fabre ne comprend pas sa méthode. Ce représentant du Corps législatif est devenu à lui tout seul la manifestation bien visible de l'action menée en sous-main par le lobby local des détracteurs de Pasteur. Dumas rassure son ancien élève du mieux qu'il peut :

« Croyez-moi, pour le succès de votre entreprise et pour votre propre dignité, il n'y a rien de préférable à une marche calme et tranquille vers le but, dédaignant ceux qui vous provoquent et ne provoquant pas ceux qui ne disent rien. Le succès dont vous êtes sûr et l'immense reconnaissance qui vous attend, doivent vous inspirer ce calme et cette patience que j'ose vous demander à l'égard des choses de la nature. Il en est des problèmes moraux comme des problèmes physiques ; il y en a qu'on tranche, ils sont rares ; il y en a beaucoup qu'il faut dénouer. Si je vous contrarie un peu, que j'en sois pardonné, car il faut s'en prendre à mon amitié, à mon admiration et surtout au soin jaloux que j'ai de votre avenir. »

Comment dire mieux pour apaiser un ami inquiet, impétueux et si peu diplomate.

*
* *

Le Comice agricole d'Alès réunit tous ses membres en séance extraordinaire, le 24 juin 1867, pour entendre Louis Pasteur qui a bien voulu retarder son départ pour Paris « malgré les intérêts importants qui le rappellent. » Le savant expose le bilan des travaux de ce dernier séjour. Et surtout, il s'attarde sur le cas de la famille Cardinal dont il a suivi, en voisin, l'évolution des éducations. Cette année, leur récolte semble très satisfaisante, leurs chambrées ayant été absolument saines. Aussi, quel n'est pas son étonnement lorsque le microscope lui révèle la présence

[229] Soit environ en € 442 millions et 1 milliard 100 millions (données Insee communiquées à titre purement indicatif car reposant sur des hypothèses relativement fragiles.)

de corpuscules dans la graine. Pour Pasteur, avec cette constatation, aucun doute n'est permis : il y a eu contamination. Il cherche la raison possible, retourne sur place, balaie de son regard le local et a tout de suite la révélation de ce qui s'est passé : sur la claie située au-dessus de celle où est élevée la chambrée saine, une chambrée infectée poursuit son évolution. Elle est corpusculeuse au dernier degré. Tous les témoins présents constatent que les déjections des *vers pébrinés* tombent sur les litières inférieures et les contaminent. C'est la preuve décisive qui établit que le corpuscule est capable d'engendrer la pébrine :

« Visitez de telles chambrées, dit Pasteur, assistez à de tels résultats, et vous direz peut-être que l'air malfaisant, qui infecte le Gard pendant les éducations, a été produit par le magnanier lui-même, qui a eu le tort d'élever une graine issue de papillons très corpusculeux à côté d'une bonne graine japonaise. »

En conséquence, devant les membres du Comice, Pasteur affirme que seule sa méthode de grainage, en dépit des articles hostiles publiés par ses adversaires dans *Le Messager du Midi,* pourra sauver la sériciculture.

Son but unique, depuis trois ans, était d'étudier la maladie dite *des corpuscules* « et pas autre chose ». Aujourd'hui, il affirme y avoir réussi puisque « connaître une maladie c'est par exemple, pouvoir la donner et pouvoir la prévenir à volonté » et, sans se tromper, il envisage avec confiance les deux aspects de la question[230].

La nature du corpuscule ne l'intéresse pas, seule sa présence et ses effets sont importants et aussi sa diffusion qui semble très étendue puisque les *couvailles* de Saint-Hippolyte-du-Fort, de Ganges et aussi de Cavaillon sont corpusculeuses. Pour sortir de cette situation qui s'aggrave, Pasteur énonce deux possibilités : la recherche d'un spécifique ou l'étude de la maladie ?

Chercher un spécifique ? L'entreprise semble hasardeuse, en tout cas peu scientifique. Il préfère et de loin exposer aux membres du Comice son intention « d'étudier la maladie et, par sa connaissance, tenter les moyens de la prévenir ». La marche est plus lente, plus difficile, mais plus sûre.

L'auditoire demeuré silencieux pendant tout l'exposé, au signal de son président applaudit chaleureusement le savant. Pour la troisième année consécutive, Louis Pasteur reçoit, en fin de séance, la profonde reconnaissance des éducateurs auxquels il vient de donner « avec plus de précision et de certitude les moyens de sortir de la situation fâcheuse dans laquelle ils se trouvent. »

Cette conférence marque donc la fin de sa troisième campagne à Alès. Son retour à Paris est prévu pour le 25 ou le 26 juin, il ne sait pas encore très bien. En tout cas, il se fera juste après la visite du ministre qui a annoncé son passage dans la région.

---

230 *Bulletin du Comice agricole de l'arrondissement d'Alais (Gard)*, 1867, 7e vol. – n° 3, p. 134.

*
* *

Louis Pasteur et sa famille quittent Alès le 25 juin : le savant est invité par l'empereur à l'Exposition universelle. Il doit partager, avec son ami Henri Marès, un des deux grands prix d'agriculture. Le jury avait jugé que les découvertes dues au génie de Pasteur étaient assez importantes pour être récompensées, au même titre que les travaux agricoles de Marès sur la vigne et les vins[231].

La distribution des récompenses doit avoir lieu le 1er juillet ; le Grand prix de l'Exposition pour ses travaux sur les vins lui sera remis ce jour-là au Palais de l'Industrie sur les Champs-Élysées. Pour partager ce moment avec toute sa famille, Louis Pasteur adresse une requête à son ancien maître Jean-Baptiste Dumas :

« Permettez-moi de m'adresser à vous pour obtenir une faveur qui doit être bien enviée en ce moment, mais que je ne puis malheureusement pas solliciter sur place. Tous les membres de ma famille résidant à Paris ou venus de province pour assister à la grande solennité de distribution des récompenses, le 1er juillet, ont le désir très naturel que je me mette en quatre afin de leur procurer des billets d'entrée. Il ne m'en faudrait pas moins de douze pour les satisfaire[232]. »

Dans l'immense salle du Palais de l'Industrie, l'instant est solennel. Le vieux maréchal Vaillant, vétéran de la campagne de Russie, présente à l'empereur les écrins qui doivent être distribués. Napoléon III remet lui-même à Pasteur la médaille qui lui revient : grand prix pour des travaux chimiques et surtout pour un procédé simple et ingénieux destiné à la conservation des vins. Un collaborateur de Victor Duruy placé aux premiers rangs observe la simplicité et la gravité du savant :

« Tout le sérieux d'une vie se lisait dans ce regard sévère, presque triste[233]. »

*
* *

---

[231] La presse locale répercute l'événement : « M. Pasteur qui nous consacre depuis trois ans les hautes ressources de sa science et le dévouement opiniâtre de son caractère, vient de recevoir du jury international de l'Exposition universelle un des grands prix destinés à récompenser les mérites hors-ligne. C'est la récompense de ses belles découvertes sur la conservation des vins… N'y a-t-il pas dans ce rapprochement quelque chose qui doit convier à l'espérance les esprits et les cœurs unanimement dirigés aujourd'hui vers les travaux de M. Pasteur sur l'industrie séricicole ? » *L'Aigle des Cévennes*, 13e année, n°659, samedi 1er juin 1867.

[232] Lettre du 18 juin à J.B. Dumas, *Correspondance*, vol. 2, p. 329.

[233] René Vallery-Radot, p. 193.

Peu après l'Exposition, Pasteur règle le délicat problème d'un jeune étudiant, François Lallier, qui « faisait de la politique » à l'École normale où le chimiste était chargé de la direction des études et plus particulièrement de la discipline : c'est lui qui tient la baguette du magister. Reprenons les faits :

À la suite d'un violent débat au Sénat, au sujet de la liberté de la librairie et aussi de la presse, plusieurs dizaines d'élèves de l'École normale avaient soutenu la position de Sainte-Beuve qui défendait cette liberté si précieuse. Deux d'entre eux poursuivirent le débat jusque dans les journaux, ce qui était contraire au règlement de l'École. Pasteur, avec l'accord de Victor Duruy, ministre de l'Instruction publique, sanctionne les *fautifs*. En quelques jours, il montre une facette de son personnage que l'on connaissait peu et qui est fort peu louable. Sans doute pour cette raison a-t-elle été oubliée par bien des biographes : l'homme, comme le savant, « professe un goût quasi militaire pour l'ordre et la hiérarchie, écrit Patrice Debré, confondant dans un même respect la règle et la loi. L'École doit être gouvernée par le règlement comme la nature par le déterminisme. » L'affaire qui n'était qu'une pure question de discipline, déborde le simple cadre de l'École et prend une ampleur disproportionnée. Attaqué, Pasteur donne des articles pour défendre sa position, principalement aux journaux qui s'étaient mêlés de l'affaire et l'accusaient d'usurpation et d'abus d'autorité. Pour le savant, il n'y a pas de théorie scientifique ou de faits à défendre, juste une position de principe. Il ne reviendra jamais sur sa position inflexible, rigide même, prise à l'abri d'un règlement disciplinaire qu'il connaît bien et dont il demande l'application *à la lettre :* les élèves ne doivent en aucun cas faire de la politique dans l'enceinte de l'École[233a]. Même la bienveillante intervention de Victor Duruy ne réussit pas à l'amener à plus de clémence.

Cette affaire porte un discrédit certain à l'image du savant. La hiérarchie supporte mal son autoritarisme : il conduit à l'exclusion de l'étudiant et à sa propre démission du Conseil d'administration de l'établissement. À partir de cette date, Pasteur ne conserve plus que son laboratoire dans les murs de l'École normale.

[233a] Une autre affaire plus ancienne peut être mentionnée ici, sans commentaire. Elle jette une lumière crue sur la rigidité du personnage. Le 28 mars 1863, Louis Pasteur s'adresse aux élèves de l'École normale :

« Vous savez, Messieurs, que dix d'entre vous sont encore consignés pour avoir fumé. J'ai à vous informer, après en avoir conféré avec M. le Directeur qui a complètement approuvé la proposition que je lui ai faite à ce sujet, que dorénavant tout élève sera trouvé fumant ou revenant de fumer sera signalé au Ministre comme devant être exclu de l'École – vous entendez – exclu de l'École… C'est mon avis qui alors sera suivi. Mais la faute ne sera pas d'avoir fumé, mais d'avoir manqué à l'injonction que vous recevez en ce moment [c'est-à-dire qu'il est interdit de fumer comme le stipule le règlement]. »

Exclu de l'administration de l'École normale – ce qui lui prenait des heures chaque jour et beaucoup d'énergie –, il reprend ses travaux dans son laboratoire où il passe le plus clair de son temps. Ses observations sur les vers à soie, alternées avec la reprise de ses travaux sur les vins, l'occupent entièrement si l'on en croit les importantes commandes de matériels et de produits chimiques passées aux principaux fournisseurs parisiens :

- 168 francs 90 pour des ballons, capsules, bouchons, flacons et tubes à la maison Baudet fils et Levieil de la rue Saint-André-des-Arts.
- 104,75 francs pour des instruments de dissection, des loupes, des lames et lamelles chez Nachet rue Saint-Séverin.
- 194,15 francs de produits chimiques chez Émile Rousseau rue des Écoles, en face du Collège de France.
- 160,40 francs de verreries, pinces et lampes chez Alvergniat frères au Passage de la Sorbonne.
- 32,50 francs de flacons, planchettes, boîtes et pinceaux en martre chez Bourgogne père rue des Fossés-Saint-Victor.
- 602,45 francs de matériel de laboratoire (becs de gaz, bains-marie, étuve, appareil réfrigérant, etc.) chez Wiesnegg place de la Sorbonne.

*

* *

Pour en finir avec la mission de cette année passée dans le Midi, Pasteur adresse un rapport au ministre de l'Agriculture, le 23 juillet 1867, dans lequel il confirme les conclusions de son rapport précédent et établit les trois modes de transmission de la maladie des vers à soie :

par hérédité,
par les aliments,
par l'inoculation.

De plus, il annonce la découverte d'une méthode sûre et facile pour produire en grand une graine qui permet d'entreprendre des éducations dans les contrées mêmes les plus infectées. Il revient sans cesse sur cette question depuis quelque temps : sa méthode de sélection de la graine est la seule capable d'éloigner le fléau et de redonner à la région sa prospérité d'antan[234]. Il le dit aussi dans une lettre à son ami Marès :

« Surtout qu'à notre époque, en présence de cette diffusion incessante de lumières, on ne vienne pas dire qu'il faudrait trouver quelque chose de plus simple

---

[234] Voir annexe note n°15.

qu'un remède préventif qui consiste à placer l'œil sur l'oculaire d'un microscope, après avoir broyé un papillon dans un mortier avec quelques gouttes d'eau ; véritable jeu d'enfant et qui demande un apprentissage d'une heure ou deux[235]. »

En effet, quoi de plus simple ! Mais de toute évidence, ce n'est pas aussi simple que ça pour tout le monde, y compris pour ceux qui croient en cette méthode et sont déjà fort convaincus de son efficacité. Ainsi, le duc d'Acquaviva qui éduque depuis longtemps des vers à soie dans les environs de Nice fait part au ministre de l'Agriculture et du Commerce de ses craintes :

« L'érudition de M. Dumas et les études de M. Pasteur m'inspirent un profond respect, mais tous deux, à mon avis, cherchent le mal où il n'est pas. Ensuite, permettez-moi cette réflexion : pour ceux qui connaissent ces matières, comment sur un linge où se trouvent déposés des milliers d'œufs pouvez-vous distinguer les sains et les malades ? même avec l'aide du microscope[236]. »

De toute évidence, la méthode du grainage suivant Pasteur ne passe pas aussi facilement qu'il l'aurait souhaité. Il semble même que ses efforts pour la faire connaître en simplifiant les manipulations ne sont pas suffisants pour donner à chacun le sentiment de réussir. Seuls les rapports de Dumas au Sénat et les communications de Pasteur à l'Académie des sciences trouvent immédiatement une audience qui dépasse largement le territoire national. Le consul général d'Italie en France, son excellence L. Cerruti, s'adresse en urgence au sénateur Dumas :

« Le télégraphe ayant annoncé à Florence la notification que vous avez faite tout dernièrement au Sénat de l'importante découverte de Monsieur Pasteur qui aurait trouvé le moyen d'assurer la bonne reproduction de la semence des vers à soie la garantissant contre l'atrophie, le ministère des Affaires étrangères de S.M. [Victor-Emmanuel II] me donne ordre de lui procurer avec toute la sollicitude possible les nouvelles les plus détaillées concernant la découverte de Monsieur Pasteur… Vous comprendrez sans doute, Monsieur le Sénateur, combien votre notification doit avoir ému les sériciculteurs de la Lombardie et combien mon Gouvernement tient à cœur d'améliorer leur sort… Dans le cas où il ne vous serait pas facile de me procurer ces renseignements, je vous prierais de m'indiquer la demeure de Monsieur Pasteur lui-même à qui j'aurais l'honneur de m'adresser[237]. »

---

235 L. Pasteur, lettre à M. Marès, *Correspondance*, vol. 2, p. 29.

236 Mémoire du duc d'Acquaviva envoyé au ministre de l'Agriculture et du Commerce transmis à Jean-Baptiste Dumas. Archives Académie des sciences, papiers de Jean-Baptiste Dumas, carton 14, dossier *soie*.

237 Lettre du 24 mai 1867. Archives de l'Académie des sciences, papiers de Jean-Baptiste Dumas, carton 14, dossier *soie*.

*
* *

Louis Pasteur, vers la fin de l'année, prend connaissance du rapport élogieux qui a été lu par le président Deloche au cours de la séance du 13 juillet de l'Académie du Gard :

« L'Académie… ne voudra pas rester en dehors du concours de félicitations qui sont adressées en ce moment à M. Pasteur. Elle a, dans la liste de ses membres, des places d'honneur qu'elle réserve à ceux de nos compatriotes qui, ne résidant plus dans le département, se sont illustrés dans les sciences ou dans les lettres. Une de ces places est occupée, à ce double titre, par M. Dumas. Nous proposons à l'Académie d'inscrire à côté de ce nom glorieux celui de M. Pasteur, dont la réputation scientifique est déjà faite, et qui s'est acquis droit de cité dans le département du Gard par l'immense service qu'il lui a rendu[238]. »

L'assemblée, en fin de séance, accueille à l'unanimité la proposition du président Deloche. Elle charge son secrétaire perpétuel d'offrir en son nom à M. Pasteur le titre de membre honoraire et lui exprime en même temps ses sentiments de reconnaissance pour les travaux qu'il a menés « avec persévérance et dévouement » dans l'intérêt de la région séricicole.

[238] *Procès-verbaux de l'Académie du Gard*, année 1866-1867, pp. 160-161. Archives départementales du Gard, PER C 2-1866-1867.

Chapitre 7

Quatrième séjour alésien
17 mars - 5 juillet 1868

1868 est l'année du surmenage.

Les éducateurs du Midi sont toujours très inquiets de la situation de leurs magnaneries. Tous souhaitent que le Gouvernement renouvelle à Louis Pasteur la mission qu'il poursuit chez eux depuis trois ans. Pendant la séance du Comice agricole d'Alès, le 6 janvier, le président, Paul de Lachadenède, propose d'adresser une pétition en ce sens au ministre de l'Agriculture. M. Boffinton, préfet du Gard appuiera cette démarche. La proposition est adoptée à l'unanimité[239] des membres présents.

À la demande du Comice vient s'ajouter celle que la Commission départementale de sériciculture émet lors de sa réunion du 1er février dans l'une des salles de l'hôtel de la préfecture à Nîmes. Le préfet, avec la familiarité qui plaît aux Méridionaux, ouvre la séance et écoute la crainte des sériciculteurs, crainte relative à l'interruption des expériences de Pasteur dans le département :

« L'opinion publique s'est émue à ce point qu'une supplique a été adressée par le Comice agricole d'Alais à son Excellence M. le Ministre de l'Agriculture, du Commerce et des Travaux publics tendant à obtenir que ce savant distingué soit chargé une 4e année de venir étudier la maladie des vers à soie. On sait qu'un nouveau cours à la Sorbonne et l'organisation d'un laboratoire de chimie organique au Collège de France (?) [en fait, il s'agit de l'École normale supérieure] lui ont été confiés par le Gouvernement. Mais quelles que soient les exigences des nouvelles fonctions dont il a été investi, il est indispensable que M. Pasteur complète ses remarquables travaux. Autrement les trois années précédentes seraient stériles.

« La commission prie en conséquence M. le Préfet de faire part à son Ex. le Ministre du découragement qui s'est produit au sein des populations et d'insister pour que dans l'intérêt de l'industrie séricicole et du succès définitif de la mission de M. Pasteur, cette mission soit continuée encore cette année[240]. »

---

239 *Bulletin du Comice agricole de l'arrondissement d'Alais*, 1868, 7e vol. n°6, pp. 250-251.

240 *Procès-verbal de la séance tenue le 1er février 1868 par la Commission départementale de sériciculture.* Archives départementales du Gard, 7 M 211.

Le préfet Boffinton avait déjà appuyé la demande du Comice d'Alès faite dans le même sens ; il se fera donc un devoir, conformément au vœu qui vient de lui être exprimé, de transmettre une copie du procès-verbal de cette réunion au ministre de l'Agriculture et une autre au ministre de l'Instruction publique.

*

* *

À partir des premiers jours de mars, les autorités parisiennes s'agitent pour préparer le nouveau séjour de Louis Pasteur dans le Midi ; mais auparavant, celui-ci doit proposer le nom d'un suppléant pour tenir son cours de chimie organique à la Faculté des sciences à la Sorbonne : Marcellin Berthelot refuse le poste, Auguste Cahours n'est pas retenu, finalement c'est Charles Wurtz qui est choisi.

Le départ est prévu pour le 20 du mois, peut-être avant, car Pasteur ne « tient pas en place » à Paris. Il annonce son arrivée au maire de Saint-Hippolyte-du-Fort :
« Aujourd'hui je vous écris en outre pour vous dire que je pars le 20 de ce mois pour Alais où je vais faire de nouvelles expériences et suivre toutes les éducations des graines éprouvées, c'est-à-dire suivant mes indications. Mais je serais incapable de recommencer le travail si fatigant de l'an passé. Mon projet est donc de confier les repas [des vers] aux soins d'une magnanière intelligente. Ce sera bien assez pour moi de diriger, de prendre des notes, etc.[241] » Et aussi, sans le dire, de généraliser l'usage du microscope pour la sélection de la graine :
« Le salut est dans le microscope ».

Avec une telle devise attribuée à Pasteur, chaque éducateur devient tout simplement un micrographe ou un *microscopiste* comme l'écrivent les journalistes du *Progrès Séricicole*. Mais tout le monde n'a pas de microscope ou ne sait pas suffisamment s'en servir. Aussi est-il indispensable pour ceux qui veulent faire leur graine d'après les procédés nouveaux préconisés par le savant de pouvoir la faire examiner par un observateur compétent. C'est l'opinion que répand le maire Adrien Jeanjean dans plusieurs articles du *Bulletin de la Société centrale d'agriculture de Montpellier* en vantant les mérites d'une réalisation toute récente faite sous l'inspiration de la Société d'agriculture de l'Hérault : un laboratoire d'essai établi à Montpellier dans un local dépendant de la Faculté des Sciences.

Adrien Jeanjean rêve, bien entendu, de voir une si belle idée se réaliser dans la région alésienne ou cigaloise. C'est aussi l'idée de Pasteur lui-même qu'il avait fait connaître très tôt :

---

[241] Lettre à M. Jeanjean du 5 mars, *Correspondance*, vol. 2, p. 365.

«… On pourrait peut-être placer des microscopes, un ou deux, dans les mairies ou dans les comices, à l'époque des grainages, sous la direction d'une personne qui se serait rendu familier l'emploi de cet instrument pour la reconnaissance du caractère [corpusculeux] dont nous parlons. On viendrait là étudier les papillons destinés au grainage[242]. »

*

* *

Quelque temps plus tard, une heureuse initiative dirigée par le Gouvernement vient réconforter Pasteur, même si les fonctionnaires de la préfecture de Nîmes demeurent désemparés devant un fait très inhabituel pour eux. En effet, un lot de caisses contenant des instruments d'optique vient d'être livré. Il s'agit des *microscopes administratifs* que le préfet Boffinton destine aux sériciculteurs.

Concernant leur répartition, deux questions se présentent au préfet du Gard :

« L'achat de 40 microscopes correspondant aux 40 cantons séricicoles du département doit entraîner une dépense de 4 000 francs environ, calculée sur un prix de revient de 100 francs environ par instrument, outillage compris.

« La seconde est de savoir s'il n'y a pas un grave inconvénient à confier ces instruments par eux-mêmes si fragiles – dans le cas où il serait jugé convenable de les multiplier -, à des mains non exercées [suit la mention biffée : *et ne sachant pas s'en servir*[243] ?].

À la première question, qui est une question de fonds, la Commission départementale de sériciculture répond que l'argent ne saurait manquer : elle s'en remet à la sollicitude et à l'imagination du préfet Boffinton, qui n'en manque pas, « pour satisfaire cette exigence indispensable ». Quant à la seconde question, elle semble résolue dans un rapport adressé par M. Deloche à l'Académie du Gard ; le préfet résume ainsi ce rapport :

« Au point de vue où se place cet honorable inspecteur d'académie [monsieur Deloche], il paraît facile de façonner soit à l'École normale soit dans des réunions préparées à cet effet les élèves-maîtres pour l'avenir et les instituteurs actuellement en fonction, pour le présent.

« Le dévouement et le zèle de ces dignes professeurs de l'enfance n'a jamais fait défaut à l'administration ni au pays. Au premier appel qui leur sera fait, leur amour du bien public, leur patriotisme les porteraient tous, personne n'en doute, à offrir

---

242 CRAS, 1866, t. LXIII, séance du 23 juillet.

243 *Procès-verbal de la séance tenue le 1er février 1868 par la Commission départementale de sériciculture.* Archives départementales du Gard, 7 M 211.

spontanément leur concours pour une œuvre dans laquelle est engagée la prospérité de nos malheureuses contrées[244]. »

La Commission de sériciculture qui approuve cette initiative, en accord avec la préfecture et l'Académie, décide d'organiser des séances de formation. Adrien Jeanjean, maire de Saint-Hippolyte-du-Fort, est chargé de la formation des instituteurs du canton du Vigan. Il rédige une note à l'attention du préfet Stanislas Boffinton pour le tenir au courant de sa première journée :

« La conférence que je devais faire sur l'étude de la maladie des vers à soie, à l'aide de microscope, a eu lieu hier jeudi [qui était un jour *sans classe* à cette époque] de dix heures du matin à midi et de deux à quatre heures du soir. Tous les instituteurs qui avaient reçu des lettres de convocation assistaient à la séance.

« Pendant les leçons, ils ont fait preuve d'intelligence et d'un vif désir de répondre à la conférence que l'administration leur a accordée. Je leur ai délivré des certificats d'aptitude que j'ai l'honneur de vous adresser en même temps que les accusés de réception des microscopes[245]. »

*
* *

Après une *réunion scientifique* aux Tuileries, le départ de Louis Pasteur pour le Midi est fixé au 16 mars en fin de journée. Marie, sa chère Zizi et Maillot l'accompagnent. Le lendemain, toute la compagnie s'installe au domaine du Pont-Gisquet où les premiers jours sont consacrés à l'achat d'un grand nombre de différentes sortes de graines au marché d'Alès et à quelques voyages dans la région, principalement à Ganges et à Saint-Hippolyte. Dans ces petites villes, il visite les essais précoces exécutés selon ses recommandations. Il est content, tout marche à souhait pour ses graines. Il en avise aussitôt Dumas dans une longue lettre capitale dont il donne des copies, avec l'accord du sénateur, au *Messager agricole* et au *Moniteur universel* :

« Voulez-vous me permettre de vous donner des preuves palpables de l'immense bienfait que la sériciculture peut retirer du procédé de sélection des chambrées pour graine par l'examen microscopique des chrysalides et des papillons, tel qu'il résulte de mes observations de ces dernières années… Peu de temps après mon arrivée à Alais, je me suis procuré une petite quantité de graines

---

244 *Idem.* Le rapport officiel imprimé, approuvé par le préfet, diffère légèrement dans sa rédaction : « …La Commission fut d'avis que l'administration prît les mesures nécessaires pour que les instituteurs de nos cantons séricicoles fussent façonnés au maniement de l'instrument et que cette résolution reçût son exécution en vue du grainage de cette année. » Archives départementales du Gard, 7 M 211.

245 Archives départementales du Gard, 7 M 214.

dont je parle, et j'ai commencé à les élever. Je suis en mesure d'affirmer que toutes les chambrées de ces graines, sans exception, périront entièrement de la maladie corpusculeuse… Désirant m'assurer de nouveau, cette année, de l'extension de cette maladie, je me suis procuré, le lundi 6 avril, au marché d'Alais, quarante et une sortes de graines qui étaient en vente… Elles sont malades à un tel degré, que trente-huit sortes au moins sur les quarante et une échoueront forcément par la maladie des corpuscules. Tous les départements séricicoles réussissent quelquefois à découvrir des sources de bonnes graines. Le paysan est sans défense contre le mal qui l'entoure. Mais quel est un des résultats nécessaires de mon procédé de sélection des chambrées pour graine, reposant sur l'examen des chrysalides et des papillons, procédé si facile et si rapide, qu'un enfant peut en être chargé ? C'est qu'il est impossible de trouver dans les graines que l'on tire de ces chambrées un seul œuf corpusculeux…[246]»

Sa conviction est faite : le problème de la confection de la bonne graine est résolu, mais il trouve que la marche de ses nombreux travaux est lente.

Avec un peu de retard, pendant la séance du 6 avril, le président du Comice d'Alès annonce à l'assemblée que :

« M. Pasteur a été envoyé de nouveau à Alais par le Gouvernement, pour y poursuivre ses études sur les maladies des vers à soie. L'honorable savant qui est arrivé dans notre ville depuis plusieurs jours s'occupe d'étudier les éducations précoces de graine de races indigènes provenant de chambrées choisies. »

*
* *

À la mi-avril, une bonne nouvelle arrive au courrier du matin. Pasteur en fait part aussitôt à Dumas :

« Je viens d'apprendre que la Commission chargée par le préfet du Gard de tout ce qui concerne les éducations des vers à soie a fait acheter 40 microscopes qui vont être distribués dans les divers cantons du département du Gard, avec une instruction rédigée par Paul de Lachadenède, président du Comice agricole d'Alais. Cette initiative ne peut manquer d'imitateurs[247]. »

Le budget prévu pour l'achat de ces instruments avait été fixé à 4 000 francs par les services de la préfecture. Sur la recommandation du savant, les microscopes

---

[246] Lettre à J.B. Dumas du 15 avril 1868, *Correspondance*, vol.2, pp. 369-370.

[247] Lettre à J.B. Dumas du 15 avril 1868 ; elle est aussi reprise dans l'ouvrage de Louis Pasteur : *Lettres sur la sériciculture. Éducations précoces des graines de race indigènes provenant de chambres choisies*, Montpellier, Gras, 1868, p. 15.

furent acquis auprès de la maison Nachet et fils de Paris pour une somme moindre : 3 451 francs. Tout le monde s'en réjouit. Il ne peut être question, bien entendu, de faire appel au fabricant parisien pour vérifier ou réparer les microscopes qui seront confiés, sans doute à des mains non expertes. Le choix d'un « technicien » local s'impose alors. Donc, par un contrat séparé, l'entretien et la vérification des microscopes sont confiés à l'opticien Charles-Rouquette, place de l'hôtel de ville à Nîmes[248].

Chaque instrument, présenté dans une boîte, comprend : deux objectifs, un oculaire, douze lames de verre, vingt-quatre lamelles, un pinceau, une pince de cuivre, une pince d'acier, un mortier avec son pilon, un tube de caoutchouc, une pince de Morh et une instruction : celle que Paul de Lachadenède, du Comice agricole d'Alès et aussi ami et fervent soutien des recherches de Pasteur, a rédigée.

*

* *

Le 28 mai, le préfet du Gard, Stanislas Boffinton, fait distribuer dans les sous-préfectures de grandes affiches avisant « ses administrés » que les microscopes destinés à favoriser la production de bonne graine de ver à soie viennent d'être répartis dans les quatre arrondissements de Nîmes, d'Alès, d'Uzès et du Vigan. Ces affiches devront être placardées devant les mairies et sur les murs de chaque place du marché.

Pour l'arrondissement d'Alès, on peut lire sur les affiches le nom des dix personnes choisies pour recevoir un microscope : ce sont tous des instituteurs. Pour l'arrondissement du Vigan sur neuf personnes, toutes sont aussi des membres de l'enseignement, y compris la neuvième, un certain frère Palliez de Valleraugue, qui est clerc de Saint-Viateur, congrégation d'enseignants fondée en 1838 par le père Louis Querbes. Tous les « professeurs de l'enfance » ont été désignés par M. Deloche, inspecteur d'Académie à Nîmes. Celui-ci souhaite que les microscopes déjà confiés à Paul de Lachadenède et à M. Despeyroux soient remis aux instituteurs Martial[249] et Gaillard « par la raison qu'il ne paraît pas probable que

---

[248] Archives départementales du Gard, 7 M 214.

[249] L'instituteur Martial, le 28 août 1876, restituera au sous-préfet d'Alès le microscope qui lui avait été confié par le Conseil général. Voici le rapport du sous-préfet à son supérieur à Nîmes : « ...Vous trouverez sans doute que le microscope restitué par M. l'Instituteur Martial n'est pas en très bon état et qu'il y manque même quelques menus objets. Lorsque je lui en ai fait l'observation, M. Martial a répondu que cet instrument lui avait été confié, il y a huit ans [le 28 mai 1868], que depuis cette époque, il avait constamment fonctionné tantôt entre ses mains, tantôt entre les mains de nombreux instituteurs auxquels il avait enseigné la manière de s'en servir et que, dans ces conditions, il était

MM. de Lachadenède et Despeyroux voulussent se mettre aussi bien à la disposition du public. »

Outre le nom des instituteurs, l'avis distribué et placardé par ordre de la préfecture de Nîmes précise, en sept points, l'organisation des consultations ainsi que les droits et les devoirs du micrographe :

- Toute personne, quelle que soit sa résidence, peut obtenir qu'une observation soit faite à son profit à l'aide de l'un de ces microscopes.
- Une observation microscopique se compose de l'examen séparé et successif de dix papillons.
- Elle donne lieu au paiement d'une taxe de 2 francs, au profit du micrographe.
- Elle peut être renouvelée, moyennant le paiement de la même taxe.
- Le micrographe doit inscrire sur un registre, par ordre de date, les demandes d'observations qui lui sont faites.
- Il réserve, pour chaque inscription, une colonne où il mentionne la nature de l'observation pratiquée et son résultat.
- Il peut seul se servir du microscope, dont il est responsable[250].

Si trente observations *au moins* ont été effectuées par Isidore Martin à Anduze, notons qu'aux Salles-du-Gardon aucun éducateur ne s'est présenté à Germain Rolland, l'instituteur et micrographe. Son microscope lui sera retiré en 1873 par Alexis Goirand de Labaume, sous-préfet d'Alès qui, cependant, ne voit pas d'autres personnes dans les communes du canton de La Grand'Combe à qui l'attribuer. Quant à M. Istchner principal du Collège d'Alès, il déplore que le microscope qui lui a été confié ne serve qu'à examiner les lots apportés par des parents d'élèves curieux et à leur montrer l'usage de cet instrument.

Un cas moins commun se présente au Pont-Gisquet. Marie Magnan, la bien nommée, fille du propriétaire qui loue le domaine à Louis Pasteur et à son équipe fait ses éducations dans une petite ferme, à quelques pas du domaine où le savant s'est installé. En 1867, intéressée par les recherches de Pasteur, cette voisine reçoit près de lui quelques « leçons de microscope ». Pasteur la trouve apte aux expériences. Satisfait des progrès de son élève, il lui confie un instrument qui est réclamé quelque temps plus tard par le service de la préfecture chargé de la gestion des microscopes distribués :

impossible que cet instrument fût rendu dans le même état que lorsqu'il lui avait été confié. » Pour l'arrondissement d'Alès, les microscopes seront remis aux maires d'Alès, d'Anduze, de Barjac, de Lédignan, de Saint-Ambroix, de Saint-Jean-du-Gard, de Vézénobres, de Bessèges et de La Grand'Combe. Après délibération des Conseils municipaux qui doivent agréer le dépôt, les instruments sont confiés aux personnes qui semblent les plus compétentes : il est question le plus souvent d'un instituteur. Archives départementales du Gard, 7 M 213.

[250] Archives départementales du Gard, 7 M 214.

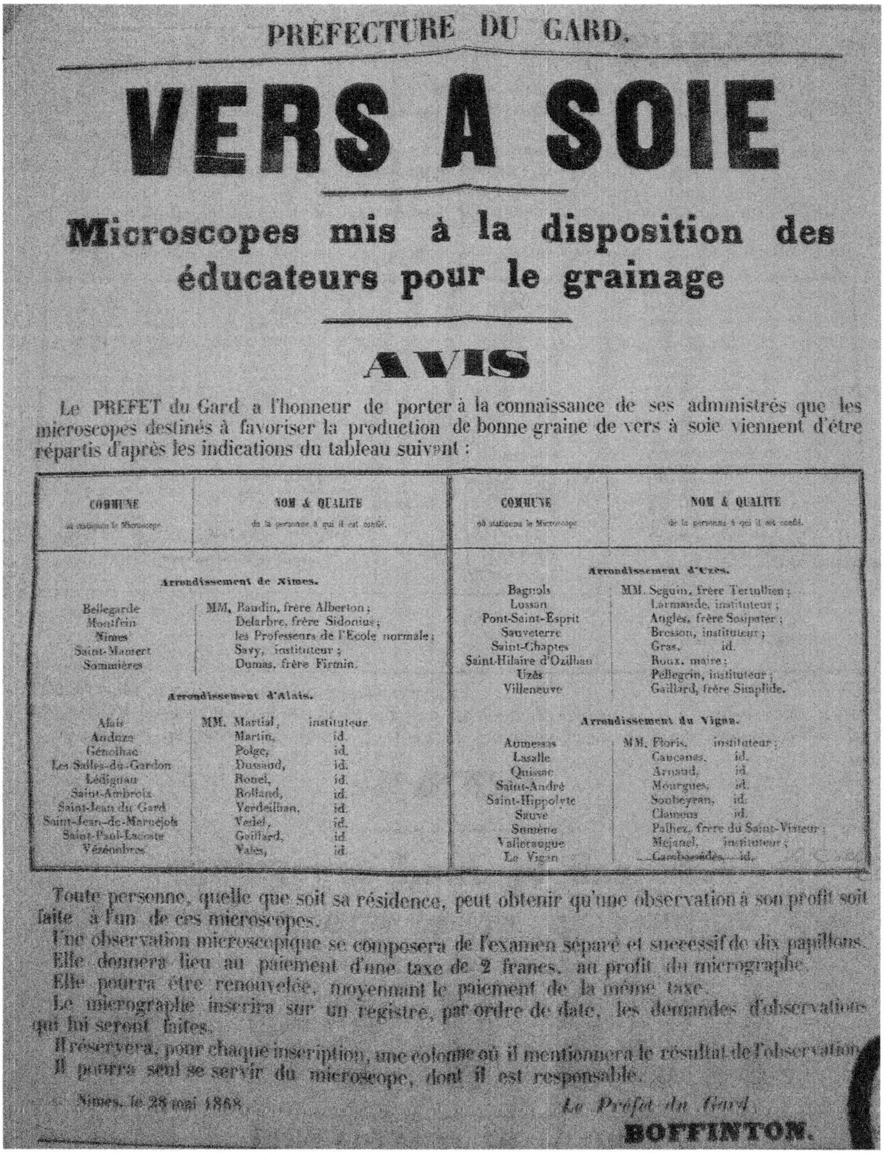

PRÉFECTURE DU GARD.

VERS A SOIE

Microscopes mis à la disposition des éducateurs pour le grainage

AVIS

Le PREFET du Gard a l'honneur de porter à la connaissance de ses administrés que les microscopes destinés à favoriser la production de bonne graine de vers à soie viennent d'être répartis d'après les indications du tableau suivant :

COMMUNE où stationne le Microscope	NOM & QUALITE de la personne à qui il est confié.
Arrondissement de Nimes.	
Bellegarde	MM. Baudin, frère Alberton ;
Montfrin	Delarbre, frère Sidonius ;
Nimes	les Professeurs de l'Ecole normale ;
Saint-Mamert	Savy, instituteur ;
Sommières	Dumas, frère Firmin.
Arrondissement d'Alais.	
Alais	MM. Martial, instituteur
Anduze	Martin, id.
Génolhac	Polge, id.
Les Salles-du-Gardon	Dussaud, id.
Lédignan	Ronel, id.
Saint-Ambroix	Rolland, id.
Saint-Jean du Gard	Verdeilhan, id.
Saint-Jean-de-Maruéjols	Vedel, id.
Saint-Paul-Lacoste	Gaillard, id.
Vézénobres	Vales, id.
Arrondissement d'Uzès.	
Bagnols	MM. Seguin, frère Tertullien ;
Lussan	Larmande, instituteur ;
Pont-Saint-Esprit	Anglès, frère Sosipater ;
Sauveterre	Bresson, instituteur ;
Saint-Chaptes	Gras, id.
Saint-Hilaire d'Ozilhan	Roux, maire ;
Uzès	Pellegrin, instituteur ;
Villeneuve	Gaillard, frère Simplide.
Arrondissement du Vigan.	
Aumessas	MM. Floris, instituteur ;
Lasalle	Caucanes, id.
Quissac	Arnaud, id.
Saint-André	Mourgues, id.
Saint-Hippolyte	Soubeyran, id.
Sauve	Clamens id.
Sumène	Palhez, frère du Saint-Viateur ;
Valleraugue	Mejanel, instituteur ;
Le Vigan	[illegible], id.

Toute personne, quelle que soit sa résidence, peut obtenir qu'une observation à son profit soit faite à l'un de ces microscopes.

Une observation microscopique se composera de l'examen séparé et successif de dix papillons.

Elle donnera lieu au paiement d'une taxe de 2 francs, au profit du micrographe.

Elle pourra être renouvelée, moyennant le paiement de la même taxe.

Le micrographe inscrira sur un registre, par ordre de date, les demandes d'observations qui lui seront faites.

Il réservera, pour chaque inscription, une colonne où il mentionnera le résultat de l'observation.

Il pourra seul se servir du microscope, dont il est responsable.

Nimes, le 28 mai 1868.

Le Préfet du Gard,

BOFFINTON.

Fig. 22. Affiche distribuée par la préfecture de Nîmes donnant la répartition des microscopes administratifs dans les quatre arrondissements séricicoles du Gard.

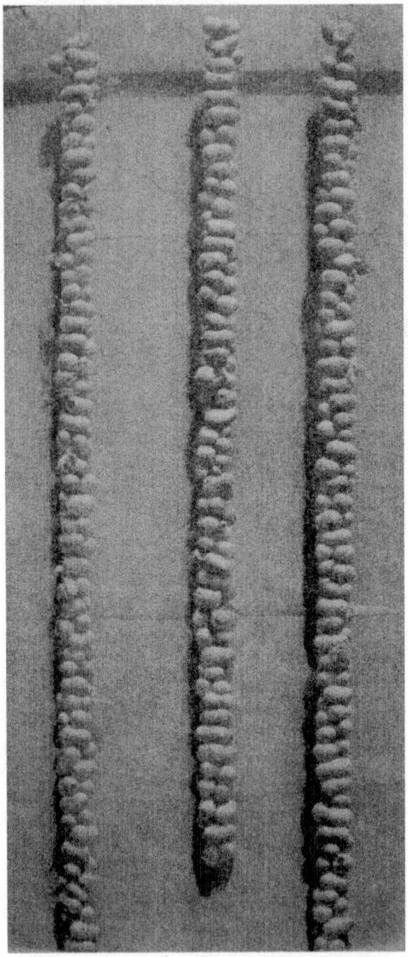

Fig. 23. Sélection des cocons pour la reproduction placés en chapelets.
Photographie de P. Lackerbauer

Fig. 24. Ponte de la femelle.

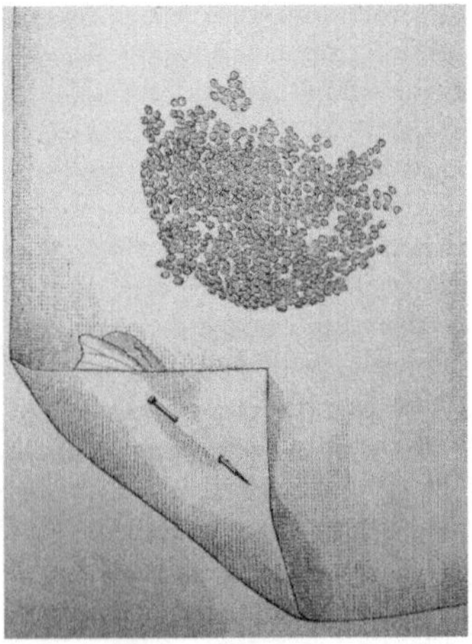

Fig. 25. Immobilisation de la femelle après la ponte.

Fig. 26. Tsan-Lien : méthode traditionnelle de grainage en Chine.

Fig. 27. Laboratoire de Louis Pasteur dans l'orangerie du Pont-Gisquet, en 1866. Au microscope : un des assistants de Pasteur.

« Ma petite éducation, écrit-elle au préfet Boffinton, le 4 juin 1868, pour la prime est complètement terminée, avec un rendement des plus satisfaisants 11kg900 avec 5 grammes de graine (provenance de Sauve), cocons blancs et jaunes ; cette graine m'avait été remise par Monsieur Pasteur. »

Pour une raison familiale, Marie Magnan ne peut rester plus longtemps dans les environs du Pont-Gisquet, car elle doit retourner chez sa sœur receveuse des Postes à Valleraugue, village bien placé au centre de nombreuses éducations. Ainsi, ne serait-ce pas pour elle une belle occasion de se livrer à quelques observations microscopiques dans cette belle région séricicole et surtout d'être utile aux éducateurs du village ? À cet effet, elle prie le préfet de l'autoriser à garder l'instrument qui lui a été confié par Pasteur[251].

C'est effectivement une belle occasion de répandre la méthode de sélection au microscope préconisée par Pasteur. Qui d'autre que Marie Magnan formée par le maître pouvait être un si bon micrographe ? A-t-elle réussi à annuler la réclamation des services de la préfecture ? Hélas ! nous ignorons la décision du préfet.

*

* *

Pour le savant et quelques émules, les « microscopes du Gouvernement » seront d'une très grande utilité pour examiner la graine des papillons, ou la *mixture* obtenue par ceux qui auront été broyés après la ponte :

« On peut considérer aujourd'hui comme démontré par les résultats des expériences que M. Pasteur poursuit depuis quatre ans au Pont-Gisquet, près d'Alais, que l'un des plus sûrs moyens pour faire de bonne graine de vers à soie, consiste à choisir au microscope les papillons que l'on destine au grainage... Quelques instructions sur la manière de se servir du microscope sont donc opportunes... Un bon microscope d'un grossissement d'au moins 400 diamètres, muni des accessoires ordinaires ; - un assez grand nombre de lames et lamelles pour ne pas être obligé d'en laver à chaque instant ; - deux ou trois verres pour y mettre à tremper les lames et lamelles ayant déjà servi ; - des pinces pour saisir les papillons et les lamelles ; - quelques baguettes et tubes de verre ; - des ciseaux ; - un mortier en porcelaine émaillée pour broyer les papillons ; - un récipient quelconque rempli d'eau propre pour les divers lavages, muni d'un siphon fermé par une pince de Mohr ; - deux serviettes, quelques morceaux de vieux linge de toile fine ; - un flacon d'eau distillée ou d'eau de pluie ; - une table d'assez grande dimension, de couleur sombre et surtout assez massive, afin qu'elle ne soit pas ébranlée au

[251] *Idem.*

moindre choc ; - enfin un siège solide, sans bras, pour laisser au corps l'entière liberté des mouvements, tels sont les objets indispensables pour faire des observations suivies[252]. »

En dépit des soutiens particuliers et des articles encourageants, Pasteur sait très bien que quelques éducateurs concernés par l'utilisation du microscope résistent toujours à cette contrainte. Ainsi, Masquard – voilà quelqu'un qui n'aurait jamais découvert le Nouveau Monde - manifeste, une fois encore, son hostilité à la méthode du savant :

« Croire que l'on pourra régénérer la sériciculture par le microscope seul ou par l'achat de quelques drogues chez le pharmacien est une utopie qui n'est pas sans inconvénient, car elle détourne les éducateurs de la recherche du véritable progrès.

« Je ne suis pas l'ennemi du microscope. Je ne veux pas nier les services que peut rendre à la sériciculture ce merveilleux instrument, mais ces services, j'en ai peur, ne seront jamais que très accessoires[253]. »

Mis à part les propos tendancieux et injustes de son éternel adversaire, Pasteur reçoit d'autres échos peu encourageants sur le comportement de futurs utilisateurs bien disposés à se servir d'un microscope. Nous ne parlons pas des instituteurs qui, nous l'avons vu, ont été formés à son emploi, mais plutôt des quelques sériciculteurs qui ont fait à titre personnel l'acquisition d'un modèle. Hélas ! bon nombre d'entre eux ne savent pas l'utiliser. Toutes sortes d'histoires arrivent aux oreilles du savant : certains ne font pas la différence entre l'objectif et l'oculaire ; peu savent capter la lumière et l'orienter vers l'objet à examiner. N'a-t-on pas vu un éducateur poser le ver sur l'oculaire parce qu'il était large et qu'il tenait mieux ? Mais heureusement, les services de la préfecture dirigent les hésitants ou les incompétents vers les maîtres d'école qui ont fait l'objet d'une sélection tout à fait officielle et aussi d'une formation jugée suffisante.

Si l'examen au microscope d'une préparation peut paraître simple, ou s'apprendre rapidement, on peut se demander jusqu'à quel point la méthode de sélection préconisée par Pasteur est facile à appliquer. Résumons-la : au moment où les papillons percent leur cocon, puis s'accouplent, l'éducateur place chaque femelle sur un carré de toile où elle pond ses œufs. Cette femelle est ensuite épinglée par les ailes dans un coin replié de la pièce de toile. Quelques jours après, on retire le papillon desséché pour le broyer dans un mortier en y mêlant une goutte d'eau. Il suffit alors d'examiner au microscope une parcelle de cette bouillie pour voir s'il y a ou pas des corpuscules. À la moindre apparition de ceux-ci, le

---

252 *Bulletin du Comice agricole de l'arrondissement d'Alais*, 1868, 7e vol., n°6, pp. 320 à 324.

253 Archives départementales du Gard. 7 M 211.

morceau de toile contenant la ponte de la femelle corpusculeuse est brûlé. Ainsi disparaissent les œufs qui auraient propagé le mal.

Pasteur est arrivé à ce résultat grâce au microscope qui est son principal outil de travail. Fallait-il, comme certains l'ont prétendu, connaître « la langue scientifique, la pathologie et les questions d'hygiène » pour se servir d'un tel instrument ? Sûrement pas. Les autorités préfectorales, les présidents des comices agricoles, quelques magnaniers rompus à la méthode de Pasteur et convaincus de ses bienfaits la mettent en pratique sans trop de mal. Ils sont aujourd'hui, et seront pour l'avenir, les meilleurs colporteurs qui se puissent rencontrer. Tous savent que « le niveau scientifique » est assez élevé en France pour qu'on puisse s'approprier les découvertes des autres et les utiliser. Quant à l'examen, à défaut des habiles manipulateurs de l'Instruction publique, ils savent aussi qu'il n'y a pas un arrondissement, pas un canton où l'on ne puisse trouver un pharmacien, un médecin, un homme capable de reconnaître les caractères extérieurs du mal.

*
* *

Les microscopes distribués aux éducateurs par Stanislas Boffinton, le préfet du Gard, sont construits par Nachet[254], fabricant d'instruments de précision à Paris. Pour ce qui concerne les instruments d'optique, la maison Nachet, rue Saint-Séverin est le premier fournisseur de Louis Pasteur. Elle passe aussi pour le premier établissement d'instruments d'optique de France dont la réputation ne cesse de croître à l'étranger.

Avant son départ pour ses missions dans le Gard, le savant ne manque jamais de commander chez lui tout le matériel dont il aura besoin pour ses futures observations : instruments, appareils, accessoires, lames et lamelles. De plus, à chaque rencontre avec les éducateurs, il n'oublie pas de leur recommander l'usage du microscope pour la sélection des graines. Comme il connaît à la perfection le

[254] Les microscopes de Nachet, construits spécialement en vue des recherches séricicoles, sont de petits formats ; leur prix ne dépasse pas 100 francs [soit environ 380 €]. Ils figurent dans plusieurs catalogues de la maison Nachet des années 1865 à 1869, sous les numéros 10 ou 11. Albert Nachet imprimait encore, en 1872, un fascicule de douze pages accompagné d'une gravure représentant le microscope pour les sériciculteurs. C'est un mode d'emploi « très pratique », inspiré de la notice rédigée par Paul de Lachadenède. Notons encore que dans son catalogue de 1881, la maison Nachet et fils présente sous les n°10 et 11 des microscopes simples à pied en fonte, dont la mise au point se fait par le mouvement lent d'une vis micrométrique placée sur le haut de la potence ; il possède un miroir articulé pour la lumière oblique : « C'est le modèle adopté par les comices agricoles et les sériciculteurs pour les observations d'après la méthode de M. le professeur Pasteur. Il est fourni au même prix [135 francs, soit environ 500 €] à miroir mobile ou fixe suivant la demande. »

type de microscope qui doit être employé à cet usage, c'est sûrement le nom de Nachet qu'il glisse dans la conversation, et cela avec le plus grand désintéressement du monde.

Cependant, le constructeur parisien demeure soumis à la concurrence des nombreux opticiens de la région. Ces derniers, attirés par le marché nouvellement ouvert dans un domaine où ils n'étaient jamais intervenus, ont tout de suite compris l'intérêt qu'ils pourraient tirer de placards publicitaires placés dans les revues séricicoles. Ainsi l'opticien Raphaël de Marseille, dans *Le Progrès Séricicole* du 2 août 1874, fait insérer l'avis publicitaire suivant rédigé par la rédaction du journal :

> FABRIQUE DE MICROSCOPES
> SPÉCIAUX POUR L'EXAMEN DES VERS À SOIE ET LES ÉTUDES SCIENTIFIQUES
> LES MICROSCOPES DE L'OPTICIEN RAPHAËL 7, RUE CANNEBIÈRE, À MARSEILLE,
> ÉTANT APPELÉS À RENDRE DE GRANDS SERVICES À TOUTES LES PERSONNES
> S'OCCUPANT DE SÉRICICULTURE ;
> NOUS LES RECOMMANDONS VIVEMENT À NOS LECTEURS.
>
> CET APPAREIL CONSTRUIT AVEC LES PLUS GRANDS SOINS,
> EST, DANS LA PRATIQUE, D'UNE TRÈS-GRANDE SIMPLICITÉ ;
> AUSSI LES PERSONNES LES MOINS EXPÉRIMENTÉES À SON USAGE
> PEUVENT-ELLES EN TIRER LES PLUS GRANDS AVANTAGES.
> SON GROSSISSEMENT VARIE DE 650 FOIS À 1500 FOIS,
> SELON LE JEU DE LENTILLES QUE L'ON DÉSIRE.

Mentionnons au passage que l'opticien Raphaël n'est pas un fabricant de microscopes : il est juste revendeur d'appareils d'optique. Suivant une pratique très largement répandue au XIXe siècle, il est fort probable que les microscopes proposés par cet opticien dont le nom et l'adresse sont gravés sur le socle ou sur le corps de l'instrument sortent des grands ateliers parisiens, comme par exemple ceux d'Albert Nachet qui demeure, à l'époque, l'un des rares constructeurs de ce type d'instruments.

L'usage du microscope pour l'étude de la maladie des vers à soie est bien, comme nous le verrons plus tard, le seul moyen pour venir en aide aux sériciculteurs. Un biologiste contemporain de Pasteur, J. Pelletan, fervent admirateur du savant, juge sans doute la notice d'utilisation fournie par le fabricant beaucoup trop *technique*. Il rédige alors, à l'intention exclusive des magnaniers, un petit manuel destiné à expliquer, de façon méthodique et claire, le mode d'emploi de l'instrument :

« Nous avons voulu démonter, autant qu'il est en nous, aux sériciculteurs qu'ils ont, dans les procédés indiqués par M. Pasteur, des méthodes capables d'arrêter et de supprimer la maladie ; leur prouver par l'exposé des faits, qu'en dehors de ces méthodes, il n'existe pas d'autre moyen connu pour conjurer le fléau ; que ces méthodes sont certaines ; que leur application est nécessaire ; et qu'enfin ils ont dans le microscope une arme infaillible contre la ruine qui a si longtemps menacé l'une des plus riches de nos industries[255]. »

Quelques grincheux, sans doute rongés par la jalousie, comme le professeur Joly de Toulouse que nous avons déjà entendu s'insurger contre la désignation de Pasteur pour cette mission dans le Midi, ne manquent jamais une occasion de contrarier leur collègue parisien :

« Bien que l'examen au microscope soit scientifiquement rationnel, il peut paraître d'une application assez difficile. L'habileté nécessaire à son maniement, l'art de se garantir de ses illusions, surtout lorsqu'il s'agit de corps infiniment petits et qu'il est facile de confondre avec d'autres, cet art ne s'improvise pas du jour au lendemain, surtout chez les hommes habitués aux rudes travaux de la campagne[256]. »

Cette remarque brutale n'est pas sans fondement. Elle affecterait Pasteur bien davantage s'il n'avait trouvé des alliés de choix dans le corps des inspecteurs de la sériciculture au ministère de l'Agriculture et du Commerce. Ces fonctionnaires itinérants demeurent pour lui de précieux intermédiaires. En effet, d'abord ils agissent au cours de leurs tournées d'inspection comme conseillers auprès des éducateurs. Ils interviennent par des notes rédigées à la suite de leurs visites, pouvant suggérer à leur ministre de tutelle d'orienter leur action de telle ou telle façon. Ainsi, depuis Valence, dans la Drôme, M. de Chavannes de la Giraudière qui a plus de quarante années d'expérience, en tournée d'inspection, dans une note à son ministre, le 30 mai 1873, raconte et recommande :

« À Aix, j'ai eu la bonne fortune de rencontrer un homme tout disposé à mettre ses conseils, son exemple, l'influence que lui donne sa position sociale au service du progrès séricicole. C'est M. de Gaudin rue Bellegarde, n°33 à Aix. Il avait posé cette année six onces de graine dont les vers étaient au troisième âge. Il m'a conduit chez différents éducateurs de la ville et des environs. Je vous demanderai, Monsieur le Ministre, de vouloir bien lui accorder un microscope ; cet instrument serait d'autant mieux placé entre ses mains qu'il se ferait un devoir d'examiner les papillons des magnaniers qui désireront opérer d'après le procédé de Pasteur[257]. »

---

[255] J. Pelletan, *Manuel pratique du microscope appliqué à la sériciculture*, Paris, F. Savy, 1875.

[256] N. Joly, *Examen critique du mémoire de M. Pasteur…* in : *Journal d'agriculture pratique et d'économie rurale pour le Midi de la France*, Toulouse, 1866, 3e série, t. XVII, pp. 385-403.

[257] Archives nationales, dossier sériciculture, F/10/1737.

L'aphorisme « le salut est dans le microscope » est l'une des vérités premières que Pasteur impose dès le début de sa deuxième mission dans le Midi. Cette vérité si essentielle le demeure, comme nous venons de le voir, et le demeurera jusque longtemps après la fin de ses recherches dans les Cévennes.

*
* *

Durant tout le mois de mai, Pasteur rend de nombreuses visites aux magnaneries de la région : Saint-Hilaire-de-Brethmas, Anduze, La Prairie, Vézénobres, Lascours, Crucières, Carnoulès, Saint-Sébastien-d'Aigrefeuille, Sumène, Sauve, Saint-Hippolyte, le Tempéras, Salindres. Dans ces localités, il suit l'évolution des différentes éducations qui ont été mises en route depuis quelques semaines ; il profite aussi de son passage pour contrôler la bonne application de sa méthode.

À Saint-Hippolyte-du-Fort, Pasteur rend visite à son cher ami Adrien Jeanjean, président de la Commission de sériciculture de l'arrondissement du Vigan. Ce dernier a été chargé de surveiller les éducations de 1868 faites avec la graine envoyée par le maréchal Vaillant que l'empereur avait placé à la tête de la Commission de sériciculture. Dans son rapport[258] sans date (mais rédigé à la fin des éducations de 1868, donc en septembre ou octobre), après avoir procédé aux observations microscopiques des produits de cette graine, Jeanjean constate un échec quasi général. Malheureusement, lors de la visite de Pasteur, il est encore trop tôt dans la saison pour que les deux amis aient pu discuter des observations consignées par Jeanjean dans son rapport.

Voici quelques notes tirées de ce rapport ; elles sont de la plus haute importance :

- Monsieur de Lomède, maire de Saint-André-de-Majencoules, pour dix grammes de graines n'a obtenu que cinq cents grammes de bons cocons jaunes.
- Monsieur Berthezède, ancien maire du Vigan, à présent juge au tribunal civil de Florac, constate un échec quasi complet de son éducation menée près de Valleraugue.
- Le docteur Beau, praticien à Sumène, note en revanche un excellent résultat : trois grammes de graine ont produit quatre mille huit cents grammes de « magnifiques cocons ». De plus, aucun ver ne manifeste le moindre symptôme de maladie.

---

[258] Archives départementales du Gard, 7 M 211.

- Monsieur de Tarteron, habitant de Sumène lui aussi, n'a pas été très heureux dans son éducation : sa demi-once de graine ne lui a rien donné.
- Paul Chante, au Vigan, a eu un succès complet ; ses quarante grammes de graine ont fourni vingt-six kilogrammes trois cents de très beaux cocons.

Selon Adrien Jeanjean, cette différence de production d'une éducation à l'autre ne doit pas surprendre car :

« Dans les Cévennes, la maladie des morts-flats a régné presque en souveraine dans un grand nombre d'éducations ; de telle sorte que des graines reconnues non corpusculeuses par l'observation microscopique des papillons qui les ont produites ont échoué sur divers points... Les insuccès doivent-ils être attribués à la flacherie ; ce qui n'infirme en rien le procédé de Monsieur Pasteur, quant à la maladie corpusculeuse. »

Pour vérifier la qualité de la méthode de son ami Pasteur, Adrien Jeanjean examine lui-même au microscope les papillons de l'éducation parfaitement réussie de M. Chante. À son grand étonnement, il découvre non seulement des corpuscules mais encore des « ferments en chapelets de petits grains » que Louis Pasteur avait observés d'abord sur les chrysalides, ensuite sur les papillons et signalé dans une note lue au Comice agricole d'Alais ainsi que dans une lettre adressée à M. Dumas comme pouvant être le signe de l'existence de la flacherie chez le ver à soie. L'insuccès complet de la graine issue de ces papillons est assuré pour l'éducation prochaine de 1869.

Les résultats de ces observations déroutent les sériciculteurs car ils ont beaucoup de mal à faire la différence entre la pébrine et la flacherie d'une part. Et, d'autre part, comment comprendre qu'une graine saine peut ne rien donner. Seuls Pasteur, ses assistants et quelques amis associés à leurs recherches savent reconnaître la part qui revient à la contagion et celle qui revient à l'hérédité.

*
* *

Le 1er juin, pendant la réunion du Comice agricole qui se tient dans la grande salle de la mairie d'Alès, Pasteur lit une communication ; il fait état des «principaux résultats de ses observations » sur la nature bactérienne de la flacherie[259]. Le texte de cette note sera inséré dans son intégralité dans les *Comptes rendus de l'Académie des sciences* de la séance du 29 juin et reproduit, en totalité ou en partie, dans quelques revues spécialisées.

[259] L. Pasteur, *Études sur la maladie...*, t. I, p. 235.

« À la fin de ses *Études*, Pasteur se trouvait non seulement avoir résolu le problème qu'il s'était posé de la régénération de la sériciculture, mais avoir placé sur le terrain expérimental les grandes questions de contagion et d'hérédité qui dominent toute la pathologie[260]. »

Parmi les autorités locales qui suivent de près ses recherches, se trouve le docteur Victor Pagès, à l'époque maire d'Alès. Celui-ci connaît bien les problèmes de ses concitoyens, et peut-être mieux encore les travaux et les publications du savant. Désiré Gernez, assistant de Pasteur raconte :

« Ce contemporain de Dumas [Victor Pagès] suivait assidûment, avec la sollicitude d'un vieux connaisseur, les études sur les vers à soie et il en avait saisi toute l'importance. Un jour qu'il entrevoyait le succès définitif, il s'écria avec l'enthousiasme d'un jeune homme :

- Monsieur Pasteur, si ce que vous montrez se vérifie dans la pratique courante, rien ne pourra payer vos travaux, mais nous vous élèverons à Alais une statue d'or[261].»

*

* *

Le 12 juin, Pasteur quitte Alès et passe par Avignon pour rejoindre Les Mées, près de Digne, où il séjourne deux bonnes semaines au château de Paillerols chez M. Raybaud-Lange, directeur de la ferme-école départementale des Basses-Alpes. Il est venu chez lui pour assister au « vaste grainage » effectué suivant son procédé. Pendant ce temps, au Pont-Gisquet, seule avec sa fille, au milieu des malles et des bagages, Marie trouve la maison bien vide et bien triste : son mari parti, tout a été rangé comme à la fin d'un séjour de vacances. La nostalgie s'installe doucement :

« Le jeu de boules est relégué dans un coin et nous disons adieu à ses bruyants éclats de joie qu'il provoquait dans nos grandes parties. Les reverrons-nous l'an prochain ces bonnes parties ? Je ne sais...[262] »

Après sa visite aux Mées, visite nécessaire pour encourager les graineurs qui croient en sa méthode de sélection, Pasteur revient au Pont-Gisquet où il attend l'arrivée de son assistant, Eugène Maillot, prévue vers le 20 juin. L'idée de laisser le matériel de son laboratoire, pendant tout l'hiver, dans cette grande bâtisse vide le tracasse beaucoup. Il a dans la tête de le transporter, avant de quitter le domaine, dans la magnanerie qu'un aimable voisin met à sa disposition. Le jeune assistant est

[260] Duclaux, p. 232.

[261] Désiré Gernez, p. 20.

[262] Lettre de Mme Pasteur, du 23 juin 1868.

chargé de superviser le déménagement du matériel en attendant leur retour dans la région, l'année prochaine, si la mission est renouvelée, bien entendu.

Le savant n'est pas le seul à croire à la sélection microscopique de la graine. Quelques éducateurs devenus ses amis à présent appliquent et propagent ses idées. De son côté, le préfet du Gard, tout dévoué aux intérêts séricicoles de son département[263], a institué une Commission chargée de tout ce qui concerne les éducations des vers à soie. La Commission dépendante du Conseil général a aussi pour mission plus particulière de veiller à la propagation de la méthode de Pasteur. Toutes les informations à ce sujet remontent jusqu'au préfet, ou partent de son bureau.

*

* *

De retour à Paris, le 6 juillet, Louis Pasteur reprend ses recherches sur les vins et, en même temps, suit de très près la construction de son laboratoire à l'École normale car enfin, l'argent trouvé grâce à la générosité de l'empereur, les ordres ont été donnés de commencer les travaux. Tout marche à souhait, quoique trop lentement à son goût.

Pour souffler un peu avant la prochaine rentrée universitaire, il part quelques jours en famille à Saint-Georges-de-Didonne, près de Royan. Pendant ce séjour, il apprend que sur la demande de Napoléon III, il vient d'être promu commandeur de la Légion d'honneur. Depuis Bordeaux, il le remercie :

« Pour me rendre digne de cette faveur et honorer de plus en plus mon pays, je voudrais pouvoir doubler les heures de travail. »

---

[263] En général, les relations entre le préfet et le Conseil général du département ne sont pas très heureuses. Le préfet Boffinton semble faire une exception à cette constatation : il a joué tout au long des cinq années qui nous intéressent un rôle de premier plan et a toujours facilité les recherches de Louis Pasteur, aplanissant les difficultés au fur et à mesure qu'elles se présentent à lui. Dans la tradition préfectorale, la préfecture de Nîmes et celle de Toulouse sont considérées comme de véritables guêpiers à éviter comme le choléra. Sous le Second Empire, certains départements sont réputés « faciles à diriger », notamment ceux de l'Est et du Nord. D'autres, au contraire, sont réputés difficiles : ceux du Midi en particulier. Le Gard se place en tête des départements tumultueux. De l'avis général, il est considéré comme le pire, et son *administration est la plus dégoûtante…, la plus orageuse et la plus difficile de France*, si l'on en croit les dires de certains fonctionnaires qui semblent avoir souffert sur place. Nous pouvons noter que la durée de l'administration du préfet Boffinton à Nîmes est plutôt longue : trois ans et trois mois. Le temps de résidence d'un préfet ne dépasse qu'exceptionnellement deux années.
Bernard Le Clère, *La vie quotidienne des préfets au XIXe siècle (1815-1914)*, in : *Les préfets en France*, Centre de recherches d'histoire et de philologie de la IVe section de l'École pratique des Hautes Études, Genève, Droz, 1978.

Sensible aux honneurs qu'il aime, sans les rechercher, il fait part aussitôt de son émotion à l'impératrice Eugénie :

« Tant de bonté me touche au-delà de ce que je puis exprimer. Je redoublerai d'efforts pour me rendre digne par mes travaux. »

*

* *

Pendant ce temps, à l'autre bout de la France, dans une lettre datée du 13 juillet adressée à son supérieur à Nîmes, le comte Charles Thézillat, sous-préfet d'Alès, demande au nom du Conseil d'arrondissement la continuation de la mission de Pasteur :

« Les études sérieuses que, dans sa sollicitude pour les populations agricoles, le Gouvernement fait faire dans nos contrées par le membre éminent de l'Institut dont tout le monde connaît les travaux si consciencieux, aboutiront sans aucun doute. Tout porte à le croire en présence des résultats obtenus cette année par les éducateurs qui ont suivi les conseils de l'illustre savant. Aussi le Conseil exprime-t-il le vœu que la mission confiée à M. Pasteur lui soit encore continuée l'année prochaine. »

*

* *

À son retour de Saint-Georges-de-Didonne, même s'il donne la préférence à ses cours à la Sorbonne et à ses travaux de laboratoire, les vers à soie se rappellent à son souvenir. En ce début d'octobre, sous la forme d'un échange de lettres au ton parfois violent, il s'accroche avec des éducateurs et des journalistes au sujet de plusieurs rapports que le savant a envoyés au ministre de l'Agriculture et qui ont été insérés, en partie, dans le *Moniteur des soies* de Lyon. Un certain marquis de Bimard commente ses travaux. En fait, l'interprétation de ses recherches et de ses propos par le marquis est entièrement fausse à son goût. De toute évidence, le marquis et quelques acolytes ne comprennent pas ses travaux. Pasteur s'énerve, s'emporte, sort de la réserve qui siérait à un savant :

« Laissez-moi vous le dire, Monsieur le Marquis, sans aigreur et avec toute la déférence que comporte votre honorabilité à laquelle je crois autant que vous voulez bien croire à la mienne, vous ne connaissez pas le premier mot de mes recherches, de leurs résultats, des principes certains qu'elles ont établis et de l'importance pratique qu'elles ont déjà acquise[264]. »

---

264 Lettre au marquis de Bimard, *Correspondance*, vol. 2, p. 394.

En vain, il tente de maîtriser la violence de son propos, mais n'y parvient pas, incapable de descendre de la hauteur où il s'est placé :

« Vous ne les avez pas lues [ses recherches] pour la plupart, et quant à celles qui ont passé sous vos yeux, vous ne les avez pas comprises… Croyez-moi, Monsieur le Marquis, lisez ces humbles travaux avec une toute petite partie du soin que j'ai mis à les suivre, et quand vous les aurez médités et compris, veuillez, je vous prie, écrire de nouveau au *Moniteur des soies* vos impressions et vos critiques. Si je suis content des progrès de mon élève, j'entrerai en discussion avec lui. Pour le moment, nous nous battrions à armes inégales, ce qui ne serait point digne d'un vrai gentilhomme[265]. »

Cette façon d'écarter avec mépris ceux qui se mêlent de travaux qu'ils ne comprennent pas ou qui les dépassent est bien dans la manière de Pasteur. À de rares occasions, il a pu faire comprendre par de simples propos le sens de ses recherches. Avec sa violence verbale ou écrite, il ne fit jamais d'un détracteur un nouvel adepte de sa méthode.

*
* *

Alors qu'on demande à Pasteur, depuis son retour à Paris, des rapports au sujet de ses dernières études sur le chauffage des vins, il est sans cesse obligé de revenir sur les articles qui se publient ici et là au sujet de la maladie des vers à soie, et de la méthode qu'il préconise pour la sélection des graines. Mener de front ces deux espèces de travaux si différents l'épuise. Bien des journalistes ou des correspondants les interprètent à leur manière et surtout déforment leurs résultats. Si sa méthode fonctionne bien, confiée à des mains habiles et expérimentées, en revanche sa communication est insuffisante et ses idées restent inaccessibles à la grande majorité des sériciculteurs concernés. D'une certaine façon, il souhaite « passer la main ». Il imagine alors une sorte de relais et émet l'idée d'une « institution », pourvue d'un laboratoire expérimental qu'il faudrait installer dans le Midi. Ce concept lui tient beaucoup à cœur ; il le note sur un carnet et projette de consulter Jean-Baptiste Dumas. Il lui écrit :

« Je voudrais que l'État acquît un beau et assez vaste domaine planté en vignes et en mûriers, où des hommes habiles ayant fait preuve d'esprit d'invention, en possession des connaissances physiques, chimiques et naturelles nécessaires,

---

[265] *Idem*, pp. 394-395.

seraient occupés exclusivement à des recherches expérimentales sur le mûrier et le ver à soie. »

Il s'interroge aussi « sur la convenance qu'il y aurait à la soumettre à l'empereur ou au ministre de l'Agriculture. » Cette idée fera son chemin avec lenteur et trouvera une forme d'existence, beaucoup plus tard, en 1873, lorsque le Gouvernement créera la Station séricicole de l'École d'agriculture de Montpellier. Notons à ce propos que la direction de ce nouvel établissement sera confiée à son assistant Émile Maillot.

*
* *

Louis Pasteur, travailleur acharné, mène de front ses recherches sur la maladie des vers à soie, et aussi des travaux sur les vins, les vinaigres et la fermentation acétique. À son ancien condisciple du collège de Besançon, Charles Chappuis, il confie un jour dans une lettre :

« Tu sais, il y a vingt-sept ans que je travaille sans m'être arrêté un instant. »

Quelle santé résisterait à de tels excès de travail ? Émile Duclaux a témoigné, lui aussi, de cette suractivité :

« Et M. Pasteur qui… avait la préoccupation de ses recherches, emporta de sa campagne de 1868 et des nombreuses courses qu'il avait dû faire au soleil, pour aller visiter les magnaneries où on avait appliqué sa méthode, un état de souffrance qui aboutit à une congestion cérébrale au mois d'octobre de la même année[266]. »

Un autre assistant, son fidèle Désiré Gernez qui sera chargé de le veiller après sa maladie a été, à son tour, le témoin quotidien de l'hyperactivité de Pasteur. Chargé du discours officiel, il l'a évoquée à Alès le jour de l'inauguration de la statue de son maître :

« Mais cette vie intensive, où toutes les journées étaient entièrement occupées, où le repos de la nuit était écourté, où il avait à subir les critiques malveillantes, les attaques injustes des marchands menacés dans un commerce qui jusqu'alors avait pu être impunément malhonnête, l'ingratitude de plusieurs, l'impatience de tous ceux qui demandent aux savants des miracles, enfin ses préoccupations sur un unique objet dont rien ne pouvait le distraire, déterminèrent une tension cérébrale excessive[267]. »

---

[266] Émile Duclaux, *Le laboratoire de M. Pasteur*, in : *Le centenaire de l'École normale*, pp. 465-466.

[267] Désiré Gernez, p. 14.

Pour Pasteur, il devient urgent de prouver à son entourage la valeur et le caractère éminemment pratique de son nouveau procédé de grainage. À cet effet, il déploie les qualités maîtresses d'un chef d'industrie qui surveille tout, ne laisse de côté aucun détail, veut tout savoir et tout avoir près de la main. En même temps, il se met en rapport personnel avec ses correspondants, demandant le pourquoi de leur opinion à ceux qui sont contents comme à ceux qui ne le sont pas. Il sent bien qu'un procédé comme le sien froisse des intérêts, transforme des habitudes commerciales ou industrielles. Mais il ne peut pas l'imposer sans soulever des colères, sans susciter des critiques d'autant plus acerbes qu'elles le dérangent dans ses certitudes. Au fur et à mesure des affrontements, il s'aguerrit, se montre de moins en moins sensible aux attaques puisqu'à présent il est plus sûr de son fait[268].

*

* *

Quelque temps auparavant, à son travail quotidien *sur le terrain*, dans les environs d'Alès, était venue s'ajouter la surveillance, de loin, parfois conflictuelle, des travaux de l'architecte Bouchot chargé de construire son nouveau laboratoire à l'École normale. Dans une lettre du 20 avril, Pasteur se préoccupait encore de l'avancement des devis et des plans confiés avant son départ. C'était enfin un laboratoire construit suivant son idée et à son usage exclusif ! Devant la lenteur d'avancement du chantier, il était aussi intervenu auprès du maréchal Philibert Vaillant, secrétaire de la maison de l'Empereur. Ce dernier avait la délicate mission de superviser les travaux. L'empereur tenait beaucoup à cette construction. Il y tenait d'autant plus qu'il avait versé de sa propre cassette la somme nécessaire au démarrage des travaux qui n'étaient portés sur aucune ligne du budget du ministère de l'Instruction publique. Heureusement, l'intervention personnelle de l'empereur obligea l'administration à faire sauter le blocage qui n'avait plus de raison d'exister à présent.

Pendant des mois et des mois, les graineurs n'avaient cessé de le harceler. Leurs lettres, leurs articles souvent pamphlétaires, tentaient d'empêcher l'application de sa méthode. Pasteur était à bout de patience. Pour lui, c'était une pure injustice. La violence des propos à son égard, même s'il a su par moments y répondre ou les ignorer, l'avait beaucoup affecté. À tout cela, de terribles événements familiaux, la mort de son père puis celle de deux de ses filles étaient venues apporter une douloureuse pression d'angoisse.

---

[268] Duclaux, pp. 224-225.

*
* *

L'accumulation du travail, les soucis, le stress ont raison de la résistance de Louis Pasteur. Un jour d'octobre, le 19, après une séance à l'Institut, à quarante-cinq ans, Louis Pasteur est victime d'une attaque. Peu avant, il avait éprouvé au cours de l'après-midi, un fourmillement dans tout le côté gauche alors qu'il présentait une étude de Salimbeni qui avait longuement expérimenté sa méthode de sériciculture. Cette gêne l'avait à peine préoccupé. Il rentra chez lui à pied et, après son repas du soir, monta dans sa chambre et fut immédiatement foudroyé.

L'hémorragie cérébrale diagnostiquée par le docteur Godélier amène la paralysie de tout le côté gauche. Gabriel Andral est appelé en consultation au chevet du malade. Ce collègue de Pasteur à l'Institut n'exerce plus depuis longtemps : il a choisi de consacrer ses journées à sa vie familiale et à l'étude de l'histoire de la médecine. Cependant, depuis sa retraite, il reste un observateur attentif du progrès des sciences et de la destinée des hommes qui s'y consacrent. Sitôt prévenu, il intervient auprès de Pasteur et lui prescrit, en dépit de son aversion pour la thérapeutique des *émissions sanguines*, l'antihypertenseur en usage à l'époque : des sangsues derrière l'oreille. Le léger mieux qui s'ensuit n'empêche pas la paralysie qui persistera, en partie, toute la vie de Pasteur et marquera son corps : l'avant-bras gauche demeure fléchi et contracté, la main en griffe ; un léger embarras de la parole ralentit ses propos ; une boiterie de la jambe gauche raidie rend sa démarche plus difficile, plus lente ; il est physiquement très diminué, mais aucune de ses exceptionnelles facultés intellectuelles n'est touchée. En réalité, il paie maintenant, en plus des soucis, des affrontements avec ses détracteurs, du combat sans fin mené contre l'attitude hostile des marchands de graines qui craignaient que son intervention ne fasse du tort à leur négoce, la dure vie qu'il a fait mener à son corps dans l'ambiance surchauffée des serres du Pont-Gisquet.

*
* *

Isolé dans sa chambre, pendant trente-six heures, le malade s'agite et se laisse submerger par des bouffées d'angoisse ; il se sent proche de la fin :
« Je regrette de mourir : j'aurais voulu rendre plus de services à mon pays. »

Il dicte ses dernières volontés à sa femme et un mot pour Napoléon III qui a été si attentif à ses recherches :

« Tu prieras M. Dumas de dire à l'Empereur que je suis mort avec le regret de ne pas avoir fait assez pour honorer Son règne[269] ».

Puis le malade se calme, reprend espoir. Marie Pasteur domine ses émotions et ses larmes, ne laisse rien voir à son mari qui trouve encore la force d'encourager les jeunes savants venus autour de lui en leur montrant l'œuvre qui reste à accomplir. Une nuit, huit jours après l'attaque, il dicte à Désiré Gernez qui avait été choisi pour le veiller une note à l'attention de Jean-Baptiste Dumas qui la fait paraître aussitôt dans les comptes rendus de l'Académie du 26 octobre. Cette note contenait, selon le témoignage de Gernez, l'indication d'un procédé fort ingénieux pour découvrir pendant les essais précoces les graines prédisposées à la flacherie.

Le sénateur n'en revient pas qu'après un tel accident Pasteur ait encore tant d'énergie et surtout ait conservé toutes ses facultés intellectuelles :

« Les cerveaux des savants, a dit l'un des médecins qui le soigne, ne sont pas faits comme les autres. »

Marie ne le quitte presque pas. Elle se tient à son chevet, à la fois infirmière et secrétaire qui, selon Adrien Loir, n'objecte rien et ne refuse jamais. Elle redouble d'ardeur et entretient une correspondance abondante pour donner aux uns et aux autres des nouvelles de son *cher malade :*

« Si la paralysie du bras gauche est toujours complète, celle de la jambe a déjà cédé pour plusieurs de ses mouvements[270]. »

A-t-il conservé l'espoir de guérir ? Oui et non, comme il l'écrit à Sainte-Claire Deville :

« Quand ma tête est libre, j'oublie tout le passé et je forme des projets... Je m'abandonne même à l'idée de pouvoir un jour recouvrer l'usage de ma main. Mais que ma tête devienne embarrassée, pesante, je me désespère et je ne songe plus qu'à aller mourir dans quelque coin ignoré[271]. »

Les visites sont limitées. Les témoignages d'affection et de rétablissement affluent au domicile parisien du savant ou chez ceux qui lui sont proches. Même l'adversaire de toujours, Eugène de Masquard, dans une lettre au maréchal Vaillant parle de « ce cher malade » et essaie de justifier - se sent-il coupable ? -, avec une mauvaise foi étonnante, son attitude passée vis-à-vis de Pasteur :

« Si j'avais entrepris contre ses travaux séricicoles une polémique un peu ferme, c'était... dans le seul but de l'amener à une communauté de vue et de recherches que je croyais indispensable dans l'intérêt de la question. Au reste, on doit me

---

[269] Lettre de Marie Pasteur à l'impératrice, le 18 novembre 1868.

[270] Lettre de Mme Pasteur au maire de Saint-Hippolyte-du-Fort, *Correspondance*, vol. 2, p. 407.

[271] Louis Pasteur, *Correspondance*, vol. 2, p. 464.

rendre cette justice que cette polémique n'est jamais sortie des bornes d'une profonde et très respectueuse estime pour lui[272]. »

Marqué au fer rouge, le sériciculteur nîmois demeure encore irrité des blessures que Pasteur lui avait faites. L'empereur et l'impératrice font prendre des nouvelles tous les matins. Marie remercie Eugénie et l'informe régulièrement de l'évolution du malade qui recouvre doucement la santé :

« Grâce à Dieu, il est hors de danger et la paralysie qui lui tenait tout le côté gauche diminue sensiblement[273]. »

*

* *

Pasteur a toujours entretenu avec la famille impériale une relation privilégiée dont il n'a jamais abusé. Il avait reçu l'empereur et l'impératrice à l'École normale supérieure et à la Sorbonne lorsqu'il avait été nommé professeur de chimie, le 26 janvier dernier. D'un autre côté, tout ce qui touche au savant « qui fait tant pour son pays » ne laisse pas le souverain indifférent.

L'annonce de l'attaque cérébrale avait fait très vite le tour des antichambres des ministères. L'éminence de sa mort ne faisait plus aucun doute pour les bureaucrates. Cette nouvelle prenant de l'ampleur, un administrateur trop zélé crut bien faire en arrêtant les travaux. Un jour d'octobre, Napoléon III, en résidence à Compiègne, l'apprend, alerté soit par le maréchal Philibert Vaillant, directeur de sa Maison, soit par Henri Sainte-Claire Deville, ami dévoué et collègue de Pasteur à l'École normale. Ce dernier dont l'humour et la gaîté en faisaient un hôte recherché était devenu un familier de la Cour et avait l'oreille de Napoléon III ; de plus, il portait une admiration sans faille à Pasteur et à ses travaux. L'empereur intervient. Il mande au ministre en charge de réparer tout de suite la « muflerie » de l'Administration :

« Mon cher Monsieur Duruy,

« J'ai appris que sans doute à votre insu, on avait retiré les ouvriers qui travaillaient au laboratoire de M. Pasteur le jour où il est tombé malade. Cette inconstance l'a vivement affecté, car elle semblait laisser entrevoir son non-rétablissement. Je vous prie de donner des ordres pour que le travail entrepris soit continué[274]… »

Les travaux en fait avaient été suspendus par la direction des bâtiments civils. Sur ordre du ministre, une enquête administrative est ouverte pour en chercher les

---

[272] BnF, département des manuscrits, lettre du 26 octobre 1868. NAF 18110, f° 399.

[273] Lettre de Marie Pasteur, du 30 octobre 1868.

[274] BnF, NAF 18110, f° 402.

raisons. Il n'y avait rien à trouver sinon le zèle stupide d'un petit fonctionnaire qui mérite à peine un sermon. Peu de temps après, les travaux reprennent et, au grand étonnement du savant, une rubrique est ouverte dans le budget de l'École de la rue d'Ulm pour le fonctionnement du laboratoire.

Bien que les progrès de l'amélioration de son état soit fort lents, Pasteur pense toujours aux travaux qu'il doit reprendre dans le Midi dès les premiers jours de janvier. Il informe Adrien Jeanjean, maire de Saint-Hipplolyte, le 9 décembre, dans une lettre qu'il dicte à Marie, de son projet de se rendre dans son village dès le milieu du mois prochain. Le savant secoue le convalescent et lui rappelle ses recherches suspendues d'Alès et surtout sa « certitude de voir apparaître la victoire contre la maladie des vers à soie. » Le maire enthousiaste aux propos du savant bienfaiteur lui promet, lui aussi, « une statue en or » et l'affection sans condition des Cigalois[275].

De son côté, le docteur Godélier note les progrès de Pasteur sur ses carnets de poche :

« État général des plus satisfaisants. Moral excellent ; les progrès faits chaque jour dans le retour d'action des muscles paralysés inspirent au malade une entière confiance. Il organise les plans de sa future campagne séricicole, reçoit sans trop de fatigue beaucoup de visites, cause avec animation et gaîté, dicte souvent des lettres. »

À présent, plus rien ne l'empêche de préparer son prochain séjour dans le Midi.

*

* *

Selon son habitude, Pasteur organise sa future installation depuis Paris car cette fois-ci il n'envisage pas de retrouver tout de suite le domaine du Pont-Gisquet :

« Mon intention, écrit-il à Adrien Jeanjean, est d'aller avec ma femme, ma petite fille et deux aides, au mois de janvier, à Saint-Hippolyte même. Mes collaborateurs trouveront toujours à se caser à l'hôtel, ou ailleurs, mais pour moi, je désire avoir mon ménage et mes deux domestiques dans une maison convenablement meublée et située à proximité de l'établissement d'essais précoces. Je vous serais fort obligé de vous enquérir de me trouver un gîte convenable pour les mois de janvier, février et mars. Je tiendrai beaucoup pour ma femme et ma petite fille surtout et pour moi-même, qui ne serais encore qu'un convalescent peu valide, à la jouissance d'un jardin[276]. »

---

[275] Nom des habitants de Saint-Hippolyte-du-Fort.

[276] Louis Pasteur, *Correspondance*, vol. 2, p. 408.

Pourquoi Saint-Hippolyte ? Pourquoi pas Alès et son beau domaine du Pont-Gisquet ? Saint-Hippolyte avait déterminé son choix car il y avait dans la commune une sorte de « magnanerie témoin » dont il voulait particulièrement surveiller les essais précoces d'éducation.

Le maire s'active et lui trouve une petite maison dans l'une des rues étroites du bas du village. En fait, le jardin souhaité par Pasteur ne sera qu'une cour dont il déplore l'étroitesse. Cependant, elle lui sera d'un grand réconfort lorsqu'il aura à se remettre d'une malheureuse chute : il y passera quelques heures, les jours de beau temps.

Quelques jours avant son départ, il revient vers M. Jeanjean pour le remercier de lui avoir trouvé un lieu pour son séjour. Profitant de l'occasion, il lui demande de ne pas oublier de prévoir « linge de lit, de table et de cuisine, vaisselle, argenterie, etc. » Le goût bourgeois du savant ne le quitte jamais ; même en déplacement, il aime retrouver ses aises et s'occupe assez peu de savoir, si dans un village perdu au fin fond d'une garrigue, on peut fournir tout ce qu'il souhaite pour son confort.

*
* *

Avec une volonté de fer, Louis Pasteur commence sa rééducation dans son appartement parisien. Le constat de son médecin est le suivant :
« Le côté gauche est toujours paralysé, mais aucune partie ne l'est entièrement et chaque jour les forces reviennent dans les mouvements. »

Il se lève quelques heures chaque jour, tourne dans sa chambre en prenant appui sur les meubles, mais surtout, il compte bien sur le beau soleil du Midi pour achever sa convalescence.

Le 29 décembre, Pasteur marche pour la première fois sans appui.

*
* *

Il est temps pour lui maintenant de prévenir les autorités gouvernementales de son intention de retourner « officiellement » dans le Midi car « une partie du problème reste encore à résoudre. » En effet, si la pébrine qui passait pour l'unique maladie des vers est vaincue, il reste encore à traiter une nouvelle « affection indépendante, connue anciennement sous le nom de maladie des morts-flats. » C'est pour l'étudier qu'il désire se rendre une fois encore à Alès. Dans une lettre au ministre de l'Agriculture, il explique comment il voit cette prochaine mission qu'il espère être la dernière :

« Malheureusement, ma santé fort éprouvée par un grave et récent accident exige de grandes précautions : j'aurai besoin de plus d'aide que par le passé… L'assistance de quatre personnes me serait nécessaire pour mener à bonne fin toutes les expériences que je projette. Aussi, la dépense occasionnée par cette nouvelle mission serait au moins du double de celle des années précédentes.

« Si vous daignez approuver, Monsieur le Ministre, le projet que j'ai l'honneur de vous soumettre, je désignerai au choix de Votre Excellence et à celui du Ministre de l'Instruction publique, pour me servir de collaborateurs, M. Gernez, professeur de physique au Lycée Louis-le-Grand ; M. Raulin, professeur de physique au Lycée de Caen ; M. Duclaux, professeur suppléant à la Faculté des sciences de Clermont-Ferrand ; et M. Maillot, agrégé de l'Université, préparateur à l'École normale supérieure[277]. »

---

277 Louis Pasteur, *Correspondance*, vol. 2, pp. 411-412.

Chapitre 8

Cinquième séjour alésien
18 janvier- 29 juin 1869

Le départ de Paris est fixé au 18 janvier, à 7 h 15 du soir, gare de Lyon. Marie, Marie-Louise et les domestiques accompagnent Pasteur ainsi que Gernez et Maillot. Émile Duclaux ne viendra que beaucoup plus tard. Quant à Raulin, il rejoindra le groupe « sans délai », mais sans jour fixé. Pasteur qui avait commencé à faire quelques pas dans son appartement les jours précédents est maintenant couché dans le coupé d'un train express de première classe qui ne s'arrête de Paris à Tarascon que sept ou huit fois et non quinze ou seize fois comme les trains de jour. Sur la ligne du PLM, en 1863, la vitesse des trains express varie de soixante et quatre-vingts kilomètres à l'heure. Cette moyenne bien basse s'explique par la fréquence et la longueur des arrêts pour permettre aux voyageurs de se restaurer. Les trains rapides relient les deux villes extrêmes, séparées d'environ sept cent soixante kilomètres, en seize heures et les omnibus en trente heures environ.

Comme à l'accoutumée, après un arrêt à Lyon, dans la famille de Marie, la compagnie repart le 21 au matin pour Tarascon où il faut changer une première fois de train pour Nîmes, puis une seconde fois à Nîmes pour Alès. La ligne du chemin de fer de Nîmes en direction du bassin houiller de La Grand'Combe via Alès fut ouverte au trafic du minerai au mois d'août 1840. Quelques années plus tard, des voitures sans toit et d'autres fermées, toutes destinées aux voyageurs, furent ajoutées aux wagons de charbon.

À Nîmes, les voyageurs parisiens s'installent dans l'une des stalles d'un wagon fermé. À la gare de destination d'Alès, ils louent les services d'un véhicule hippomobile qui les conduit jusqu'à Saint-Hippolyte-du-Fort où ils arrivent dans la soirée du 21.

*
* *

Pour ce nouveau séjour, la famille Pasteur s'installe dans l'une des maisons du centre de la petite ville cévenole que le maire, monsieur Jeanjean, leur a trouvée. Installation « à la diable » selon Marie qui a quelque peine à se faire au changement de vie dans cette maison fort incommode. Le reste de l'équipe est logé dans une auberge médiocre. Tout le monde a de bonnes raisons de se plaindre de ce nouveau lieu de séjour qui n'a rien à voir avec le charme et le confort du domaine alésien du Pont-Gisquet.

En cette fin de janvier, le beau temps n'est pas assuré. Les jours sont encore courts, et quelquefois le froid est saisissant dans les pièces sombres du logement, tout au bout de cette rue étroite que le soleil ne pénètre pas. Dans un pays où l'on ne se protège que de la chaleur, Pasteur trouve les journées éprouvantes dans la maison glaciale. Mais, comme souvent sous cette latitude, le beau temps revient très vite. Alors, la fatigue du voyage se trouve vite réparée : le changement d'air et le soleil du pays revigorent le convalescent qui se remet doucement de son attaque d'octobre dernier. Le souhait de Jean-Baptiste Dumas semble satisfait lorsqu'il lui écrit :
« Nous voudrions que le Midi eût la vertu de la lance d'Achille et qu'il guérît les plaies qu'il a faites. »

Marie donne des nouvelles à sa famille et confirme le souhait du sénateur :
« Notre malade n'est pas fatigué. Le changement d'air semble déjà lui avoir fait du bien et le beau soleil de ce pays, malgré la gelée de chaque matin nous charme tous. Nous sommes encore bien mal installés, bien en l'air, mais tout cela s'arrangera avec le temps et j'espère que mon mari achèvera sa guérison[278]. »

L'humeur de Pasteur fluctue avec l'état de sa santé et le changement du climat. La maison ne lui convient pas. Étroite et tout en hauteur ; de surcroît elle est mal meublée. Pour passer d'une pièce à l'autre, il faut toujours monter un escalier étroit, peu éclairé. Le jardin qu'il avait demandé se révèle n'être qu'une cour à peine visitée par la lumière du soleil, un jardinet écrit-il. Pour sa convalescence, il aurait bien aimé un grand jardin où il aurait pu profiter de la chaleur du soleil, dans un coin abrité du vent. Son moral est au plus bas, sa santé médiocre, son esprit épuisé. Heureusement, Marie-Louise, maintenant âgée de onze ans, s'improvise infirmière de son père, « infirmière du genre dragon qui s'acquitte de sa tâche avec un soin jaloux[279] » ; elle lui arrache des mains, livres, papiers, crayons, avec une constance qui fait la joie et le désespoir de son père.

Autre témoin de cette installation, Duclaux en fait le récit :
« À peine guéri, et encore impotent, il dut aller s'installer provisoirement à Saint-Hippolyte-du-Fort, où nous retrouvâmes le régime de l'auberge et de la table d'hôte. On y était très mal ; mais on put heureusement rentrer bientôt à Pont-Gisquet[280]. »

---

[278] Lettre de Marie Pasteur, du 22 janvier 1869.

[279] Maurice Vallery-Radot, p. 48.

[280] Émile Duclaux, *Le laboratoire de M. Pasteur*, in : *Le centenaire de l'École normale*, pp. 466.

*
* *

Pasteur arrive donc à Saint-Hippolyte en ce début d'année, très affaibli par sa maladie, cependant bien décidé d'en finir avec l'épidémie dont il n'arrête pas de tourner autour de la cause et qui risque de mettre à mal sa réputation. La tâche qui l'attend est ardue. La mission s'éternise maintenant.

Il se remet aussitôt au travail. Or, ses recherches sur la nouvelle maladie – la flacherie – qu'il a mise en évidence lors de son précédent séjour, vont être interrompues par un stupide accident. Quelques jours après son installation, le 29 janvier, dans une des rues étroites du village, il roule sur un « malencontreux noyau de pruneau » et chute sur le côté gauche. Pas de fracture, seulement des contusions. La douleur est vive pendant quelques heures ; puis elle diminue tout doucement. Cependant, il se remet mal de cette chute et en garde des séquelles qui le fatiguent et le font souffrir, et finalement l'empêchent de travailler et de dormir. Bien entendu, son état nerveux s'en ressent. Marie le soigne par des frictions, et plusieurs petits remèdes de bonne femme qui par ailleurs ne servent qu'à l'irriter davantage. Il raconte plaisamment au docteur Godélier l'état de ses souffrances :
« Un paralysé du côté gauche qui s'amuse à tomber de ce côté-là et qui en outre élève des vers à soie ne fait pas tout ce qu'il veut. »

Émile Duclaux profitant des congés de Carnaval arrive à Saint-Hippolyte le 2 février. Il n'y reste que quelques jours seulement. Pasteur salue son aide précieuse. Sa mission, cette fois-ci est beaucoup plus simple : il doit surveiller les éducations issues des graines du laboratoire de l'orangerie du Pont-Gisquet que Pasteur avait lui-même sélectionnées lors de la dernière saison. Il s'en acquitte de son mieux, mais doit interrompre son travail et retourner à Clermont-Ferrand pour reprendre sa chaire de chimie laissée en son absence à un assistant. Il promet de revenir plus longuement au mois de mars, pour les vacances de Pâques.

Les travaux touchent à leur fin et les résultats de ces premiers jours semblent très encourageants. Pasteur en fait part autour de lui : la bonne nouvelle se répand ; elle déclenche comme il s'y attend la colère et la mauvaise langue des marchands de graines car « on commençait à constater, dans le commerce comme dans la science, que la découverte de Pasteur rachetait une des plus belles industries de France[281]. »

*
* *

---

[281] Madame Duclaux, p. 94.

Fig. 28. Maison à Saint-Hippolyte-du-Fort, où Pasteur vécut quelque temps en 1869.

Fig. 29. Plaque commémorative apposée sur la façade de la maison

Fig. 30. Ancienne plantation de mûriers aux environs de la ville.

Fig. 31. En-tête du papier à lettres de la maison Bertoglio et Jaume, à Velleron dans le Vaucluse. Ces graineurs professionnels appliquaient toujours en 1895 la méthode de sélection de Louis Pasteur.

Fig. 32. Ancienne filature aujourd'hui désaffectée, à La Madeleine près d'Anduze.

Lors de ce nouveau séjour, une sorte de routine est mise en place pour faciliter la vie du convalescent. En est-il l'ordonnateur ? Cela lui a-t-il été imposé par son entourage ? On ne sait. Au final, ce trantran lui devient très profitable, même s'il souffre de l'absence d'un bon médecin dans la région où il n'a trouvé « qu'un vieux bonhomme de l'ancien temps », sorte de rebouteux qui prescrit des remèdes de « bonne femme ». Dans sa correspondance, il aime bien évoquer le cérémonial quotidien en pays cigalois. Ainsi il en parle longuement dans une lettre à son « cher maître », Jean-Baptiste Dumas :

« Le matin, mes trois jeunes amis viennent me voir et je règle le travail du jour. Je me lève à midi, après avoir déjeuné dans mon lit et avoir entendu la lecture d'un journal ou dicté quelques lettres. S'il fait beau, je descends pendant une heure ou deux dans le petit jardinet de la maison que nous habitons. Ordinairement, quand je ne suis pas trop invalide, je dicte à ma chère femme une page, plus souvent une demi-page d'un petit ouvrage que je prépare et où je désire résumer l'ensemble de mes observations. Avant le dîner, que nous faisons solitairement ma femme, ma petite fille et moi, afin d'éviter la fatigue de la conversation, mes jeunes collaborateurs viennent me rendre compte de leurs études. Vers 7 heures ou 7 heures ½, j'éprouve une lassitude extrême et il me semble que je vais pourvoir dormir douze heures de suite, mais vers minuit invariablement je me réveille et ne me rendors que sur le matin pendant une heure ou deux[282]. »

Ces longues heures d'insomnie le tourmentent : il ne peut ni lire ni écrire. Alors, il reste songeur dans le noir. Autour de lui, tout le monde complote pour son repos : sa femme et sa fille lui arrachent des mains le moindre papier, le plus simple crayon ; ses collaborateurs ont décidé d'aller travailler dans des magnaneries un peu éloignées du village pour qu'il n'ait pas à s'en mêler : ils lui lisent chaque jour leurs notes prises au cours des observations. Marie Pasteur confirme ces détails au docteur Godélier :

« ... Nous sommes fort éloignés du laboratoire où ces messieurs travaillent et de tout microscope[283]. »

L'isolement forcé que lui impose son entourage fait à la fois son désespoir « et sa joie ». Alors, de temps à autre, si le courage ne lui manque pas, il s'autorise un peu d'exercice, au bras de sa femme, sur la route, pendant un bon quart d'heure. Pas plus. Juste ce qu'il faut pour dégourdir sa jambe raide et « fauchante ». Voici le bon conseil que M. Laurent donne à sa fille en parlant du savant convalescent :

« Qu'il ne s'afflige donc pas d'une chute qui pourrait avoir des suites plus graves ; et surtout, quand il ira mieux, qu'il ne se fie pas trop à ses propres forces. Il vaut mieux pendant un certain temps qu'il ait recours à un bras étranger que de

---

[282] Louis Pasteur, *Correspondance*, vol. 2, p. 426.

[283] Lettres de Mme Pasteur, du 3 février 1869.

risquer, en marchant seul et sans appui, de compromettre ce qu'il aura recouvré[284]. »

Marie, compagne parfaite pendant cette douloureuse période, écarte de son mari les préoccupations matérielles, pour ne pas le détourner des recherches et des travaux en cours :

« Cette femme d'élite a eu un rôle important dans [l'] existence [de son époux] toute de pensée, de travail et de lutte ; affectueuse et dévouée, elle a été son appui de tous les instants, et, dans son intérieur très simple, le Maître a toujours trouvé cette joie douce qui répare les forces, rehausse le courage et préserve de l'énervement[285]. »

Mais elle n'est pas la seule à entourer son mari de tant de prévenance. Toute l'équipe demeure à ses petits soins. Désiré Gernez raconte, à l'occasion de l'inauguration de la statue de Pasteur à Alès, comment lui et ses camarades avaient réussi à instituer quelques petites distractions le dimanche après-midi pour arracher le savant à ses soucis :

« Nous avions, à trois ou quatre reprises, décidé notre cher Maître à utiliser… un jeu de boules qui se trouvait dans le jardin. Tandis que nous faisions de la fantaisie dans ce jeu, comme des gens qui veulent s'amuser, Pasteur ne l'entendait pas de même, il y mettait le soin, le zèle, l'application qu'il apportait à toutes les opérations de laboratoire ; inutile de vous dire, qu'il nous battait. Il n'avait fait que changer de travail et s'y était passionné[286]. »

*

* *

En février, le chassé-croisé de Raulin et de Duclaux crée un peu d'animation et casse la routine. En fait, Pasteur ne quitte pas la bourgade de Saint-Hippolyte, mis à part un bref aller-retour à Ganges le 9 mars.

Vers la fin du mois, alors que Marie a décidé de partir à Lyon au chevet de son père malade, Pasteur et tout son monde décident de retrouver les agréments de la grande maison du Pont-Gisquet où Marie viendra les rejoindre. De retour en ce lieu, il reprend enfin ses aises « après avoir laissé ce trou de St-Hippolyte » que tout le monde trouvait trop inconfortable. Marie et les assistants de son époux partagent toujours l'avis qu'il faut tenir le fragile convalescent éloigné du laboratoire. Pour cela, il a fallu le déménager de l'orangerie et l'installer dans une

---

284 Lettre de M. Laurent, du 31 janvier 1869.

285 J.F. Boutet, *Pasteur et ses élèves*, 1898, p. VIII.

286 Désiré Gernez, p. 19.

salle du collège de la ville : c'est ainsi que toutes les expériences se font cette année-ci au collège et non pas au Pont-Gisquet où, pour Pasteur, la tentation de s'en mêler eut été trop forte. Gernez et Raulin séjournent maintenant à Alès et suivent à la lettre le programme que leur maître a établi :

« Duclaux seul est auprès de nous, écrit Marie, pour faire quelques essais que mon cher malade désire suivre de plus près, mais qu'il ne doit toucher que des yeux. C'est convenu[287]. »

*

* *

La rééducation du convalescent se fait avec lenteur. Selon Marie, qui tient au courant le docteur Godélier de l'évolution de la santé de son mari, les frictions et plusieurs recours à des remèdes de bonne femme ne servent à rien, sinon à l'irriter davantage, surtout quand il s'agit de purges qui cependant l'aident à dormir un peu et lui redonnent de l'appétit. D'aimables voisins lui vantent les mérites de l'eau de la petite station thermale de Balaruc-les-Bains, beaucoup trop loin hélas pour envisager une cure sur place !

Marie donne aussi quelques nouvelles de son époux à Jean-Baptiste Dumas. Ce dernier suit avec anxiété l'amélioration bien lente de la santé de son ancien élève :

« Le progrès dans le mouvement du bras et de la jambe paraît recommencer, mais avec une lenteur excessive. Je vais ces jours-ci recourir à l'électricité sur le conseil du docteur Godélier, à l'aide d'une instruction qu'il a bien voulu m'envoyer et d'un petit appareil construit par Ruhmkorff[288]. »

Avec l'assistance des jeunes « chimistes physiciens » qui l'entourent, Marie saura bien s'en servir. Pendant une dizaine de jours seulement elle lui applique le traitement électrique en suivant point par point les indications données par les assistants, jusqu'à ce que Pasteur arrête d'autorité le traitement car il ne sait pas si l'usage de la faradisation est efficace : la reprise du mouvement de certains doigts le rassure, en revanche la paralysie de ceux qui fonctionnaient l'inquiète. Plus tard, dans une lettre à Henri Sainte-Claire Deville, il avouera que « ce remède » ne lui convenait pas, et cela d'autant moins qu'il fallait demander un aide pour l'appliquer sur le bras paralysé. Et puis, toute cette énergie mobilisée pour essayer de tirer d'infimes mouvements de son bras l'impatiente, l'éloigne de ses recherches et mobilise ses collaborateurs qu'il verrait mieux employés à d'autres tâches. De toute force, il veut reprendre lui-même ses travaux sur les vers à soie. Bien entendu, ses

[287] Lettre de Mme Pasteur, du 7 avril 1869.

[288] Lettre à J.B. Dumas, *Correspondance*, vol. 2, p. 426.

assistants l'en dissuadent. Ils l'entretiennent sans cesse des essais, des expériences en cours, lui lisent leurs notes sur les observations faites dans le laboratoire du collège d'Alès. Mais, ces « intermédiaires » ne sont pas suffisants à son goût car il n'a pas toujours la patience ou la manière de leur communiquer le détail des expériences à faire ou à refaire.

En dépit de tous ces tracas, Pasteur accumule les informations. De temps en temps, il aime faire le point sur l'avancement de ses travaux avec un correspondant. C'est une façon pour lui de mettre un peu de lumière et de distance dans un univers qu'il connaît trop bien maintenant. Le 17 juillet, il écrit à l'empereur dont il connaît et apprécie l'oreille attentive à ses propos :

« Dès 1867 je m'étais rendu maître de cette affection [la pébrine] non par la découverte d'un remède que je n'ai jamais cherché, mais par un moyen préventif d'une application très pratique et d'une efficacité certaine. En outre, le progrès même de mes études me conduisit à reconnaître l'existence d'une maladie parfaitement indépendante de la pébrine [la flacherie], mais qui entrait avec celle-ci, pour une part, dans les désastres de la sériciculture… Au point de vue pratique toutes mes recherches se résument dans la connaissance d'un procédé de confection de la semence saine des vers à soie et de régénération des anciennes races de France et d'Italie, procédé applicable dans une localité quelconque. Les graines faites par ce procédé n'ont à craindre que des vices d'éducation ou des intempéries de climat tout à fait accidentelles. Ces graines ont fourni en 1868 et en 1869, dans le centre le plus éprouvé par le fléau depuis vingt ans, à Alais et dans tout le Gard, un rendement moyen supérieur à celui des époques de prospérité… »

Et pour en finir avec ses détracteurs qui ne manquent aucune occasion de se manifester à lui, il demande l'intervention du souverain et son arbitrage dans un conflit qui l'épuise :

« …Je viens demander à l'Empereur de faire en sorte que la justice et la lumière soient faites sur la valeur et l'utilité pratique de mes études[289]. »

Napoléon III ne peut rien faire d'autre que ce que Louis Pasteur fait lui-même avec une parfaite maîtrise, même sans talent pédagogique.

*
* *

Le 26 avril, une dépêche annonce aux résidents du Pont-Gisquet la mort de M. Laurent, le père de Marie, suite à une violente attaque de goutte avec complication

---

[289] Louis Pasteur, *Correspondance*, vol. 2, pp. 451-452.

au cerveau. Marie quitte Alès et reste près des siens à Lyon. À son retour, le 9 mai, elle retrouve un mari désemparé. Son absence y est pour beaucoup. Elle s'est ajoutée à bien d'autres malheurs dont le souvenir revient à cette occasion ; et aussi et surtout les progrès de sa rééducation lui sont d'une lenteur désespérante. Il ne peut pas encore tenir un œuf à la coque de sa main gauche ; mais à présent, comme il a retrouvé le sommeil, ses nuits sont meilleures et son esprit devient aussi calme que pendant le jour. Et puis maintenant, Marie est auprès de lui. Elle l'invite à faire chaque jour, après déjeuner, une partie de croquet sur le terrain sablonneux qui touche au jardin. Le dimanche, Pasteur et ses assistants jouent aux boules. Avec le sérieux qu'il met à toutes choses, le savant lance avec application le cochonnet et ses boules et morigène à tout propos ses jeunes gens, trop dilettantes à son goût, qui ne cherchent qu'à apporter un peu de fantaisie là où il ne devrait pas y en avoir selon lui.

*

* *

Dans le courant du mois d'avril, à Paris, monsieur Gaudin, Commissaire du Gouvernement fait une annonce à la tribune du Sénat :

« Un savant éminent, bien connu par les travaux si remarquables auxquels il s'est livré – j'ai nommé M. Pasteur – a été non pas une fois, non pas deux fois, mais cette année, pour la cinquième fois chargé d'une mission dans les départements séricicoles, et avec un dévouement égal à sa science, il n'a épargné aucun travail, aucune recherche, pour tâcher d'arriver à la solution de ce problème depuis si longtemps et si ardemment cherchée. »

La déclaration du Commissaire Gaudin soulage Pasteur accablé par la marche si lente du recouvrement des mouvements de son bras. Sa paralysie le rend de plus en plus dépendant. Avec bonheur, cette solution « si ardemment cherchée », Pasteur la trouve au terme de sa cinquième mission dans le Midi. Il n'y a plus aucune raison pour lui maintenant, en cette fin de juin, de prolonger leur séjour dans les Cévennes. Marie et les domestiques bouclent une nouvelle fois les bagages et, le 29 juin, toute la compagnie quitte le beau domaine du Pont-Gisquet. Pasteur n'a plus aucune raison de revenir dans la région. Ses recherches sur place sont terminées. Alors, pour conclure son travail, il donne quelques nouvelles communications et surtout termine la rédaction du traité complet en deux volumes de *La maladie du ver à soie* qu'il dédie à l'impératrice Eugénie.

*

* *

Depuis Saint-Hippolyte, dans une lettre à Victor Duruy, ministre de l'Instruction publique, il avait déjà annoncé le projet de cette publication et surtout la raison de sa dédicace à l'impératrice :

« Savez-vous que les légendes chinoises attribuent la découverte de l'élevage du ver à soie et l'art de filer les cocons à une Impératrice du Céleste Empire, appelée Si-Ling-Chi, qui vivait 2.600 ans avant J.C. ? Je veux que le nom de notre gracieuse Impératrice qui, lui aussi, vivra longtemps dans les annales de notre pays, soit attaché à la régénération de cette admirable industrie, si cruellement frappée depuis 20 ans. Je prépare, en son honneur, un bel ouvrage qui renfermera l'ensemble de mes études sur le sujet depuis cinq ans. Je vous expliquerai plus tard comment, sans vaine flatterie et même par devoir, j'ai été conduit à la réalisation de ce projet[290]. »

La légende qu'il cite dans sa lettre datée de Saint-Hippolyte-du-Fort n'est pas une trouvaille personnelle. Elle avait été rapportée par Quatrefages dans l'introduction de son rapport de 1860. Pasteur l'emprunte sans citer ses sources. On le surprend, une fois encore, en flagrant délit de plagiat. Ajoutons à la décharge du savant que ce n'est pas l'habitude des épistoliers de placer à tout propos des références bibliographiques. D'autre part, nous l'avons déjà vu, les deux membres de l'Institut avaient peu d'affinité l'un pour l'autre. Leur détestation était bien réciproque et bien connue aussi. De son côté, le savant naturaliste avait accompli une belle prouesse : dans son rapport sur la sériciculture, rédigé à l'occasion de l'Exposition internationale de 1867 – celle où Pasteur fut récompensé d'une médaille – il ne cite le nom de son collègue qu'une seule fois, en minuscules caractères d'une note en bas de page. Pasteur qui travaillait depuis deux bonnes années sur la question et avait publié de nombreux mémoires et communications méritait mieux que cette référence un peu concédée.

*
* *

Après le départ de la famille Pasteur, dans le courant du mois de juillet, les assistants quittent Alès chacun de son côté : Duclaux par Montpellier, Narbonne, Toulouse et Montauban retourne à Clermont-Ferrand ; Raulin revient à Caen et Gernez passe par les Basses-Alpes. La mission confiée par Jean-Baptiste Dumas est maintenant à jamais terminée. Il n'y aura plus à revenir sur le sujet, ni ici ni ailleurs.

---

[290] Louis Pasteur, *Correspondance*, vol. 2, pp. 420-421.

Tous les efforts de cinq longues années de recherches se résument maintenant en trois idées terriblement simples : il faut sélectionner la graine, utiliser un microscope et tenir une hygiène rigoureuse dans les éducations. Cette simplicité même empêche un bon nombre d'éducateurs d'y croire. Ainsi que l'écrit René Vallery-Radot, il est plus facile pour eux de dire « c'est faux » que de préférer déclarer « essayons ». Le refus obstiné d'une poignée de sériciculteurs a empoisonné, par des critiques injustes et souvent passionnées, toutes les années cévenoles du savant. Longtemps après, loin de ce pays qu'il a aimé et dont il a aimé aussi les habitants, ces mêmes détracteurs continuent – mais cette fois-ci en vain – de dénigrer sa méthode et les résultats obtenus.

*

* *

De retour à Paris, Pasteur tout en reprenant ses recherches et ses communications sur les vins, continue avec l'aide de Marie, la rédaction et la mise en forme du traité qu'il a commencé à rédiger depuis quelque temps déjà. Il a promis à son imprimeur de lui remettre le manuscrit avant la fin de l'année. Mais auparavant, sous la pression amicale du maréchal Vaillant, il accepte de se rendre en Italie du Nord, pour procéder lui-même à l'application de sa méthode et vérifier définitivement ses bons effets. Il mettra à profit ce voyage - qu'il va faire en famille cette fois encore, mais avec son fils Jean-Baptiste - pour rendre une visite, promise depuis longtemps, au chimiste et sériciculteur Chiozza.

Le séjour transalpin de Pasteur est organisé par la maison de l'Empereur qui met à la disposition du savant et de sa famille une villa magnifique aux environs de Trieste. À six lieux de la ville, le prince impérial possède en Vénétie Julienne un domaine appelé Villa Vicentina que la princesse Bacciochi, fille d'Élisa Bonaparte, sœur de Napoléon 1er, lui avait laissé par testament.

Le maréchal Vaillant, ministre de la maison de l'Empereur, avait développé autrefois dans les dépendances du domaine une importante activité séricicole qui est à présent dans un état lamentable. Depuis 1853, le domaine est à l'abandon. La vigne et le mûrier poussent en abondance et ne rapportent plus rien. Les conditions d'éducation des vers à soie qui se font ici sont devenues désastreuses : tout est *pébriné*. Pour le vieux maréchal Vaillant, seul Pasteur peut faire quelque chose : appliquer là-bas sa méthode et prouver enfin sa valeur. Mais auparavant, il doit s'assurer que tout sera bien en ordre pour le confort du savant qu'il fait déplacer. Avant son arrivée, il prend contact avec le régisseur de la villa, monsieur Tisserand, pour connaître les conditions matérielles du domaine impérial. Ce dernier répond en vantant les charmes de la propriété :

« Les eaux y sont délicieuses. Le climat est remarquablement doux, un peu froid pendant l'hiver, mais régulier et sec. Le printemps y est ravissant et tel que les poètes le rêvent. L'habitation est gaie avec un beau jardin et un parc de soixante hectares. Il y a beaucoup de promenades à faire, des lieux à visiter[291]. »

Le maréchal Philibert Vaillant, cette fois-ci en qualité de président du Comité de sériciculture, avait décidé d'expérimenter *en grand* la méthode de Pasteur qui s'imposait comme la plus efficace. Il choisit le domaine de la Couronne, situé dans le Frioul autrichien, pour abriter sur une grande échelle l'éducation de cent onces de graines saines sélectionnées suivant la méthode pastorienne.

Bien d'autres événements rapprochent les deux hommes. Au mois d'avril de l'année précédente, le maréchal était intervenu avec le poids de son autorité, lorsque Pasteur souffrait de ne pas avoir un laboratoire à l'École normale, pour faire redémarrer les travaux arrêtés à l'annonce de son attaque. Aujourd'hui, le maréchal lui demande de prendre en charge ce domaine et d'y mener à sa guise ses expériences sur les vers à soie. Sa santé s'améliore. La perspective de son inactivité prochaine et la reconnaissance poussent Pasteur à accepter cette offre.

On l'assure que tout sera mis en place pour son confort et celui des siens. La maison de l'Empereur qui ne veut rien laisser au hasard recommande au régisseur de veiller à la parfaite préparation du domaine avant l'arrivée de l'hôte illustre. Le régisseur rassure le maréchal :

« Monsieur Pasteur en s'installant trouvera un personnel dévoué pour le servir : Joseph, un valet de chambre et son épouse comme femme de chambre… de braves gens qui seront aux petits soins pour M. Pasteur et sa famille. Il y a un domestique, une cuisinière et peut-être un aide. Joseph et sa femme sont de grands éleveurs de vers à soie et tiennent M. Pasteur en grande vénération[292]. »

Avec de tels arguments, les dernières réticences de Pasteur tombent. Il s'installe à la villa le 25 novembre 1869.

Pasteur est arrivé, par petites étapes, avec ses propres graines, saines, obtenues par lui et dont il fera l'éducation avec celles que le maréchal avait fait sélectionner suivant sa méthode. Mais Pasteur prend d'abord le parti de se reposer en attendant l'éclosion dans les premiers jours des éducations. Le grand calme du domaine sous le ciel méditerranéen lui va à merveille. Il consacre, plusieurs heures par jour, à la rédaction de son prochain ouvrage sur la maladie des vers à soie qu'il dicte entièrement à Marie. Le rythme et la douceur du climat à la villa Vicentina l'enchantent. Il est ravi d'échapper, comme il le dit dans une lettre à J.-B. Dumas, à

---

291 BnF, NAF 188110, f°428, Lettre de l'administrateur du domaine au maréchal Vaillant, le 16 octobre 1869.

292 *Idem.*

la vie scientifique militante et trop souvent fiévreuse de Paris. Ce n'est pas le travail qui est contraire à sa santé, mais plutôt « les contradictions sans fondements » qu'il ne peut s'empêcher de réduire au silence. Sa santé s'améliore, son moral aussi. Loin de Paris et de ses adversaires, il rêve à de futurs projets. Il écrit tout son nouveau bonheur au docteur Godélier, devenu maintenant son ami :

« Je forme de grands projets. Les effets de la maladie sur l'organisme sont pareils à ceux de l'hiver sur la végétation. Quand revient la santé, ou qu'on a l'illusion de le croire, nous ressemblons à la plante qu'une sève nouvelle met en mouvement et nous nous croyons capable d'un travail pouvant porter de nouveaux fruits[293]. »

Ces *nouveaux fruits* se trouveront être l'une des plus belles contributions à l'histoire de la science au XIXe siècle.

Maintenant, serein et détendu, apaisé et sûr de lui, enfin délivré de la mission qui lui avait été confiée, stimulé par les résultats obtenus, Pasteur reprend à la fin de l'hiver, les éducations abandonnées du domaine impérial qu'il mène suivant sa méthode. Tout se déroule à la perfection et vient confirmer ses observations passées. Tout, à un détail près qui le met hors de lui lorsqu'il apprend que monsieur Tisserand, le régisseur du domaine, a répandu dans la région un reliquat de graines douteuses provenant du Japon. Jean-Baptiste Dumas apprenant par ricochet cet incident, trouve le ton parfait et les mots pour calmer la colère du savant :

« Le maréchal [Vaillant] m'a fait part des coquineries que vous avez à subir et dont vous vous affectez. Ne vous tourmentez pas plus que de raison. Je me contenterais à votre place d'une ligne dans les journaux de la localité : M. Pasteur ne répond que des graines qu'il élève ou de celles qu'il a remises lui-même aux éleveurs. »

La sagesse de Dumas s'impose à lui comme une évidence. Il la suit à la lettre. Le calme revient après la colère et cela d'autant mieux que la récolte obtenue par les colons du domaine fait l'admiration de la Maison impériale et de l'empereur lui-même. Dans la campagne environnante, la graine avariée ne donne rien ; le désastre promis se trouve confirmé. La preuve est faite : seule sa méthode peut sauver la sériciculture. Pasteur et sa méthode triomphent partout où elle est appliquée.

Le 6 juillet, Pasteur quitte la Villa Vicentina.

« Aujourd'hui encore, dans ce coin de l'Illyrie, où se continue l'éducation des vers à soie en pleine prospérité, on parle avec enthousiasme du séjour de Pasteur. Le souvenir de cette année, l'année d'or, comme on l'appelle, est resté éblouissant[294]. »

---

293 Cité par René Vallery-Radot, *Madame Pasteur*, p. 78.

294 *Idem*.

*
* *

La reconnaissance des travaux du savant est universelle. Ici et là, le monde de la sériciculture loue ses recherches et applique sa méthode. À l'Académie des sciences ou au domicile parisien de Pasteur, le courrier chaque jour apporte félicitations et offres de récompenses. Seule la France qui se remet de l'occupation prussienne affiche un détachement notoire qui soulève l'indignation de certains :

« Tandis que nous restons en France, indifférents ou étrangers aux travaux de M. Pasteur, qui sauve notre plus belle industrie, celle de la soie, et donne à nos vignerons et à nous tous le moyen de n'avoir plus de vins malades, le gouvernement autrichien lui décerne le prix de 5000 florins, fondé pour récompenser les recherches les plus heureuses relatives aux maladies des vers à soie. Une dépêche nous annonce cet hommage. Quand notre grand chimiste sera mort, après avoir mis bien des millions dans la poche de nos industriels, nous lui élèverons une statue, mais de son vivant nous laissons aux étrangers le soin de lui rendre cet honneur » (*Le Moniteur universel* du 18 décembre 1871)

*
* *

Une drôle de surprise attend Louis Pasteur à son retour de la Villa Vicentina : il apprend que la Commission départementale de sériciculture et le Conseil général du Gard, le 27 août 1869, avaient émis le vœu que la mission confiée au savant soit continuée pour les éducations de 1870. Toutes deux prient dans leur rapport « l'honorable savant » de vouloir bien orienter ses recherches nouvelles vers l'étude d'un « moyen curatif ». C'est beaucoup trop pour Pasteur qui avait affirmé clairement qu'il n'y avait maintenant plus rien à faire sinon à appliquer sa méthode : le meilleur remède curatif. En tout cas, le vœu formulé par les Gardois est plus qu'il n'en peut supporter car il voit derrière les propos de Jules Duclaux-Monteil, se dessiner l'ombre de son adversaire acharné de toujours : le marquis de Masquard, celui qui fait « de la science comme les savants font de la sériciculture, un peu à tâtons ».

Louis Pasteur est devenu dans les pamphlets de l'éducateur de Saint-Césaire « un célèbre *microbiculteur* ». Les deux individus, l'Alésien Jules Duclaux-Monteil et le Nîmois Eugène de Masquard, font partie de « ces personnes ignorantes » qui blâment depuis cinq années la direction qu'il a donnée à ses études et qui réclament aujourd'hui à grands cris la découverte d'un spécifique, d'un remède pouvant leur épargner la peine de faire de la graine saine, ou de veiller à la bonne hygiène de leur éducation. Une phrase du rapport de la Commission départementale, sûrement ajoutée à la demande de Masquard, confirme ce que Pasteur savait déjà du personnage concernant son incapacité à comprendre le sens de ses travaux :

« Si la nature déchaîne des fléaux terribles, dont la cause véritable est trop souvent inconnue, elle tient en réserve des moyens propres à les arrêter ou à en conjurer les effets destructeurs : il s'agit de les trouver. C'est ce que l'on a fait pour l'*oïdium* de la vigne. »

Alors pourquoi ne pas trouver un produit pour lutter contre l'oïdium du mûrier ou pire encore du ver à soie ? Tout aux yeux de Pasteur dans ce rapport est de la même veine. Rien n'est crédible ; pas un brin de bon sens à défaut d'un peu de science. Il répond sèchement au rédacteur :

« Sans doute on a trouvé le soufre contre l'oïdium de la vigne, mais cette grande découverte a été si peu scientifique dans son établissement, que le nom même de son inventeur est resté inconnu[296]. »

En d'autres mots, Pasteur renvoie les éducateurs à l'examen des deux points essentiels de ses recherches depuis cinq ans et qui ont fait l'objet de nombreux rapports et de commentaires :

1° - La lecture et la compréhension du mode de transmission de la pébrine qu'il a déjà plusieurs fois parfaitement résumé et qui se trouvera définitivement consigné dans l'ouvrage dont il termine la rédaction :

- Transmission par voie digestive : un ver à soie qui mange de la feuille souillée par des corpuscules sera atteint de pébrine.
- Transmission par inoculation : les crochets des vers souillés par les corpuscules les transmettent lorsqu'ils montent sur leurs voisins ; les crochets pratiquent de fines incisions par où pénètrent les corpuscules.
- Transmission par l'air : la poussière des magnaneries infectée de corpuscules se dépose sur les feuilles de mûrier qui deviennent ainsi un repas infectant.

2° - L'application scrupuleuse de sa méthode de grainage.

Comme il l'a déjà dit, maintenant pour Pasteur, il n'y a plus à revenir sur ces questions. Elles ont été parfaitement étudiées et le remède en quelque sorte trouvé : si les méthodes d'hygiène et de sélection de la graine qu'il préconise sont bien comprises et bien appliquées, le problème de l'épidémie sera réglé. Dit de façon aussi péremptoire, c'est une manière de faire savoir que sa mission dans le Midi est bien finie. Elle l'est d'autant plus, qu'il apprend, enfin, que la très officielle Commission des soies de Lyon adopte sa méthode de sélection de la graine. En effet, pendant longtemps, il eut aussi à lutter avec ténacité – et ceci n'est pas rien dans l'accumulation du stress qui précéda son attaque – contre la résistance des

---

[296] L. Pasteur : *Études sur la maladie des vers à soie*, t. 2, notes et documents, pp. 138-140.

membres de cette commission qui se liguaient à ses détracteurs particuliers pour rejeter sa méthode. Une fois la méthode de grainage acceptée, l'Administration qui traînait les pieds suivit.

Sa mission dans le Midi est donc à présent bien terminée. Eugène de Masquard que nous avions vu autrefois manifester son hostilité à l'usage du microscope pour sélectionner la graine, persistera, plus de cinq ans après la fin des travaux de Pasteur, dans une opposition absolue à la méthode pasteurienne du *grainage cellulaire.* Cela ressemble à si méprendre, cette fois-ci, à de l'acharnement[297].

*

* *

La publication de l'ouvrage de Pasteur, en avril 1870, lui offre l'occasion de porter un regard sur ses cinq années alésiennes. Ainsi prend fin la promesse qu'il avait faite à son maître Jean-Baptiste Dumas, de sauver la sériciculture de son pays natal :

« Aujourd'hui, j'ai la ferme conviction d'être arrivé à la connaissance d'un moyen pratique, propre à prévenir sûrement le mal et à empêcher son retour à l'avenir. »

En dépit de tous les reproches qui ont pu lui être adressés, son *Traité sur la maladie des vers à soie* est, et demeure, la plus belle contribution scientifique de ce sujet ; c'est aussi la lumineuse mise en forme d'une méthode d'investigation dans le domaine de la pathologie écrite à l'usage du monde scientifique. Cependant, Pasteur ne vise pas que le milieu limité des hommes de science. Il recherche une audience plus large en donnant, de temps à autre, des conseils plus simples à l'adresse des éducateurs : pour éviter l'infection, il leur recommande l'utilisation de feuilles de mûriers plutôt jeunes et bien sèches surtout ; ils doivent éviter à tout prix les cueillettes du matin à cause de la rosée et surtout celles d'après la pluie. Comme il l'a souvent écrit par ailleurs, il insiste sur des conditions d'hygiène essentielles : bonne aération, température moyenne, destruction des germes à la chaux ou au chlore. Ultime conseil qu'il ne sera jamais assez prudent de suivre : procéder au grainage cellulaire, seul moyen de redresser une activité en perdition.

Plus tard, l'occasion se présentera à Pasteur, plusieurs fois entre 1870 et 1882, d'avoir à défendre son procédé de grainage. Il le fera, toujours avec fermeté, en renvoyant les contradicteurs à ses recherches maintenant largement diffusées. Cette page de sa vie et de ses travaux est définitivement tournée ; il part sur la piste des maladies virulentes qui révolutionneront la médecine et l'hygiène.

---

[297] Voir annexe note n° 16.

*
* *

Malgré les éloges reçus à la publication de son ouvrage, les détracteurs et les grincheux ne manquent pas de se manifester, suivant leur habitude ; on pourrait croire même que cette gloire les déchaîne ; le marquis de Bimard, vice-président de la Société d'agriculture de la Drôme en tête :

« En escrime, on appellerait cela rompre, si l'homme ne disparaissait en jouant des jambes… Après cela, j'ai bien le droit plein et entier de dire : le procédé n'est pas de M. Pasteur, qui pourtant a été bien récompensé. M. Dumas a trop chanté, et surtout trop haut, notre argent est… mal employé et nous, contribuables, nous payons toujours. ».

Autre exemple, celui qu'un lecteur anonyme, qui signe sa lettre L. M., écrit au *Moniteur vinicole* du 27 octobre 1869 :

« … Nous redoutons peu les foudres du célèbre savant… M. Pasteur s'est trop tôt couronné de lauriers. Son bagage de découvertes, à peine suffisant pour un combattant, est véritablement trop mince pour un triomphateur. »

Avec violence, Eugène de Masquard[298], adversaire de toujours, écrit dans le même *Moniteur :*

« Il est bien peu honorable pour la science française que ces débats nous aient amené à constater à quelles petites et misérables ficelles une de nos premières illustrations scientifiques ne craignait pas d'avoir recours pour se soutenir en l'air et voler à la postérité avec les plumes arrachées aux ailes des autres. »

Blessé à vif, dans un premier mouvement Pasteur répond avec dignité à ces propos diffamatoires :

« Je déclare à vos lecteurs que, désormais, je ne répondrai plus une ligne à tout ce qu'ils pourront publier dans votre journal, ou ailleurs, concernant *mes travaux*. »

Puis finalement, il cède au mépris :

---

[298] Dans une plaquette qui sent la haine et le soufre, sans aucun titre scientifique, Eugène de Masquard, éducateur nîmois, s'aventure dans un domaine où Pasteur règne en maître quasi absolu. Il publia aussi plusieurs articles et textes, certains à ses frais, où il donnait libre cours à sa bile : après l'épidémie des vers à soie et les marchands de graines sans conscience qui sont les deux fléaux régnants selon lui, un troisième, plus grave encore, faisait des ravages : celui des gens qui ne craignaient pas d'appeler l'injure et la calomnie au secours d'une cause qu'ils sentaient perdue. C'est Pasteur et le *pasteurisme* qui étaient visés. Pasteur, « le microscopiseur », après avoir polémiqué décida de ne plus prêter d'attention à ce personnage atteint par le « microbe de la bêtise [qui] est plus difficile à tuer que celui de la rage ». Un peu plus loin, le pamphlétaire inconstant, sériciculteur hygiéniste, changea de cible et désigna comme nouveau fléau le *faux libre-échange* et les *fausses doctrines économiques*.

« Il est vraiment peu honorable pour la sériciculture française que ce débat m'ait amené à constater des erreurs si grossières et à montrer des adversaires aussi profondément ignorants des choses dont ils parlent. »

Il est vrai, qu'il est bien difficile d'accorder quelque crédit aux propos purement calomnieux du sériciculteur nîmois. Dans un pamphlet qu'il fait imprimer à Nîmes, à ses frais, il laisse aller toute sa bile contre « l'envoyé du Gouvernement et de la science », l'accusant tour à tour d'être « à l'antipode de la vérité », et de tromper les pouvoirs publics sur les souffrances agricoles du Midi. Pasteur qui n'aime pas « ce pauvre magnanier » l'aurait traité de tous « les mots les moins microscopiques : ignorant, envieux, calomniateur, malhonnête[299] », il en passe, et des plus gros. Ce qui serait bien dans la manière du savant qui déteste avec force ceux qui usent de la science sans en connaître le moindre atome. En fin de compte Pasteur renonce à s'engager plus avant dans de fastidieuses batailles pour des individus dont plus personne ne saura le nom demain. Il renonce à une fatigue inutile.

Plusieurs fois dans sa carrière scientifique Pasteur eut à défendre ses idées contre des ignorants qui se mêlaient de science sans en connaître le premier mot : par exemple le marquis de Bimard. Ce dernier adresse une lettre à Barral, directeur du *Journal de l'agriculture*, sans doute vers la fin de l'année 1869 :

« C'est aux travaux de M. Pasteur que je vais m'attaquer plus spécialement, puisqu'ils sont, à l'heure qu'il est le seul point de mire, le seul but partout, même au Sénat, de l'attention et surtout de la louange. Je m'empresse de dire qu'il n'y a chez moi aucun sentiment personnel : je n'ai pas l'honneur de connaître M. Pasteur et je suis convaincu de sa parfaite honorabilité ; je crois seulement qu'il se trompe et, chose plus grave, qu'en haut lieu, on se trompe avec lui. C'est le système et le résultat si vantés que je veux réduire à leur véritable valeur.

« Et d'abord les travaux de M. Pasteur ont-ils abouti à quelque chose en ce qui concerne la maladie des corpuscules ? Pour moi, évidemment non...[300]»

De cet individu, éleveur de vers à soie qui n'aime pas l'irruption du savant dans le commerce de la graine d'où l'aristocrate-éducateur tire des substantiels revenus, Pasteur flétrit la mauvaise foi :

« Laissez-moi vous dire, Monsieur le Marquis, sans aigreur et avec toute la déférence que comporte votre honorabilité à laquelle je crois autant que vous voulez bien croire à la mienne, que vous ne connaissez pas le premier mot de mes recherches, de leurs résultats, des principes certains qu'elles ont établis et de

[299] E. de Masquard, *Le troisième fléau régnant*, p. 4.

[300] Marquis de Bimard, Seconde lettre à M. Barral, Valence (Drôme), s.d.

l'importance pratique qu'elles ont déjà acquise. Vous ne les avez pas lues, et quant à celles qui ont passé sous vos yeux, vous ne les avez pas comprises[301]. »

*

* *

Dix ans plus tard, Eugène de Masquard, toujours lui, qui selon le sentiment de Pasteur joint la bêtise à l'ignorance, n'en finit toujours pas de médire sur son compte. Alors que ses recherches sont terminées depuis longtemps et son travail publié, le sériciculteur nîmois revient à la charge. À l'Académie de médecine, au cours de la séance du 1er avril 1879, Pasteur prend la parole pour le fustiger une fois encore. L'éducateur et marchand de graines nîmois, auteur d'une foule de pamphlets séricicoles concernant [ses] études anciennes et récentes sur la maladie des vers à soie, ne baisse pas la garde. Il répand encore son venin. Pasteur estime cette fois-ci que cela ne mérite pas de réponse ; depuis longtemps il ne fait plus attention à ces écrits « qui ne réussissent plus à détourner les éducateurs du Midi de l'attention qu'ils s'efforcent d'apporter dans le choix de la graine, et du mérite attribué par eux aux préceptes [qu'il a] résumé en 1870 dans [ses] *Études sur la maladie des vers à soie*[302]. »

Vers la fin de l'année, le 25 novembre 1879, toujours devant la même assemblée, une dernière fois, Pasteur reprend la parole, au sujet de la dernière campagne dans le Midi. Il lit une lettre de Masquard qui constate « que les éducations de cette année n'ont pas réussi du tout, que la récolte a été tout au plus un cinquième de ce qu'elle est dans une année ordinaire. » L'éleveur nîmois met en cause les conditions climatiques désastreuses des mois d'avril et mai et d'autres considérations qui touchent à la méthode proposée autrefois par le savant. Louis Pasteur, le « grand pontife de la microbiatrie » avait repoussé dès le début de sa mission l'idée d'une influence épidémique d'ordre climatique qui est replacée au premier plan aujourd'hui encore. Drôle d'individu qui pour couronner le tout, refuse d'appliquer les « moyens préventifs des maladies du ver à soie » que le savant préconise depuis longtemps[303] ! Pasteur se souvient tout à coup qu'il avait décidé, il y a longtemps,

---

301 Pasteur Vallery-Radot, *Pasteur Inconnu*, p. 82.

302 *Bulletin de l'Académie de médecine*, 1879, n°13, pp. 332-333. Le rédacteur de la notice sur Eugène de Masquard pour le *Dictionnaire biographique du Gard* écrit : « Enfin grâce aux efforts persévérants de M. de Masquard et d'une douzaine de vieux magnaniers expérimentés… l'épizootie était sur le point d'être vaincue, lorsque le gouvernement de l'Empire, mal conseillé par M. Dumas, qui posait la candidature de son fils à Alais, leur lança M. Pasteur avec ses fausses théories en cette spécialité, contre leurs bons principes. »

303 *Bulletin de l'Académie de médecine*, 1879, n°47, pp. 1205-1206.

de ne plus polémiquer avec un individu d'aussi mauvaise fois. Il le laisse donc débiter ses extravagances.

*

* *

Pasteur n'a pas que des admirateurs, nous venons de le voir. Des détracteurs, il en eut tout au long de sa vie. Ils sont violents, mal élevés et recherchent sans cesse les disputes[304]. Ils n'hésitent pas à faire appel aux passions extra-scientifiques, ne jugeant souvent que d'après les pièces qu'on a bien voulu leur montrer ou celles qu'ils ont lues sans les comprendre. À chacune des étapes de ses travaux, ils se font plus virulents. L'un d'eux, le député de l'Ardèche Léonce Destremx, né à Alès, se déchaîne contre lui depuis longtemps. Lors des séances de l'Assemblée nationale, et en particulier celle du 16 février 1874, ainsi que dans des revues[305], d'un ton véhément facile à imaginer, il lui reproche de n'avoir trouvé qu'un remède préventif ne faisant pas disparaître la cause première et générale de l'épidémie. Après une réponse qu'il pense suffire pour expliquer sa démarche, Pasteur constate que ce député est trop haineux et surtout complètement ignorant de ses travaux. Alors, dans une lettre datée du 7 mars, à l'adresse du directeur du *Journal d'agriculture pratique*, il se dispense désormais de répondre au député de l'Ardèche pour ne pas prolonger la polémique : la question est suffisamment bien exposée dans son traité. Cependant, il ne peut s'empêcher de conclure en grinçant pour clouer le bec, ou la plume, à son détracteur :

« M. Destremx ne veut pas que je sois appelé le sauveur de la sériciculture. Il a parfaitement raison, car je ne sauve que ceux qui veulent bien se sauver eux-mêmes par les moyens que j'ai mis à leur disposition[306]. »

---

[304] Voir annexe note n°17.

[305] Dans une lettre adressée au ministre de l'Agriculture, le 4 janvier 1874, le député Destremx demande l'autorisation de répondre officiellement à une lettre que Pasteur lui a adressée à la suite de son intervention du 16 décembre dernier à l'Assemblée nationale :
« Nul plus que moi ne rendra hommage aux efforts tentés par cet illustre savant, car je sais combien était ingrate et difficile la tache qu'il s'était imposée, mais tout en reconnaissant l'importance de ses découvertes, je dois constater en le regrettant, que leurs résultats pratiques ont été insuffisants pour le salut de la sériciculture et n'ont point répondu complètement à ses savantes et logiques théories… »
Les principaux points de son hostilité aux théories de Pasteur se trouvent résumés dans cette lettre au ministre e l'Agriculture : exposition d'un remède préventif qui ne fait pas disparaître « la cause première et générale de l'épidémie » et moyen de produire de plus grandes quantités de graines saines en évitant les éducations industrielles. Le député reviendra plusieurs fois sur ces deux points qui lui semblent essentiels, même longtemps après la publication des derniers travaux de Pasteur, en dépit de l'avis général qui préconise l'application de la méthode pastorienne de la sélection.

[306] *Journal d'agriculture pratique*, 1874, 38e année, t. I, n°11, p. 367.

Et, si le savant en a besoin, un fervent admirateur de ses travaux, un certain Julien, juge de paix à Lodève (Hérault), et aussi éducateur, vient à son secours et écrit dans le même journal :

« Ne vous étonnez pas des attaques de M. Destremx, vous l'avez dit vous-même : tout ce qui est utile et vrai a ses détracteurs. Permettez-moi d'ajouter que le tour des admirateurs viendra, s'il n'est déjà venu. »

Pour en finir avec ce même Destremx qui ne désarme toujours pas, le 22 janvier 1876, il dépose de nouveau devant l'Assemblée une proposition tendant à faire constater la situation désastreuse des départements séricicoles et à proposer une aide aux cultivateurs dont les récoltes ont été détruites par les gelées, la gattine et le phylloxéra. C'est le *microscopiste* Pasteur qui est visé par la démarche du député qui proclame, longtemps après, que la méthode pastorienne reste sans effet. Cette proposition sera ajournée à la demande même du député, de nombreux collègues ayant usé de leur autorité et fait pression sur lui.

Pasteur n'a peut-être jamais su qu'au faîte de sa gloire, il fut la cible des mondains spirituels et méchants. Dans son *Journal*, Edmond de Goncourt, qui fut avec son frère les plus mauvaises langues de la littérature française, raconte cette anecdote :

« Un moment, Sarah [Bernhardt] parle de son hygiène, des haltères qu'elle fait le matin, d'un bain chaud d'une heure qu'elle prend tous les soirs. Puis elle passe à des portraits de gens qu'elle a connus, pratiqués. Elle nous montre Rochefort s'emballant à propos de Pasteur, le traitant de charlatan, de blagueur, au bout de quoi comme il s'écriait :

« - C'est bien malin, vous prenez un chien…,

« Il a été encloué par ce joli mot que Lagrenée a jeté au pamphlétaire :

« - Vous le mordez ?

« Un mot digne du XVIIIe siècle, mais que Rochefort ne trouva pas drôle[307] ! »

Et puis qu'importe tout cela aux sériciculteurs cévenols, puisque l'alliance scientifique, sans cesse entretenue, entre l'ancien enfant d'Alès, Jean-Baptiste Dumas, et celui d'Arbois, Louis Pasteur, est parvenue à triompher de l'épidémie. Et, selon le mot d'Armand Gautier, « prête à périr, cette belle industrie dut son salut à l'union patriotique de leurs communes préoccupations[308] ».

---

[307] E. et J. de Goncourt, *Journal*, t. III, 1877-1896, édition Bouquins, 1989, p. 876.

[308] Ph. Van Thieghem, *Notice sur la vie et les travaux de J.-B. Dumas*, Paris, 1912, p. 32.

Chapitre 9

La ville d'Alès reconnaissante…

Les manifestations de reconnaissance des Alésiens envers Pasteur se font en deux temps bien distincts : le premier, le jour de l'inauguration de la statue de Jean-Baptiste Dumas en 1889 et le second en 1896, après sa mort survenue le 28 septembre 1895 dans son domaine de Villeneuve-l'Étang à Marnes-la-Coquette.

La bruyère d'or et d'argent

À l'occasion d'une réunion de la Société d'agriculture d'Alès, Émile Boissier, son secrétaire, sur une proposition de Laurent de l'Arbousset, émet la belle idée d'offrir à *l'illustre* Louis Pasteur un objet d'art, « comme preuve tangible de la reconnaissance des séricículteurs cévenols ». Ce cadeau lui sera remis à Alès le 20 octobre 1889, à l'occasion des fêtes organisées pour l'inauguration de la statue de Jean-Baptiste Dumas, fêtes dont il a accepté d'être le président d'honneur. L'idée est accueillie avec enthousiasme par tous les membres du bureau, y compris par Léonce Destremx qui fut souvent l'un des plus vifs détracteurs du savant, comme nous l'avons vu.

De toute évidence, la trésorerie de la Société ne permet pas de financer la réalisation de cette œuvre ; l'idée est alors émise, et adoptée, d'ouvrir une souscription. Le secrétaire explique aux membres du bureau comment il voit les choses :

« Nous venons donc vous prier de vous associer tous à notre œuvre ; ce n'est pas des souscriptions élevées que nous demandons, ce sont des signatures appuyées de quelques sous, 10, 20 ou 25 centimes par souscription[309]. Nous sommes persuadés qu'il vous suffira de proposer cette idée de reconnaissance si bien placée, dans votre quartier, dans votre village, pour que tous ceux qui s'intéressent à la prospérité de notre arrondissement s'empressent d'apporter leur signature et leur obole[310]. »

---

[309] Soit aujourd'hui moins de 1 € (données Insee communiquées à titre purement indicatif car reposant sur des hypothèses relativement fragiles.)

[310] *L'Agriculteur des Cévennes*, septembre 1889. Coupure de journal tirée des carnets de Marie Pasteur.

La souscription ne doit en aucun cas prendre les allures d'une manifestation officielle ; elle doit demeurer simple, spontanée et animée dans les localités par les sériciculteurs eux-mêmes. Pour lors, il suffit à chaque bénévole de remplir une simple feuille de papier blanc suivant le modèle proposé :

À Monsieur L. Pasteur, les sériciculteurs cévenols
Reconnaissants.
Commune de.........

Les volontaires chargés de lever la souscription font signer leurs amis et connaissances et porter sur le billet le montant de leur obole. Ces feuilles réunies en liasses seront présentées à Pasteur le 20 octobre en même temps que le présent.

*
* *

L'œuvre d'art dont il est question est un rameau de bruyère en argent sur lequel ont été fixés dix cocons d'or. Il a été choisi avec beaucoup de soin au cours d'une assemblée de la Société. Il est semblable en tous points à l'échantillon traditionnel, appelé *montre*, que les sériciculteurs cévenols portent au marché d'Alès, ou chez les clients acheteurs pour présenter le résultat de leurs éducations et tâcher d'emporter la vente de leur production. Cette montre est une simple branche de bruyère, prise au cœur de la *cabane* d'une chambrée, sur laquelle les vers se fixent pour filer leur cocon ; simple branchette mais la plus belle et la plus garnie

L'objet offert à Louis Pasteur[311] est la copie en bronze argenté de l'un de ces rameaux. Sur ses branchettes ont été disposés dix véritables cocons, dorés à la feuille. L'ensemble est fixé sur un socle de marbre noir portant une inscription gravée :

À L. Pasteur
les sériciculteurs reconnaissants
Société d'agriculture d'Alais

*
* *

[311] Ce rameau est conservé aujourd'hui au Musée Pasteur à Paris, dans l'une des vitrines de son ancien appartement.

Ce lundi 21 octobre 1889, à deux heures un quart, commencent sur la place Saint-Sébastien les manifestations prévues pour l'inauguration de la statue de Jean-Baptiste Dumas. Vers cinq heures, une fois les cérémonies terminées, le cortège officiel se dirige vers la mairie où doit avoir lieu la remise des récompenses aux lauréats des concours viticole et agricole en présence de M. Faye, ministre de l'Agriculture. La Société d'agriculture profite de cette occasion pour remettre à Louis Pasteur le « bien modeste témoignage de la reconnaissance des sériciculteurs ». Depuis la tribune, son président, M. Darbousse, lit l'adresse suivante :

« La ville d'Alais aujourd'hui, élève une statue à Dumas, un de ses plus illustres enfants ; elle tresse des couronnes sur la tête de La Fare, son poète ; et nous, agriculteurs, associant le nom de Pasteur à deux noms glorieux, nous venons lui offrir un hommage de vive reconnaissance et de respectueuse affection.

« Nous n'avons point oublié que vous fûtes notre hôte, et qu'ici même, à Alais, vous avez trouvé le remède au fléau qui ruinait nos campagnes.

« C'est au sauveur de la sériciculture que nous offrons ce rameau de bruyère et les cocons qui y sont attachés. Ce rameau d'argent n'est que le modeste souvenir d'un grand bienfait, mais il est offert par le peuple et par des milliers de souscripteurs ; la Société d'agriculture n'en est ici que l'interprète.

« Les agriculteurs cévenols reconnaissants saluent en M. Pasteur un des bienfaiteurs de l'humanité[312]. »

Pasteur est ému aux larmes et très fatigué par les manifestations de cette longue journée commencée à neuf heures du matin à sa descente du train. Depuis, il n'a pas eu le temps de se retirer comme il en avait émis le souhait. Maintenant, M. Espérandieu, maire d'Alès, lit le texte d'une pétition signée par les quinze conseillers municipaux, proposant de donner à l'ancienne rue du Collège le nom de *rue Pasteur*[313]. Ce double hommage lui va droit au cœur. Il ne peut refuser, en dépit de son extrême fatigue, de remercier les Alésiens et leurs représentants :

« Je regrette que ma voix trop faible ne me permette pas de vous exprimer à tous les sentiments de gratitude, mais je vous charge de dire combien je suis ému et charmé des témoignages d'affection que vous venez de me donner. »

L'assemblée salue dans un « murmure respectueux » la sortie de Pasteur qui souhaite à présent aller prendre un peu de repos chez son ami et son hôte, Paul de Lachadenède. Le murmure respectueux, selon le rédacteur des *Journées d'Alais*, est la marque du respect et de l'affection du peuple.

---

312 *Mémorial des fêtes d'Alais*, pp. 158-159.

313 Voir annexe note n°18.

La statue de bronze

Victor Pagès, maire d'Alès en juin 1868 et Adrien Jeanjean, maire de Saint-Hippolyte-du-Fort, en décembre de la même année, avaient promis à Pasteur une statue en or. Elle sera en bronze. Son inauguration a lieu en même temps de celles de Florian et de l'abbé Boissier de Sauvages, les 3, 4 et 5 octobre 1896[314]. Le premier, petit-neveu de Voltaire, avait fait vibrer la campagne languedocienne dans les vers de ses poésies champêtres ; le second, simple savant local oublié, avait tiré la sériciculture des marges où elle languissait.

*

* *

L'annonce de la mort de Louis Pasteur, le 28 septembre 1895, fait lever dans tout le pays un véritable désir : celui de rendre un hommage visible et durable de la reconnaissance de chacun au savant qui avait marqué la science de son temps :

« ...Partout des statues, suivant le mouvement d'une renommée devenue populaire, nous ont montré que son nom et ses services ne sauraient échapper à l'oubli...[315] »

Dès le 8 octobre, Laurent de l'Arbousset, sur le papier à en-tête du *Bulletin séricole français* qu'il dirige, écrit à la veuve du savant[316] :

« Hier au nom de la Société d'agriculteurs et au mien je vous ai adressé le télégramme que voici :

« Société agriculture, Syndicat des filateurs des Cévennes, Commission départementale du Conseil général du Gard, Municipalité d'Alais vous réitèrent leurs respectueux sentiments de condoléance et vous informent qu'ils prennent l'initiative d'élever à Alais monument à Pasteur.

« Nous osons espérer que vous approuverez cette initiative que nous avons annoncée hier à Monsieur le Ministre des Beaux Arts et à Monsieur le Ministre de l'Agriculture.

« La ville d'Alais qui est le centre de la production de soie en France, qui a été habitée deux ans (sic) par notre Maître regretté et par vous-même, Madame, dont elle a gardé le meilleur souvenir nous paraît toute spécialement désignée pour posséder le monument de Pasteur le sauveur de la sériciculture.

---

[314] Archives départementales du Gard, 1 M 973. Voir annexe note n°19.

[315] Louis Passy, extrait du *Discours prononcé à l'inauguration du monument élevé à la mémoire de Pasteur à Paris, le samedi 6 juillet 1904*, Paris, Firmin-Didot, 1904.

[316] Musée Pasteur, MP 20626.

« J'ai l'honneur de vous adresser sous ce pli le numéro de mon journal paru hier et renfermant un humble hommage à celui que nous pleurons tous[317]. Il y a six ans, je prenais l'initiative de lui faire offrir une bruyère en bronze rappelant les immenses services qu'il nous avait rendus, il y a quelques jours, j'envoyais encore à Paris une bruyère garnie de cocons, mais celle-là devait accompagner notre bienfaiteur à sa dernière demeure !

« Inclinons-nous devant les arrêts de la Providence et permettez-moi de vous exprimer encore Madame, l'expression de nos vifs sentiments de condoléance et de respectueuse sympathie. »

*

* *

Un comité de seize personnes se forme sous la direction d'Émile Boissier, secrétaire de la Société d'agriculture qui émet un bulletin de souscription, dit *le Sou de Pasteur*. Il est adressé aux séricicultеurs, aux filateurs, aux ouvriers de la soie, aux particuliers, aux éleveurs et aux mères de famille :

« Fils du peuple, c'est pour le peuple, c'est pour tous, qu'a travaillé Pasteur… Le monument à Pasteur doit être une œuvre populaire. »

Il l'est, dès la souscription lancée. C'est le premier monument érigé en France à la mémoire du savant. Le statuaire Tony Noël est choisi, Léopold Balme, architecte, conseiller d'arrondissement, adjoint délégué aux travaux publics et aux beaux-arts de la ville d'Alès a été désigné – par ses goûts et par sa profession – à dessiner le piédestal qui supportera la statue. Quel emplacement choisir ? Face à l'hôtel de ville ? en haut de l'escalier monumental ? En fin de compte, c'est le surplomb de la promenade de la Maréchale, en haut de l'escalier à double jetée de marches qui est choisi. Pasteur se tient ainsi face à la statue – mais la dominant - de son illustre maître qu'il était venu inaugurer quelques années plus tôt.

Pasteur debout tient de la main gauche tendue une branche de bruyère chargée de cocons. C'est le geste des vainqueurs ; la bruyère ici a remplacé les lauriers ou le glaive. De sa main droite, il désigne une enfant, allégorie des magnanarelles qu'il avait si souvent fréquentées. Cette jeune enfant dans une attitude suppliante invoque le génie du sauveur de la sériciculture. Elle est aussi la sériciculture souffrante, désespérée qui présente au savant les derniers cocons obtenus et dont les papillons meurent à la naissance ; de son tablier ouvert coulent quelques cocons. De l'autre côté, aux pieds du savant, son microscope si souvent utilisé et mille fois préconisé par lui rappelle à tous son œuvre immortelle.

---

[317] Voir annexe note n°20.

Le groupe est placé sur un piédestal en marbre blanc des Pyrénées, sobre de décoration, posé sur un socle en pierre grise de Pompignan. Les faces antérieure et postérieure portent des inscriptions gravées en lettres dorées. L'une rappelle le noble et patriotique caractère de Pasteur. C'est la fière réponse que le savant fit à un souverain étranger dont les armées avaient envahi la France :

LA SCIENCE N'A PAS DE PATRIE,
LE SAVANT DOIT EN AVOIR UNE

L'autre inscription porte le témoignage de la grande part prise par les filateurs et les tisseurs à l'érection du monument :

À PASTEUR
LA SÉRICICULTURE
ET L'INDUSTRIE DE LA SOIE
RECONNAISSANTES
-
ALAIS, LE 4 OCTOBRE 1896
-
AU BIENFAITEUR DE
L'HUMANITÉ

Deux bas-reliefs ornent les autres faces du piédestal : l'un surmonté des armes de la ville de Lyon représente une tisserande devant son métier Jacquard ; l'autre gravé aux armes de la ville d'Alès (de gueules, à un demi-vol à dextre, d'argent) montre une jeune fileuse des vallées cévenoles.

La date du 4 octobre indiquée sur le monument est celle qui avait été prévue à l'origine pour l'inauguration de la statue. En fait, à cause de l'arrivée du tzar de Russie à Paris, elle fut avancée au samedi 26 septembre. La fille de Pasteur, Marie-Louise Vallery-Radot, dans une lettre au docteur Émile Roux, qui doit se rendre à Alès pour les cérémonies, donne quelques précisions à ce sujet :

« Je vais tout de suite vous tenir au courant de ce que nous savons des fêtes d'inauguration de la statue à Alais. M. Laurent de l'Arbousset, membre du Comité, a écrit à René [Vallery-Radot, son mari] le 28 août que MM. Bertrand et Duclaux avaient déjà été invités et que MM. Roux, Metchnikoff, Grancher, Chamberland allaient recevoir leurs invitations. Les fêtes sont fixées aux 26 et 27. L'inauguration de la statue de M. Pasteur aura lieu de 26. René ira à Alais et Jean-Baptiste [le fils de Louis Pasteur] s'il peut se rendre libre viendra de Saint-Sébastien. »

*
* *

Devant la statue sur la promenade de la Maréchale, Émile Duclaux prend la parole :

« L'hommage que vous rendez aujourd'hui à Pasteur est le premier en date d'une série d'hommages du même ordre qui l'attendent sur divers points du territoire.

« Les villes de Dôle et d'Arbois veulent dire tout haut l'honneur qu'elles trouvent, l'une de l'avoir vu naître, l'autre de l'avoir nourri et élevé... Montpellier s'est, je pense, associé à Lyon et à vous pour élever cette statue à l'auteur des recherches sur les vins, en même temps qu'au vaincœur de la maladie des corpuscules. Et ainsi, toutes les faces de ce bienfaisant génie seront représentées aux yeux de tous pour un témoignage local de reconnaissance... »

*
* *

Durant la dernière guerre, les autorités allemandes demandèrent au Gouvernement du maréchal Pétain de contribuer à leur fourniture militaire. La plupart des statues de bronze du pays tout entier furent déboulonnées et dirigées vers les fonderies d'armement. Le pays cévenol paya une lourde contribution à cet *effort de guerre :* les effigies de Jules Cazot à Nîmes, d'Alphonse Daudet, de Jean-Baptiste Dumas, de Florian, d'Armand de Quatrefages, du général Perrier, enlevées de leur socle ou de leur stèle, coulèrent en canons en dépit des interventions des secrétaires perpétuels de l'Académie des sciences[318]. Seule la statue de Pasteur échappa au vandalisme de l'occupant et de leurs complices : on ne touche pas au génie de la science.

*
* *

Les statues peuvent changer de place. Celle de Pasteur, par une décision du Conseil municipal d'Alès du 22 décembre 1898, fut déplacée et installée près du jardin du Bosquet au pied du fort Vauban, à deux pas de la mairie. En 1997, par une nouvelle décision du Conseil, Max Roustan alors maire décide de réorganiser la place de l'hôtel de ville pour la livrer aux piétons. Après de grands travaux de terrassement, la statue remisée fut installée définitivement à l'entrée du jardin du Bosquet où elle est toujours, à présent parmi des vignes et près d'un jeune mûrier.

---

[318] Voir annexe note n°3.

Fig. 33. Alès. Statue de Louis Pasteur, près de l'Hôtel de ville, à l'entrée du jardin du Bosquet.

Fig. 34. Détail de la statue de Louis Pasteur : le microscope et le mortier qu'il utilisa pendant ses recherches de la maladie des vers à soie.

*
* *

Les hommages à Louis Pasteur, au fil du temps se succèdent. En 1923, c'est la célébration nationale en grandes pompes du centenaire de sa naissance, avec une année de retard. Alès n'est pas en reste : une manifestation a lieu au Pont-Gisquet lors de la pose d'une plaque commémorative sur la façade du domaine où Pasteur séjourna et travailla[319].

De nombreuses cérémonies ont lieu ici et là ; des fêtes somptueuses sont organisées à Paris, en Franche-Comté et à Strasbourg. L'université de Montpellier délègue quelques représentants à Paris pour les manifestations données à l'Hôtel de Ville : Godechot, doyen de la Faculté des sciences, Euzière, doyen de la Faculté de médecine, les docteurs Derrien, Forgues et Vives, professeurs de cette même faculté font le voyage. Les représentants montpelliérains ne vont ni à Dôle ni à Arbois ni à Strasbourg où se poursuivent d'autres célébrations. Le Midi, et plus précisément Alès ne participent pas à ces célébrations. Avait-on déjà rayé des mémoires les cinq longs séjours passés par le savant dans nos Cévennes de 1865 à 1869 ? Que restait-il de l'immense service qu'il avait rendu à une industrie moribonde en la sauvant du désastre dans lequel elle se trouvait ?

Un félibre alésien, Alcide Blavet, composa un poème à l'occasion de ce centenaire. Il était écrit dans la langue de Mistral et se chantait sur l'air de *Coupo santo*[320] :

Couplet
Une méchante maladie
Pesait sur nos mas...
Au pays de la châtaigne
T'envoya Monsieur Dumas.

Refrain
Ô grand Maître,
Le Mal-être
Toi, tu l'as guéri
Et dans l'air allégé
L'espoir a refleuri !

---

[319] Voir annexe note n°21.

[320] Alcide Blavet (1868-1934), félibre, érudit local et secrétaire de la Société scientifique et littéraire d'Alais. Traduction donnée dans le n°12 de *l'Almanach du Val Borgne en Cévennes*, année 2000.

Couplet
Les vers à soie sur la bruyère
Peinaient, languissants,
Et l'agile magnanarelle
Soupirait dans le souci.

Au refrain

Adieu la belle chambrée
Où luisait le cocon
Avec sa couleur dorée
Colorée de soleil !...

Au refrain

Mais penché sur la cornue,
Sept ans tu as tout étudié :
À ton enquête minutieuse
Rien n'a pu échapper

Au refrain

Et voici que, souveraine,
Jaillit ton inspiration :
En sélectionnant la graine
Tu sauves la génération

Au refrain

Et la nouvelle s'envole
Du ruisseau de Chaudebois
Et s'entendent dans le vent fou
Retentir le fifre et le hautbois...

Au refrain

Et de Ners à la Mialouse
Un air de joie a soufflé :
La grand-mère à sa quenouille
S'est à nouveau mise à chanter

Au refrain

Maintenant a fui le désastre.
Le ciel est ensoleillé...
Ô Pasteur, tu es le bon pâtre
Qui sur la maison a veillé

Au refrain

Et le Raïol te fait fête
En replantant des mûriers
Et, aujourd'hui, couronne ta tête
De roses et de lauriers.

Nouveau refrain

Ô grand maître,
Le Mal-être
Toi, tu l'as guéri
Et dans l'air allégé
Ton triomphe a fleuri.

Conclusion

En acceptant cette mission dans le Midi, Pasteur ne s'aperçut pas qu'il s'était aventuré sur un terrain où il n'avait pas l'habitude d'aller : « celui où la science côtoie la politique. » Là où Dumas naviguait avec brio et autorité depuis fort longtemps, Pasteur se sentait gauche et mal à l'aise. Il laissait à d'autres le soin d'envisager les moyens pour redresser une économie moribonde, se contentant d'agir dans son domaine le plus familier, celui du laboratoire et de l'expérimentation. La ruine qui menaçait l'activité de nombreuses petites villes, et plus encore de petits villages, dans une vaste région du midi de la France ne pouvait être réglée « vitement » que par les dirigeants du moment, Napoléon III en tête[321]. Croyant honorer un savant qui avait rendu un si grand service à son pays, quelques années plus tard, l'empereur l'inscrivit, sans lui en toucher un mot, sur la liste des futurs sénateurs qu'il proposerait à l'élection des notables. Louis Pasteur ne savait rien de la vie politique ; de plus, il ne s'en préoccupait pas.

Un jour, à Jules Simon qui lui offrit, bien avant l'empereur, une candidature de sénateur dans son parti du centre gauche dissident, il demanda vingt-quatre heures de réflexion. Ce délai était destiné à s'enquérir de l'avis de son conseil de famille ; la décision fut nette :
« Rien ne doit détourner Pasteur de son unique objectif [à l'époque il s'agissait pour lui et son équipe de gagner la bataille contre la rage][322]. »

Le lendemain, devant la grande porte du haut de la rue de Tournon, comme il avait remercié l'empereur, il remercia Jules Simon d'avoir pensé à lui, et refusa « simplement et poliment », en lui pressant la main :
« Je n'aurais jamais été bon sénateur, dit-il ; je serais devenu moins bon chimiste. Laissez-moi faire le métier auquel je suis propre. »

*
* *

Bien avant Pasteur, de nombreux scientifiques s'occupèrent des maladies des vers à soie. Olivier de Serres avait reconnu le caractère contagieux de la flacherie ; il

321 Richard Moreau, *Le dernier pli cacheté de Louis Pasteur…*, in *La vie des sciences*, oct. 1989.
322 Maurice Vallery-Radot, p. 65.

avait aussi noté l'impossibilité de trouver un remède à cette infection. La seule prophylaxie recommandable selon lui était de jeter les vers malades aux poules. Sous le Premier Empire, un médecin belge, Pierre-Humbert Nysten passa à côté de la nature microbienne de la muscardine. Béchamp, qui étudiait en même temps que Pasteur les maladies des vers à soie, publia un premier rapport dans lequel il affirmait que la pébrine était bien une maladie microbienne, qu'elle était constitutionnelle et parasitaire. De son côté, Quatrefages, dans son rapport du 21 mars 1859, avait mis en évidence le caractère épidémique et héréditaire de la maladie. Enfin, les auteurs italiens, tels Cornalia et Osimo, avaient parfaitement établi sa transmission héréditaire. Pour certains, la notoriété de Pasteur et son entregent auraient, seuls, réussi à imposer sa théorie du grainage cellulaire en dépit des erreurs qu'il aurait commises[323]. Ce qui évidemment est faux : n'oublions surtout pas que dès le 26 juin 1865, soit à peine dix jours après son arrivée à Alès, Pasteur avait fixé le procédé de grainage sélectionné qui est encore en usage de nos jours. Mais il lui fallut encore quatre années pour terminer ses recherches sur la maladie des vers à soie et confirmer toutes ses intuitions.

*

* *

En persuadant Pasteur de poursuivre pendant cinq années consécutives, parallèlement à d'autres travaux, les recherches qui devaient vaincre le fléau qui ravageait le Midi, Jean-Baptiste Dumas rendit un service inestimable à l'agriculture méridionale. Peut-être, du même coup, a-t-il orienté Pasteur vers la guérison de maux infiniment plus redoutables que la pébrine et la flacherie : les maladies infectieuses qui déciment l'homme et les animaux[324] ?

« Les études sur les vers à soie, à écrit le docteur Roux, sont le véritable guide de celui qui veut étudier les maladies contagieuses. » Pour ce qui concerne Pasteur, c'est la pure vérité. Nous dirons avec Marcel Roland que les conceptions modernes des médecines vétérinaire et humaine, de l'hygiène, de la chirurgie, sont nées au Pont-Gisquet :

« Charbon, choléra des poules, rouget du porc, fièvre puerpérale, rage, leurs vaccins et leur guérison et, après Pasteur, les travaux de ses disciples sur le croup, la peste, le choléra humain, tout est en germe dans l'étude de la pébrine et de la flacherie. »

---

[323] Philippe Delcourt.

[324] Georges Wery, Jean-Baptiste Dumas agronome, in : *Bulletin de la Société d'encouragement pour l'industrie nationale*, novembre 1934, p. 606.

*
* *

Le mot de la fin revient de droit à Jean-Baptiste Dumas. En s'adressant à Pasteur, en 1882, aujourd'hui son égal, hier son élève, il déclare :

« Au milieu de ces admirables conquêtes de la Science pure, de la Philosophie naturelle et de la pratique, nous pourrions oublier qu'il est une contrée où votre nom est prononcé avec un respect particulier : c'est le pays si fortuné jadis où s'élève le ver à soie. Un mal, qui avait répandu la terreur dans toutes les familles de nos montagnes méridionales, avait fait disparaître les belles races qu'elles avaient créées à force de soins et de sages sélections. La ruine était complète. Aujourd'hui, grâce à vos procédés de grainage scientifique, les Cévennes ont retrouvé leur sécurité, et le pays voit renaître une des sources de sa richesse[325]. »

C'est aussi ce que monsieur Jeanjean, ancien maire de Saint-Hippolyte qui avait accueilli Pasteur dans son village, principalement lors de son dernier séjour dans le Midi, écrit en 1872 dans le *Bulletin de la Société centrale d'agriculture de Montpellier* dont il est devenu le rédacteur principal :

« Sachons reconnaître d'ores et déjà, avec un sentiment profond de gratitude, le service immense qu'un illustre savant français a rendu à la sériciculture, en indiquant un moyen sûr et pratique de confectionner de bonne graine. »

*
* *

La conclusion énoncée par Pasteur et le *remède* qui en découlait ne furent pas acceptés tout de suite, en France à tout le moins :

« La méthode de M. Pasteur, déclara Grancher en 1894, eut plus de succès d'abord en Italie, où elle fit la fortune de ceux qui l'adoptèrent dans leurs magnaneries. Mais elle ne tarda pas à reprendre faveur, et aujourd'hui partout où on cultive le ver à soie, on suit rigoureusement les principes, la méthode, et jusqu'aux procédés indiqués par M. Pasteur, si bien qu'à la station agricole de Montpellier, on pouvait voir récemment des élèves japonais venus pour s'initier à cette méthode et la rapporter dans leur pays[326]. »

La méthode de Pasteur, nous l'avons vu, n'a pas toujours été bien comprise. Le savant aurait-il manqué de pédagogie ? L'utilisation du microscope était-elle au-

---

325 Discours de J.-B. Dumas in : *Médaille d'honneur offerte à M. Pasteur…* Paris, Gauthier-Villars, 1882.

326 Grancher, p. 13.

dessus des moyens de l'ensemble des sériciculteurs ? Toujours est-il que le 5 juin 1873, *l'Union Séricicole* dont le siège est à Valréas dans le Vaucluse, publie encore un article très virulent :

« Le grainage par sélection microscopique tel que l'expose M. Pasteur, a été appliqué surtout à la régénération de nos races indigènes, mais avec des succès si variés, que les *bacologues* éminents en contestent l'efficacité... M. Pasteur rendrait un nouveau service à la sériciculture et augmenterait la popularité dont il est en possession, s'il condensait dans un opuscule de quelques pages les instructions nécessaires pour la pratique du grainage par sélection microscopique. Pour un lecteur rural, un gros livre est un labyrinthe dans lequel il n'ose entrer, de crainte de s'y perdre.

« - Jamais, se dit-il, je ne pourrai me loger tout cela dans la mémoire,

« Et il met le livre de côté ou plutôt le laisse chez le libraire. »

Un exemplaire de cette revue conservé dans les archives de l'Institut Pasteur avait été envoyé au savant qui a noté dans un coin :

« Journal qui a été toujours opposé à mon procédé. Ses remarques d'aujourd'hui sont très significatives. »

*

* *

Finalement la méthode pastorienne s'imposera dans le pays.

En 1877, dans son numéro du 2 juillet, le rédacteur du *Bulletin séricicole français* dont les bureaux sont situés dans la Grand'rue d'Alès, résume en cinq points la méthode à appliquer pour obtenir des vers robustes et vigoureux qui convenablement élevés donneront de belles récoltes :

1° Suivez avec soin l'éducation que vous destinez au grainage pour vous assurer qu'elle ne présente pas de trace de flacherie ;

2° N'admettez au grainage que des cocons irréprochables comme forme, force et nuance ;

3° Faites grainer vos papillons en cellule et rejetez avec soin tout couple dont l'aspect ne sera pas satisfaisant ;

4° Observez la longévité des papillons et rejetez toute cellule dont la pondeuse n'aura pas vécu huit à dix jours ;

5° Conservez les deux papillons de chaque cellule pour faire, en les broyant, votre examen microscopique.

*

* *

Il n'y a aucun doute possible aujourd'hui : c'est bien Louis Pasteur qui a codifié les règles d'hygiène et demandé leur application stricte. Cependant, il faut observer qu'Armand de Quatrefages dans le rapport qu'il rendit à l'Académie des sciences le 21 mars 1859, bien avant que Pasteur lui-même ait eu simplement l'idée de ce qui se passait dans la région d'où revenait le célèbre anthropologue, donnait cette question de manque d'hygiène comme l'une des raisons de l'épidémie :

« … La très grande majorité des éducateurs accuse des désastres actuels une maladie des vers eux-mêmes, maladie nouvelle selon les uns, déjà connue selon les autres, mais ayant pris une extension inusitée ; épidémique au dire du plus grand nombre, due selon quelques-uns à des causes diverses qui toutes se rattachent à l'inobservance de quelques-unes des règles d'hygiène[327]. »

Pendant les longues années que dura l'épidémie dans le midi de la France, sous la pression de la concurrence étrangère, les sériciculteurs prirent de nouvelles habitudes qui les amenèrent, peu à peu, à se désintéresser de leur activité. En 1854, 98% des soies grège étaient d'origine française, en 1876, 50% de l'approvisionnement des filatures de la France venait de l'étranger. Pendant cette même période, le déclin des éducations entraîna l'arrachage massif des plantations de mûriers au profit de la vigne.

Le rapport remis par M. Mozziconacci, nommé directeur de la toute nouvelle Station expérimentale d'Alès en 1897, résume l'histoire de la sériciculture et aussi l'origine de son déclin :

« C'est à cette époque [1865] que l'illustre Pasteur, sur les instances du savant chimiste Dumas, entreprit les remarquables travaux grâce auxquels il put doter la sériciculture, non seulement d'une méthode qui lui permit de se débarrasser d'une façon absolument certaine de la maladie de la pébrine, mais aussi de conseils d'une portée considérable qui, *s'ils étaient mieux mis en pratique*, permettraient à nos éducateurs d'éviter, dans la plupart des cas, la flacherie et de faire produire à leurs vers à soie le maximum de rendement.

« Les découvertes de l'éminent bactériologiste avaient fait renaître l'espoir dans nos régions séricicoles si éprouvées par le terrible fléau et la culture du ver à soie semblait vouloir reprendre son essor lorsqu'une nouvelle cause, d'ordre économique, vint amener à nouveau le découragement chez nos sériciculteurs. Je veux parler en même temps que de la cherté de la main-d'œuvre, de l'avilissement du prix des cocons qui est la conséquence nécessaire de l'emploi toujours croissant dans les fabriques de soieries, de soies de qualité inférieure importées de l'Extrême-

---

[327] *Rapport fait au nom de la sous-commission chargée par l'Académie d'étudier la maladie des vers à soie dans le midi de la France*, CRAS, année 1859, t. XLVIII.

Orient qui, depuis environ 25 ans, débarque annuellement au port de Marseille des quantités considérables de soies et de cocons[328]. »

Ateliers de filature dans les Cévennes en 1908

Alès	10	filatures	562 bassines
Anduze	10	filatures	400 bassines
Durfort	1	filature	51 bassines
Ganges	10	filatures	532 bassines
Lasalle	8	filatures	355 bassines
Saint-Hippolyte-du-Fort	7	filatures	327 bassines
Saint-Jean-du-Gard	12	filatures	598 bassines
Valleraugue	2	filatures	136 bassines

Ateliers de filature dans le Gard et dans les départements voisins

Gard	108	ateliers	5285 bassines
Ardèche	45	ateliers	3074 bassines
Drôme	22	ateliers	1581 bassines
Hérault	15	ateliers	883 bassines
Vaucluse	23	ateliers	841 bassines
Lozère	4	ateliers	224 bassines

L'éducation des vers à soie allait de pair avec les filatures. Le département du Gard, selon une statistique de 1908, comptait cent huit ateliers de cinq mille deux cent quatre-vingt-cinq *bassines* et environ onze mille fileuses[328a].

Après la dernière guerre, la sériciculture, et aussi la filature disparurent peu à peu des Cévennes et de tout le bassin méditerranéen. En 1968, l'État suspendit ses aides à la production séricicole. Cent trente-trois éducateurs encore en activité à

---

328 *Mesures à prendre pour amener (sic) le relèvement de la sériciculture.* Rapport du 5 octobre 1897. Archives départementales du Gard, 7M/217.

328a *Union régionale des Syndicats de Fileuses en soie. Congrès régional des Fileuses tenu à Alais, le 1er mars 1908 au théâtre*, Nîmes, Imprimerie l'Ouvrière, 1908.

La *bassine* est le nom du poste de travail d'une fileuse ; sa dénomination vient du récipient, un chaudron en général, rempli d'eau bouillante dans lequel sont plongés les cocons pour tuer la chrysalide juste avant leur dévidage.

cette époque furent définitivement mis au chômage. La dernière filature ferma à Saint-Jean-du-Gard. C'était la mort de la sériciculture[329].

*
* *

Le professeur Vago, directeur de la Station de recherches cytopathologiques de Saint-Christol-les-Alès, résume dans une lettre qu'il adresse au docteur Remaudière de l'Institut Pasteur, le 17 mai 1968, la situation de la sériciculture en France :

« … En ce qui concerne les recherches de Pasteur sur les maladies du ver à soie, les renseignements [pour l'organisation des visites de l'Institut Pasteur] ne relateront peut-être pas du caractère d'actualité qu'on souhaiterait. En effet, si les principes de la sélection des vers à soie exempts de nosémose (pébrine) que Pasteur a mis au point ont été appliqués, avec quelques modifications, jusqu'à ces derniers temps, la quasi-disparition de la sériciculture en France et dans la plupart des pays européens a pratiquement supprimé toute activité dans ce domaine. Les derniers graineurs (sélectionneurs d'œufs de vers à soie) ont fermé leurs portes, il y a plus de dix ans. En Italie et au Japon, on poursuit encore la sélection sanitaire de races et c'est surtout les œufs japonais qui sont distribués dans les pays faisant encore des élevages de vers à soie. Toutefois au Japon, on emploie une sélection beaucoup moins rigoureuse contre la pébrine que Pasteur ne l'a imaginée. Alors que Pasteur prescrit l'examen de toutes les femelles dont la ponte était retenue, au Japon, il ne s'agit que de l'observation de quelques géniteurs. »

*
* *

L'éducation des vers à soie qui exige des climats chauds et une main-d'œuvre abondante a trouvé en Orient et plus particulièrement en Chine, son berceau, un terrain plus propice pour un développement à très grande échelle. Cette double condition explique le retour de l'Extrême-Orient au tout premier plan : la Chine produit 40 000 tonnes et le Japon 3 000. À eux deux, ils assurent 75% de la production mondiale. Loin derrière viennent l'Inde et les deux Corée, la Russie avec 4 000 tonnes et le Brésil 1 000 tonnes.

*
* *

---

[329] Françoise Clavairolle.

En 1906, le Japon fut le premier pays à promulguer une loi rendant l'utilisation du procédé Pasteur (le grainage cellulaire et l'hygiène des magnaneries) obligatoire dans tous les élevages de vers à soie. Ce procédé est toujours appliqué, à quelques nuances près, dans tous les pays producteurs de soie, car il est efficace et économique. La pébrine existe toujours.

*
* *

Dans un souhait formulé à l'Académie de médecine en 1879, Pasteur a déclaré :
« J'ose engager les jeunes médecins à faire une lecture approfondie de mes *Études sur la maladie des vers à soie* ; ils y trouveront le premier exemple d'une maladie à la fois héréditaire et contagieuse, poursuivie non seulement dans ses caractères propres et dans les lésions qu'elle détermine, mais dans les propriétés et le développement de son comptage microscopique et vivant. Ils y trouveront également l'étude d'une autre maladie, la flacherie, qui n'offre pas moins d'intérêt. »

*
* *

Les travaux de Pasteur ont fait la chaîne entre ses études sur les fermentations et celles qui, plus tard, porteront sur les maladies infectieuses :
« Ces études sur la maladie des vers à soie ont eu une répercussion plus lointaine : elles ont retenti sur la médecine, en mettant Pasteur en présence des questions les plus grandes de la pathologie. Contagion, hérédité, sensibilité diverse des animaux ou des diverses espèces, influence du monde de pénétration du virus, de sa qualité, de sa quantité, autant de questions que la médecine remuait depuis longtemps… mais que la nouvelle façon d'envisager la maladie éclairait d'une lumière nouvelle[330]. »

*
* *

En 1888, à l'âge de soixante-six ans, s'arrête la vie scientifique de Pasteur. Il vivra désormais dans une retraite d'où il sortira le 27 décembre 1892 pour recevoir dans le grand amphithéâtre de la Sorbonne l'hommage universel que lui rendirent

[330] Émile Duclaux, *Inauguration de la statue…*, pp. 6-7.

les plus grands savants du monde entier. Ce jour-là, on vit Pasteur et Lister se donner l'accolade au milieu de l'enthousiasme général[331].

*
* *

« Le jugement du temps est le seul que la science puisse accepter[332]. »

---

331 Adrien Loir, p. 167.
332 P. Frémy.

Annexes

Notes et documents

Note n°1

Avant 1927, l'usage était d'écrire Alais. Tout au long de l'ouvrage, on rencontrera donc, suivant l'époque ou les citations, les deux orthographes possibles : Alais et Alès, Alaisiens et Alésiens.

Par décret ministériel du 29 juillet 1926, il est décidé que « la commune d'Alais (canton et arrondissement d'Alais, département du Gard) porterait à l'avenir le nom d'Alès ».

Les raisons de ce changement d'orthographe sont contenues dans un rapport que la Société scientifique et littéraire d'Alès fait parvenir à la municipalité afin que l'ancienne orthographe soit rétablie. Alcide Blavet, félibre, érudit local, et président de cette société, argumente son rapport suivant trois points : la tradition, l'étymologie et la prononciation.

L'origine celtique *Alles* signifie pays élevé, par rapport à *Nomoz* (Nîmes) pays plat. Par la suite les Romains la désignèrent sous les noms d'*Alestum* ou d'*Alest.* Deux chartes de 1200 accordent des privilèges aux habitants d'*Alest* pour l'une et d'*Alesti* pour l'autre. Notons que la paix d'Alès fut signée par Richelieu, le 28 juin 1629, avec cette orthographe.

Concernant la prononciation locale du mot *Alès*, certains linguistes faisaient remarquer que la dénomination admise d'*Alais* aurait dû se prononcer comme Calais ou Beauvais, ce qui n'a jamais été le cas.

Dernier argument : une erreur de transcription serait à l'origine de la modification de l'orthographe. La graphie *Alais* se trouve pour la première fois dans une lettre adressée en 1629 par le roi Louis XIII au Parlement de Paris. Mais, il est maintenant avéré que l'orthographe de ce souverain, comme de bien d'autres personnages du temps, était très fautive. À partir de 1694, cette graphie sera utilisée pour la rédaction de tous les actes officiels.

Référence : Archives municipales d'Alès, *Le nom de la ville en question quand Alais devint Alès.*

Note n°2

Les pétitionnaires du 5 décembre 1864 n'avaient eu qu'à signer au bas d'un feuillet imprimé, libellé de la façon suivante :

« Adhésion des Propriétaires fonciers, soussignés, habitants de …………, à la pétition adressée au Sénat par les membres du Conseil municipal et divers propriétaires fonciers d'Alais, le 30 septembre 1864, pour obtenir le dégrèvement des propriétés en mûriers et le concours du Gouvernement dans les moyens les plus propres à combattre le fléau qui frappe si cruellement les contrées séricicoles. »

Référence : Archives nationales, pétitions adressées au Sénat, année 1865, CC/482/3.

Note n°3

La statue de Dumas a été déboulonnée et fondue par ordre des troupes allemandes occupantes. Elle a été remplacée, récemment, par une œuvre « en ferraille » de Raymond Roux, sans caractère bien que très inspirée du premier modèle. Elle fait face aujourd'hui à l'hôtel des impôts, à quelques mètres de l'emplacement de la statue originale. Cette nouvelle statue fut inaugurée, le 24 novembre 2000, par M. Max Roustan, maire d'Alès en présence du professeur Corriu, de la Faculté de Montpellier, membre de l'Académie des sciences. À noter que sur le piédestal de la nouvelle effigie, au nombre des titres du chimiste alésien, celui de sénateur du Gard (de 1852 à 1870) a été oublié.

De tout temps, les métaux furent récupérés et fondus pour financer les guerres. Les Allemands pendant l'Occupation n'en voulaient qu'aux œuvres en bronze convertibles en canons. À Alès, après la statue de Dumas, celles du politicien Jules Cazot, des littérateurs Jean-Pierre de Florian et Alphonse Daudet, du félibre Gustave de la Fare-Alais et de l'érudit polygraphe Boissier de Sauvages subirent le même sort. Seule celle de Louis Pasteur ne fut pas déboulonnée par respect pour le génie du savant et sa renommée universelle. Le génie préserve du vandalisme.

À la même époque, dans la région, une menace identique pèse sur les statues du général François Perrier et de l'anthropologue Armand Quatrefages de Bréau, toutes deux érigées sur une place publique de Valleraugue (Gard). Les Secrétaires perpétuels de l'Académie des sciences, alertés par un correspondant local, adressent simultanément une même requête au préfet du Gard, Angelo Chiappe, et au maréchal Pétain. Ils leur demandent, en février 1942, dans une lettre que nous n'avons pas retrouvée, de « faire surseoir à tout enlèvement de ces monuments [pour] éviter une profanation dont l'écho retentirait à coup sûr très douloureusement dans le monde scientifique » et dans le département.

Le préfet du Gard, Angelo Chiappe, frère de l'ancien préfet de police, saisi de la requête du secrétariat général du maréchal Pétain, répond le 17 mars 1942, soit quatre mois après la supplique des Secrétaires perpétuels de l'Académie des sciences :

« ...J'ai l'honneur de vous rendre compte que ces statues figurant sur la liste établie par la Commission départementale et approuvée par décision de M. le Ministre de l'Éducation nationale [Jérôme Carcopino, secrétaire d'État de l'Instruction nationale et de la Jeunesse] en date du 5 février 1942, leur enlèvement a été déjà effectué conformément aux instructions ministérielles.

« Je me trouve dès lors dans l'impossibilité de répondre au désir de MM. les Secrétaires perpétuels de l'Académie des sciences qui m'avaient directement saisi du vœu de cette Compagnie.

« J'ajoute toutefois que j'ai informé, en temps utile, M. le Maire de Valleraugue de la possibilité qu'il a de faire remplacer ultérieurement par des statues en pierre les statues en bronze dont l'enlèvement a été imposé par les nécessités impérieuses de la production nationale. »

Les Secrétaires perpétuels qui ne se contentent pas de la réponse du préfet reviennent auprès du chef de l'État. Voici la lettre que, le 17 novembre 1942, le duc Louis de Broglie, au nom de ses collègues de l'Institut, a adressée au maréchal Pétain :

« L'Académie des sciences a appris avec émotion que les monuments élevés à la mémoire de deux savants illustres qui furent ses membres sont menacés d'être enlevés, comme l'ont été déjà ceux de nombre d'autres monuments de nos places publiques pour fournir du bronze à l'Allemagne.

« Ces monuments sont d'ailleurs en zone non occupée ce qui pouvait faire espérer qu'ils seraient respectés.

« Élevés par souscription publique, œuvre du sculpteur nîmois, Léopold Morice, ils ont été érigés dans la ville de Valleraugue (Gard) dont étaient originaires ces deux savants.

« Le premier, une statue élevée en 1892 représente le général Perrier (1833-1888), le restaurateur de la géodésie française, qui à tous ses titres militaires et scientifiques ajoutait celui d'être en quelque sorte le bienfaiteur de son pays natal qu'il aimait avec passion et où il était adoré.

« Le second, un buste, avec figures allégoriques, élevé en août 1894, représente Armand de Quatrefages de Bréau (1810-1892), le célèbre zoologiste et anthropologiste, d'une réputation mondiale qui illustra la chaire d'anthropologie au Muséum national d'histoire naturelle.

« L'un et l'autre étaient l'orgueil de la ville de Valleraugue. La nouvelle que les monuments élevés à eux pouvaient disparaître a causé une douloureuse stupéfaction et de nombreuses protestations se sont manifestées de toutes parts.

« L'Académie des sciences, fière d'avoir compté François Perrier et Armand de Quatrefages au nombre de ses membres s'y associe unanimement. Elle n'ignore pas qu'on a fait espérer le remplacement ultérieur du bronze par de la pierre, mais c'est là un espoir illusoire, car le sculpteur est mort depuis longtemps. D'anciennes maquettes réduites ne suffiraient pas pour reconstituer en pierre les originaux en bronze. Et que vaudrait demain une telle reconstitution ! Enlever à Valleraugue les figures de deux de ses enfants dont elle est si justement fière serait une véritable cruauté.

« Sachant quelle admiration et quel souci vous avez, Monsieur le Maréchal, pour tout ce qui fait l'honneur et la grandeur de notre Pays, nous n'hésitons pas à nous adresser à vous pour vous demander votre puissant appui dans la défense d'une noble cause, où sont en jeu deux de nos anciens confrères de cet Institut de France qui s'honore de vous compter parmi les siens. »

L'affaire n'en reste pas là. Saluons au passage la pugnacité des Secrétaires perpétuels. Dans une lettre du 25 septembre 1943 adressée à Abel Bonnard, secrétaire d'État de l'Instruction nationale et de la Jeunesse, qu'ils continuent d'appeler ministre de l'Éducation nationale et des Beaux-arts, ils reviennent sur la question du remplacement de la statue :

« … Au mois de février 1942 nos démarches auprès du Chef de l'État et du préfet du Gard pour obtenir que la statue en bronze du général François Perrier, à Valleraugue (Gard), soit laissée en place n'ont pas abouti. La statue a été enlevée le 11 mars 1942 pour être envoyée à la fonte, mais il a été fait part à l'Académie de la possibilité de la remplacer ultérieurement par une statue de pierre.

« Nous savons qu'actuellement la question de cette reconstitution des monuments en bronze disparus est mise à l'étude par votre Département, auquel il appartient de prévoir les crédits correspondants, de rechercher les matériaux nécessaires et les sculpteurs capables qui seront chargés d'exécuter les nouveaux monuments.

« Il est vraisemblable qu'il sera difficile, pour tel ou tel motif, de remplacer tous les monuments enlevés. Aussi nous permettons-nous d'attirer votre attention sur l'intérêt primordial qui s'attache à ce que la statue du général F. Perrier soit comprise dans votre Administration, sur la liste de ceux qui doivent être rétablis sans conteste. [Notons au passage que l'Académie consent à oublier dans l'effort de remplacement la statue de Quatrefages et celle de Dumas dont la disparition ne semble l'avoir touchée que *par principe*.]

« ... L'enlèvement [de la statue du général Perrier] a causé dans son pays natal, fier du monument qui rappelait le souvenir de son enfant, la plus pénible sensation. Mais celle-ci a été éprouvée dans bien d'autres milieux. Sans aucun doute l'Académie des sciences elle-même ne comprendrait pas que cet acte qu'elle déplore amèrement et unanimement, ne soit pas largement réparé.

« Nous avons l'honneur, Monsieur le Ministre, d'insister de la manière la plus pressante auprès de vous, au nom de l'Académie pour que vous accomplissiez un tel acte de justice qui vous donnera des droits à notre profonde reconnaissance... »

Le secrétaire d'État, à la date du 19 octobre suivant, répond aux Secrétaires perpétuels :

« Vous avez bien voulu m'exprimer le désir que le monument en bronze du général François Perrier à Valleraugue (Gard) enlevé en vue de la refonte, soit remplacé par une œuvre en pierre.

« J'ai l'honneur de vous faire connaître que l'Administration générale des Beaux-Arts est toute disposée à mettre à l'étude le projet de commande d'une statue en pierre, étant entendu que le remplacement sera réalisé par une création nouvelle et distincte de l'œuvre enlevée et que le sculpteur sera désigné par l'État... »

Référence : Archives de l'Académie des sciences, papiers de Jean-Baptiste Dumas, dossiers *Quatrefages* et *Perrier*.

Note n°4

Au XVIe siècle, un économiste de petite noblesse protestante, né en 1545 à Beausemblant dans la Drôme, Barthélemy de Laffemas, entra au service du roi Henri IV. Auprès de lui, il partagea avec Sully la marche de son gouvernement : Sully à l'agriculture et lui à l'industrie et au commerce. Ardent défenseur du *mercantilisme*, il fut à l'origine de la fondation des grandes manufactures royales (dont celle des Gobelins), du développement des voies de communications (routes, ponts, canal de Briare, etc.). Contre l'avis de Sully, il imposa l'essor des industries du luxe et en particulier celle de la soie. On lui doit plusieurs ouvrages sur la sériciculture d'où sont extraits les chapitres suivants concernant l'éclosion et la ponte de la graine :

« Temps de mettre esclorre la graine »

« Aussi tost que les meuriers commanceront à boutonner et produire leur feuille sur la fin du mois de mars ou commancement d'apvril, si le temps le permet (et non plustost), faut mettre couver la graine depuis le second jusques au dixième jour de la lune, jamais en decours (si ce n'est en cas de necessité que la feuille s'advançast par trop, auquel ne faut avoir aucun esgard), parce qu'en ce même temps ils commanceront à monter pour produire leur soye et seront plus puissants, tellement qu'ils feront leurs pellotons, escosses ou coucons, plus grandes, plus fortes, dures et plus fines de poil, que les autres produictes en autre saison ; mais ceux qui naissent et montent en dehors de Lune sont toujours faibles et ne profittent tant que les autres.

...

« Après [avoir divisé la graine par onces] la faut mettre entre des traversiers et coüette de plume aucunement chaudes ; la chaleur naturelle de ceux qui couchent sur ladite coüette est la meilleure et ne sera besoin chauffer si souvent, seulement quelquesfois le jour pour entretenit la chaleur modère et lente ; néantmoins les faut visiter tous les jours.

« Et lors que verrez ladicte graine changer de couleur et devenir bleuë, la faut couvrir avec du papier percé bien menu, sur lequel ainsi que verrez quelques vers esclos, faut mettre des feuilles de meuriers les plus tendres qui se trouveront pour les lever. Dans sept ou huit jours ou plustost que lesdicts vers commanceront à naistre, s'ils sont noirs, c'est signe qu'ils feront bonne fin et que la graine a esté bien conduicte. Mais s'ils naissent roux, c'est mauvais présage que la graine a esté eschauffée, qui sera l'occasion qu'ils ne proffiteront, se laissant presque tous mourir à la première et seconde muë, parquoy faut estre bien avisé en cest endroict. »

« Façon de faire la graine des vers »

« Après avoir faict choix de la quantité de pellotons [cocons] que voudrez pour la graine, surtout qu'ils ayent esté faicts en même temps, les faut mettre sur un tablier d'ais [planche]. Dans dix-huict ou vingt jours (comme a esté dict), les papillons commanceront a esclorre de leurs pellottons, sur le matin depuis cinq heures jusqu'à huict et quelques-uns sur le soir, et plus aisément quand le ciel est couvert et humide qu'estant sec. Après s'estre vuidez de quelque humeur ils s'accouplent aussi tost masle et femelle, lesquels ainsi accouplez faut oster de ce lien, et les mettre sur autre tablier couvert de camellot, serge ou estamine noirs, pour y faire leurs graines, et prendre garde que les malades qui ont esté accouplez une fois ne s'appareillent avec autres femelles, plustost les jetter pour estre inutiles et qui destournent les autres.

« Dans sept ou huict jours après que les papillons ont faict leur graine, ils meurent, et lorsque verrez ladicte graine se noircir, c'est signe qu'elle est nourrie : la faut doucement séparer d'avec ladite sarge ou estamine ; après l'avoir nettoyée, la serrer et tenir en lieu aucunement frais durant l'esté, afin qu'elle ne s'eschauffe, et l'hiver la tenir en lieu tempéré, jusques qu'il la faudra mettre couver une autre année ; néantmoins, la visiter parfois durant l'esté et l'hyver. Et, en cas qu'elle soit salle ou eschauffée, la faut laver avec bon vin, estant seiche, la serrer comme dict est. »

Référence : Barthélemy de Laffemas, *La façon de faire et semer la graine de meuriers... gouverner et nourrir les vers à soye au climat de la France*, Nouvelle édition revue sur celle de Pierre Pautonnier, Paris, 1604.

Note n°5

Un mémoire manuscrit, intitulé *soie*, non daté, mais qui a été rédigé vers 1850-1855, a été conservé par Jean-Baptiste Dumas dans ses papiers personnels. Précisons que ce document n'est pas de la main du chimiste sénateur. L'extrait que nous avons choisi précise ceci :

« On conserve la graine dans des caves sur des linges ou des feuilles de noyer qui ont servi aux papillons à y déposer leurs œufs. On suspend ces objets dans le haut de la cave. On les fait éclore vers le milieu, la fin d'avril ou le commencement de mai. Selon l'état de la feuille, on détache la graine des étoffes avec une pièce de six liards. On la met dans un nouet et on la fait couver par des hommes ou des femmes qui les premiers jours peuvent sortir, mais qui vers la fin de la couvée restent au lit, jusqu'à ce que les vers soient éclos. On emploie maintenant des étuves réglées par des thermomètres. Un mode d'exploitation assez fréquent consiste à prendre un magnanier qui fournit la main-d'œuvre et la nourriture des ouvriers, le propriétaire fournit la feuille et tous les ustensiles ou locaux. Le premier reçoit le 1/3 des cocons et le propriétaire les 2/3… »

Référence : Archives de l'Académie des sciences, papiers Jean-Baptiste Dumas, carton 14, dossier *soie*.

Note n°6

Voici les informations fournies, en 1947, par les rédacteurs du petit *Manuel-guide d'instruction séricicole scolaire* :

« Afin de faciliter dans toute la mesure possible un petit élevage de 2 grammes de graines fait à l'école, sous la direction du Maître ou de la Maîtresse, le Comité national de la Sériciculture et le Groupement d'Importation et de Répartition des Soies accordent, à titre de prêt gratuit, un petit matériel de 4 claies et 2 montants pouvant très facilement être installé dans la classe. La graine de ver à soie et les brochures de vulgarisation sont mises gratuitement à la disposition des élevages scolaires.

« À côté de l'élevage fait en classe, il est recommandé d'organiser des élevages productifs de cocons à la maison familiale en distribuant aux élèves plusieurs grammes de graines de vers à soie ou des vers éclos. Ces élevages donnent toujours d'excellents résultats au point de vue qualité du cocon et rendement.

« Une prime d'encouragement est attribuée également à tous les élevages réussis soit en classe soit à la maison familiale… »

Note n°7

Le 19 mai 1864, le service des pétitions du Sénat enregistre sous le n° 51 la demande désespérée du sieur Limagne, instituteur à Orange (Vaucluse) :

« ...Il est de notoriété publique, et malheureusement l'expérience de chaque année le confirme, que l'industrie séricicole est à peu près perdue dans la contrée méridionale de la France. La campagne actuelle de 1864 tire vers sa fin, et déjà de secrets pressentiments laissent entrevoir à l'éducateur les mêmes déceptions, les mêmes échecs. Le désordre et le désespoir des années précédentes augmentent et continueront d'augmenter jusqu'à ce que la ruine de la sériciculture soit complète. Cependant, elle peut être sauvée, mais elle ne le sera que par un remède héroïque : l'intervention de l'État. Depuis l'apparition de la maladie, le Gouvernement, il est vrai, n'a pas épargné les essais de tout genre soit pour combattre le fléau, soit pour en découvrir la cause. L'on a tout examiné, tout étudié : le climat, l'atmosphère, la feuille du mûrier, la disposition locale des magnaneries. Toutes les recherches n'ont abouti qu'à des hypothèses vagues, erronées.

« Selon l'opinion du pétitionnaire, laquelle est partagée par de savants sériciculteurs, comme le constate la brochure annexée [sur la chemise, une note manuscrite de l'époque précise : *la brochure n'est point parvenue au secrétariat*] à la présente requête le fléau est entretenu aujourd'hui par une double influence : il dépend d'une double cause, d'abord la mauvaise qualité de la feuille produite par la taille annuelle des arbres au moment où ils sont en pleine sève et ensuite le commerce scandaleux de la graine.

« L'influence de la première est facile à comprendre. La feuille de mûrier greffé et mutilé tous les ans, étant trop aqueuse par suite de la surabondance de la végétation nourrit le ver à soie jusqu'à son terme, mais ne lui donne pas le privilège soyeux. L'influence de la seconde encore plus désastreuse se comprend aussi facilement. Comment voulez-vous que les vers à soie réussissent avec ce dévergondage dans le commerce de la graine quand nous voyons débiter au marché à 50 centimes les 25 grammes, des tas de graines semblables à celles que l'on vend à domicile jusqu'à 20 francs ; quand nous voyons dans une chambrée des vers à soie inégaux produire des cocons grossiers de toutes les couleurs, de toutes les dimensions, légers comme des plumes.

« Après avoir soumis au Sénat ces diverses considérations longuement développées dans la sus dite brochure, le pétitionnaire a l'honneur de solliciter la puissante médiation de l'illustre assemblée pour que le Gouvernement intervienne le plus tôt possible dans l'éducation des vers à soie, à l'aide de deux moyens infaillibles :

« 1° En imposant aux agriculteurs l'obligation de ne plus mutiler les mûriers afin que ces arbres reprennent leur état normal et fournissent ainsi une nourriture plus substantielle, plus soyeuse.

« 2° En se chargeant lui-même du monopole de la graine en la faisant contrôler par des agents compétents qui inspectent la marchandise, constatent sa nature et sa provenance. »

Référence : Archives nationales, pétitions adressées au Sénat, année 1865, n°315. CC/482/3.

Note n°8

À l'Académie des sciences, lors de la séance du lundi 18 janvier 1877, le grand professeur de clinique médicale à la Faculté de médecine de Paris, Jean Bouillaud, présente une *note sur la question de la nature de la contagion de la maladie dite fièvre typhoïde*. Louis Pasteur, juste après la lecture de la note, fait quelques observations verbales. Rappelons au passage, ceci a une importance capitale, que Pasteur n'est pas médecin et que tout au long de sa carrière, il aura à lutter contre l'acrimonie de certains membres du corps médical qui lui font le reproche de se *mêler des choses de la médecine.* Ceux-ci ne cesseront jamais de lui en faire l'observation, avec violence parfois. Signalons aussi que Quatrefages, lui en revanche, est médecin.

Voici l'intervention de Pasteur :

« Je demande seulement la permission de faire remarquer, en ayant recours à des observations qui me sont personnelles, que les maladies les plus contagieuses et les plus infectieuses peuvent ne pas être considérées comme telles par des hommes éminents, tant que les causes de ces maladies sont inconnues.

« Avant mes recherches sur la pébrine et la flacherie des vers à soie, on admettait que la maladie des vers à soie n'était ni contagieuse (propagation au contact), ni infectieuse (propagation à distance), mais qu'elle était éminemment épidémique… »

C'est au cours de cet échange verbal que Pasteur ne cite pas le nom de Quatrefages. Simple oubli de sa part ? Omission volontaire ? N'oublions pas que le brillant anthropologue avait avancé dans son rapport paru en 1860, donc bien avant les travaux de Pasteur, les mêmes idées (qui n'étaient chez lui, il faut bien le dire, qu'intuitives). Mais Pasteur s'en est attribué l'entière paternité, sans citer ses sources, donc sans faire mention des travaux de Quatrefages. Vieux ressentiment entre les deux académiciens qui couve depuis plus de quinze ans et qui, soudain, revient à la surface.

Référence : Archives de l'Académie des sciences, papiers J.B. Dumas, dossier *Quatrefages*. Lettre du 18 janvier 1877, adressée à Jean-Baptiste Dumas (?)

Note n°9

L'histoire des laboratoires de Louis Pasteur ferait à elle seule la matière d'un livre. Les laboratoires du Midi ont été évoqués ou le seront dans le corps de l'ouvrage. Nous plaçons dans cette note annexe les faits relatifs aux laboratoires parisiens car ils se rattachent, plus ou moins, aux séjours alésiens du savant. Quelques notes suffiront pour éclairer notre propos.

La construction d'un laboratoire de Louis Pasteur à l'École normale – un laboratoire digne de ce nom – ne commencera pas avant la fin de l'année 1868 : l'empereur avait exigé sa création, il est vrai, suite à une brochure virulente intitulée *Le budget de la science*, dans laquelle le savant avait osé écrire :

« Qui voudra me croire quand j'affirmerai qu'il n'y a pas, au budget de l'Instruction publique, un denier affecté aux progrès des sciences physiques par les laboratoires ; que c'est grâce à une fiction et à une tolérance administrative que les savants, envisagés comme professeurs, peuvent prélever sur le trésor public quelques-unes des dépenses de leurs travaux personnels, au détriment des allocations destinées aux frais de leur enseignement. »

En attendant sa future installation, le savant avait quitté les combles de l'École normale où il avait aménagé, en 1857, dans deux pièces une sorte d'embryon de laboratoire. C'est là qu'il termina ses travaux sur les fermentations et commença l'étude des générations spontanées et des putréfactions. En 1858, un nouveau local dans le bâtiment à droite en entrant dans le jardin de la rue d'Ulm fut mis à sa disposition : cinq pièces sur deux niveaux qui étaient réservées au service de l'architecture.

Le fonctionnement du nouveau laboratoire construit de 1868 à 1870 posa de sérieux problèmes à l'administration car aucune ligne n'existait au budget du ministère de l'Instruction publique. Le ministre faisait sans cesse, depuis longtemps, des demandes d'indemnités en faveur de Pasteur. Par exemple, le 14 avril 1862, Victor Duruy, ministre de l'Instruction publique et des Cultes écrivit à son Excellence le ministre d'État [le comte Walewski] :

« Votre Excellence connaît et apprécie à leur juste valeur les utiles recherches de M. Pasteur. Elle a bien voulu déjà donner à ce savant un témoignage de son estime, en faisant construire, pour son usage particulier, un laboratoire dans les dépendances de l'École normale. De mon côté, dans la mesure de mes ressources et dans les limites de mes attributions, j'ai tenu à ne point demeurer étranger à ces encouragements si bien justifiés : j'ai meublé le laboratoire construit par vos soins ; j'ai donné à M. Pasteur un préparateur ; j'ai mis enfin à sa disposition des indemnités, qu'il ne m'était permis d'ailleurs de lui allouer qu'à titre éventuel et par exception.

« En assurant à M. Pasteur des ressources fixes, je m'exposerais nécessairement aux légitimes observations de la Commission chargée de la révision des dépenses. Les crédits alloués au budget de l'Instruction publique ont, en effet, un but nettement défini qui est d'assurer à ses différents degrés *les dépenses de l'enseignement.* Or, si M. Pasteur exerce sur les études de l'École normale supérieure une autorité incontestée, son laboratoire est à lui seul, il le possède comme savant, le laboratoire officiel demeurant placé sous la direction du professeur de Chimie, M. H[enri] Sainte-Claire Deville. »

[Le passage en italique a été souligné par le ministre.]

Le ministre joignait à sa lettre la copie d'un mémoire de Pasteur où le savant justifiait ses travaux et exposait la philosophie de ses recherches.

À cette demande d'indemnité, le ministre d'État répondit que « ces fonds sont réservés aux savants et aux écrivains livrés à leurs propres ressources ». Or, ce n'est pas le cas de Pasteur qui est un fonctionnaire. La demande d'indemnité est refusée.

Le 30 avril 1862, Victor Duruy, se permettait d'insister :

« Monsieur Pasteur exerce, il est vrai, sur les études de l'École normale un droit de surveillance et de contrôle ; mais là s'arrêtent sa mission et ses devoirs, il administre et n'enseigne pas. Des recherches très dignes d'estime le désignaient spécialement à mon intérêt et au vôtre ; je lui ai donné un titre, j'ai voulu assurer à l'école le bénéfice de son expérience et de ses conseils, tout en laissant le savant entièrement libre de poursuivre à ses risques des recherches sur lesquelles je ne prétendrai avoir aucune action.

« Votre Excellence a bien voulu comprendre cette distinction ; Elle est venue personnellement en aide à M. Pasteur, et en lui faisant construire dans les dépendances mêmes de l'école un laboratoire distinct du laboratoire officiel de l'Établissement, Elle a reconnu qu'il y avait là une situation complexe et que M. Pasteur, qui ne professe pas, n'était pas non plus uniquement un *fonctionnaire* relevant de l'Université, appliquant aux besoins de l'Université ses études et ses acquisitions. Par le sens tout spéculatif de ses recherches, par le caractère général de ses travaux, M. Pasteur se rattache en effet, essentiellement au Ministère d'État. Ses expériences ne sont pas faites en vue d'un groupe d'élèves plus ou moins nombreux ; lui seul les dirige vers un but que lui seul a déterminé dans une indépendance parfaite de programme et de méthode.

« Je n'hésite donc pas à penser, Monsieur le Ministre et cher Collègue, que Votre Excellence ne trouvera pas dans les *fonctions* de M. Pasteur un motif suffisant d'exclusion, et qu'elle voudra bien lui continuer un patronage qui sera, sans doute, un nouvel honneur pour l'Université, mais dont profitera certainement la science tout entière. »

En fin de compte, et pour lever les obstacles en tout genre que, par euphémisme on nomme formalités administratives, Victor Duruy passa outre : il ouvrit une ligne où furent « prélevés sur le chapitre du budget du Ministère de l'Instruction publique affecté aux encouragements aux savants et gens de lettres » les fonds nécessaires au bon fonctionnement du laboratoire.

Ce type de correspondance entre ministres met en évidence la limite de leur pouvoir sur un savant de l'envergure de Pasteur, mais aussi il met en lumière toute l'originalité de la méthode du savant qui, apparemment, pour les autorités, ne correspond à rien de connu et de parfaitement encadré et réglementé, mais qui mérite par son originalité d'être encouragée.

Références : Archives nationales, Indemnités Pasteur, F17/3199.
Louis Pasteur, *Le budget de la science*, Paris, Gauthier-Villars, 1868.

Note n°10

Sous la rubrique intitulée *La chronique locale et nouvelles diverses* du journal hebdomadaire *l'Aigle des Cévennes*, un article confirme les informations, connues par ailleurs, au sujet des trafiquants de graine. Notons qu'il ne signale pas encore la présence du savant qui vient d'arriver dans la région. On lit ainsi :

« La confirmation de l'immense désastre qui signale la récolte de 1865 est venue de tous les côtés depuis notre dernier article.

« Cette récolte est décidément la plus mauvaise qu'on ait eue depuis le commencement de la maladie, c'est-à-dire dans le cours d'une période de quinze années. Elle est au-dessous du vingtième d'une récolte moyenne. Une seule espérance reste, c'est celle qui repose sur la race japonaise.

« On fera bien de faire grainer, mais à la condition de bien choisir des cocons parmi ceux d'importation directe et récente, car il est constaté que toutes les provenances soi-disant du Japon n'ont pas également réussi…

« Les prix pratiqués à Alais, au marché de lundi dernier, se sont maintenus aux marchés d'Anduze et de Saint-Ambroix, avec une tendance marquée à la hausse vu l'extrême rareté de la marchandise…

« *Le Courrier du Gard* a signalé une manœuvre qui se pratique dans l'arrondissement du Vigan et qu'on a eu lieu de remarquer aussi dans les autres contrées séricicoles. Des individus sont à la recherche des cartons japonais vides et en offrent un prix élevé, on devine sans peine le but de cette spéculation. On offre d'acheter chaque carton au prix de 5 à 10 francs [soit environ 20 et 40 €].

« Nous croyons savoir que la police a les yeux ouverts sur cette spéculation qui semble cacher une intention coupable. »

Référence : *L'Aigle des Cévennes. Journal de l'arrondissement d'Alais, politique, administratif, littéraire, commercial et d'annonces.* 11e année, samedi 10 juin 1865.

Note n°11

Tout au long de nos recherches nous avons rencontré les expressions : domaine *de* Pont-Gisquet et domaine *du* Pont-Gisquet avec les déclinaisons : aller *à* Pont-Gisquet ou *au* Pont-Gisquet. L'expression correcte ne semble pas bien établie. Cependant nous avons préféré nous en tenir à la mention rencontrée sur le plan du cadastre de la ville d'Alès (ou d'Alais) qui parle de domaine *du* Pont-Gisquet.

Pour retracer l'histoire de ce domaine, nous avons puisé largement dans la petite chronique que le marquis Paul-Michel Gaultier de Coudoulet rédigea pour accompagner le circuit guidé des *Journées du patrimoine* de 1995, ainsi que dans les quelques souvenirs qu'André Schenk, directeur de la Station séricicole d'Alès, donna à la revue *Cévennes* en mai et juin 1947.

Dès 1856, on trouve la trace d'un mas appartenant à Jean Massanes, de Sauve. Il est décrit dans le cadastre d'Alès comme « une maison avec terres et vignes ». Le domaine est limité par le *valla*t du Pin (soit le ruisseau de Fontairan, soit celui de la Mauricotte), le *vallat* de Fenoudeilhe (dont l'étymologie voudrait que l'on écrivît Fenouilhède ce qui signifie planté de fenouils) et le chemin du Pin (qui serait le chemin muletier menant à l'église du Pin, désignée ici sous le nom d'Églisette, vendue comme bien national en 1791 à la Société minière d'Emilien Dumas, puis revendue en 1988 par les Houillères au marquis Gaultier de Coudoulet) sur les pentes de Saint-Germain.

On sait que ce mas isolé avait subi des déprédations de la part des troupes royales, lors du siège d'Alès en 1629. Elles avaient en effet occupé la vallée de Fenouilhède après la prise du fort du Moulin de Laure.

Cette propriété passa entre diverses mains, jusqu'à un sieur Jacques Guisquet, alias Gisquet, orfèvre à Alès, qui la possédait en 1710 quand les Consuls de la ville décidèrent la construction du petit pont sur le chemin de Saint-Jean-du-Pin. Le but de cet ouvrage en pierre était de mettre en communication la route qui longeait le ruisseau du côté de l'Ermitage et la montée des Gypières, en face, qui rejoignait le chemin vers le Provençal en direction de Saint-Jean-du-Pin.

La veuve de Jacques Gisquet vendit ce mas composé à l'époque « d'une maison de deux pièces de plain-pied avec terres, jardin arrosable, vigne, fruitiers, oliviers, et une grande plantation de mûriers » au droguiste François Reynier. Ce dernier la céda à Claude Joseph Crozade qui fit construire, entre 1832 et 1837, les bâtiments actuels hormis les écuries sous une terrasse d'époque plus récente. La terrasse ancienne que connut Pasteur était une demi rotonde. Flanquant la maison de maître, Crozade fait élever une aile qui est l'orangerie où

Pasteur installa son laboratoire et le logement de ses assistants à l'étage supérieur, à côté de la magnanerie.

Le premier étage de la maison de maître – parfois nommée « château » - s'ouvre sur une large terrasse au niveau du parc où Marie et Louis Pasteur avaient l'habitude de s'installer (une aquarelle fameuse conservée au Musée Pasteur à Paris, reproduite sur la couverture, représente cette scène intime).

Sans enfant, le sieur Crozade fit don de ce domaine, en 1838 à un jeune couple : Olivier Magnan et Marie-Anne Lampre, « à cause, dit le texte du contrat de mariage, des bons et agréables services qu'il a reçus d'eux ». Par ce même contrat, le sieur Crozade conservait la jouissance de ses appartements pour le reste de sa vie.

Au moment où Pasteur s'installe, en 1866, le propriétaire Olivier Magnan y habite avec sa fille et un domestique. Il possède plusieurs greniers propices à l'éducation des vers à soie, mais le domaine est quasi à l'abandon. Les Magnan consentent à se retirer dans l'un des deux corps du logis pour laisser à leurs locataires la jouissance de l'autre. Nous verrons dans le cours de l'ouvrage que Pasteur, pris d'affection pour la jeune demoiselle Magnan, lui donna quelques *leçons de microscope.*

En 1888, le domaine fut vendu par Olivier Magnan au banquier Fernand Teissonnière. Son fils Georges en hérita en 1896. Cette famille conserva le bien pendant près d'un siècle, y réalisant les plantations d'arbres de son parc, ouvrant une nouvelle entrée et un pont privé très disgracieux au niveau de la cour d'entrée.

Puis la propriété fut rachetée par la famille Landwerlin-Bayère qui avait en tête l'idée d'en faire une sorte d'hôtellerie pouvant aussi accueillir des séminaires et des manifestations culturelles et artistiques ainsi qu'une exposition permanente consacrée à Louis Pasteur. Ce beau projet n'a jamais vu le jour.

Depuis 1995, pour les Journées du patrimoine, les propriétaires actuels acceptent d'ouvrir leur domaine aux visiteurs.

Note n°12

Voici le compte rendu de la séance du Comice agricole d'Alès tel qu'il parut dans un article de la presse hebdomadaire locale :

« Avant de quitter Alais, où depuis cinq mois, il poursuit patiemment l'observation et l'étude des phénomènes qui caractérisent l'influence morbide sous laquelle ont succombé nos diverses races de vers à soie, M. Pasteur a bien voulu entretenir le Comice agricole des principaux résultats de ses expériences variées et lui faire part de ses espérances pour régénérer cette précieuse semence que nous allons, il y a plus de quinze ans, demander successivement à toutes les contrées sérigènes d'Europe et de l'Asie.

« Mardi dernier, l'éminent professeur a exposé à l'auditoire qui se pressait dans la modeste pièce qui sert de lieu de réunion aux membres du Comice, la marche de ses recherches, celle de ses savantes investigations, commencées l'an dernier, continuées et fortifiées cette année par des faits nouveaux, et qui, en 1867, devront être soumis à une dernière épreuve.

« M. Pasteur ne croit pas que le mal que nous appelons pébrine soit une maladie nouvelle pour nos précieux insectes... Repoussant toute idée qui présenterait le mûrier comme malade ou l'atmosphère comme chargée de miasmes morbides, l'honorable membre de l'Institut expose que l'état maladif de nos vers est dû à la présence même de ces corpuscules qui ne sont ni végétal ni minéral ; corpuscules infiniment petits que le microscope seul peut découvrir, soit sur le ver, soit sur la chrysalide, soit enfin sur le papillon... M. Pasteur pense que les diverses maladies qui attaquent le ver à soie – sauf la muscardine et la grasserie – ont toutes la même cause, c'est-à-dire l'invasion et le développement des corpuscules. Le seul moyen pratique pour combattre cet état morbide... consiste dans un grainage effectué avec le plus grand soin.

« Voilà l'exposé très succinct des principales indications présentées par l'éminent mécrographe (sic) qui se propose de venir encore les compléter à la prochaine campagne. Et maintenant que le voile qui couvrait le fléau mystérieux s'est déchiré aux yeux de M. Pasteur, en lui montrant la cause principale de la maladie, nous ne croyons pas qu'il nous ait dit le dernier mot de ses études sur l'état pathologique du ver à soie ; malgré les sérieuses et consolantes espérances qu'il nous donne sur une situation meilleure, à l'avènement de laquelle il nous convie à travailler en commun dès aujourd'hui, nous osons espérer que le savant académicien est appelé prochainement à faire de nouvelles découvertes dans cette voie si intéressante pour l'histoire naturelle et si importante surtout pour la prospérité de notre industrie séricicole. »

Référence : *L'Aigle des Cévennes*, numéro du samedi 30 juin 1866.

Note n°13

Les archives personnelles du sénateur Dumas données à l'Académie des sciences par le général Dumas, son fils, demeurent une source inépuisable de document, de valeur plus ou moins importante. Le sénateur a toujours cru bon de les conserver, souvent sans y donner suite ou y porter un commentaire. Au nombre de ces pièces nous trouvons celle d'Eugène Moline, éducateur à Vals en Ardèche, que nous reproduisons en partie ci-dessous, sans changer le tour incorrect de certaines phases. Ce document permet d'apprécier la façon dont les études, et surtout les communications du savant sont perçues dans un milieu, peu ou prou, ouvert au langage et à la méthode des hommes de science :

« Les études de M. Pasteur sur la maladie des vers à soie ont été un peu critiquées par les praticiens, et pour mon compte, je les envisage comme insuffisantes parce qu'elles n'embrassent qu'un seul côté de la question, mais cependant les résultats auxquels il est parvenu n'en sont pas moins très importants, et je crois pouvoir le démontrer en en tirant certaines conclusions qu'il ne semble pas avoir aperçues.

« Ce qui frappe d'abord à la lecture de son rapport à l'Académie, c'est ce fait : qu'il se trouve une infinité de corpuscules répandus dans l'air des magnaneries.

« Ce phénomène est attribué, par M. Pasteur, à la décomposition des vers morts, mais cette origine ne semble pas justifiée quand on connaît la manière dont se font généralement les éducations.

« D'ordinaire on délite au moins tous les trois jours, et l'on balaie les magnaneries immédiatement après, de telle sorte que, dans un si court intervalle de temps les vers morts n'ont pas le temps de se dessécher et de se réduire en poussière.

« On relève aussi soigneusement ceux qui tombent des tables, et si par hasard, malgré ces soins, il reste plusieurs vers morts, ou s'il s'en écrase quelques autres, le fait n'est pas assez important pour lui attribuer l'abondance des corpuscules qui se trouvent dans la poussière des magnaneries.

« Si telle n'est pas leur origine, où la chercher ? Dans les crottes ? pas davantage.

« D'un délitement à l'autre les crottes ne se dessèchent pas, elles sont ensuite enlevées de la magnanerie. D'ailleurs, si on les lave légèrement pour éliminer les corpuscules qui ont pu se déposer à leur surface avec la poussière et qu'on les délaye ensuite, on remarque qu'elles renferment fort peu de corpuscules, pas assez pour expliquer le phénomène dont il s'agit.

« Par suite, je ne me rends compte de l'abondance des corpuscules dans l'air des magnaneries qu'en supposant qu'ils sont entraînés avec les urines par l'acte de la transpiration et répandus ainsi dans l'atmosphère.

« Le fait n'a rien d'impossible…

« S'il en est ainsi, cette observation de M. Pasteur viendrait confirmer l'hypothèque que je formulais dans ma communication du 4 septembre 1865, à l'Académie des sciences, à savoir : que la maladie actuelle des vers à soie avait pour cause principale un affaiblissement des fonctions de la respiration.

[…]

« Pour finir, je crois devoir indiquer un nouveau moyen très simple de choisir de bons papillons reproducteurs sans chercher, ce qui est difficile, ceux qui sont absolument dépourvus de corpuscules.

« L'observation, telle que l'indique M. Pasteur, exige, en effet, l'emploi d'un microscope assez puissant et peut, d'ailleurs, empêcher souvent les éducateurs de se servir de papillons qui auraient donné un résultat industriel satisfaisant.

[…]

« Je pense donc qu'il suffira généralement de se rendre compte de la nuance de cette liqueur [spermatique des papillons mâles] pour juger si l'on doit ou non faire grainer les papillons, car il va sans dire que les papillonnes ont le même degré de maladie que les papillons mâles de la même chambrée, quoique la pébrine se montre d'une manière plus apparente chez ces derniers. »

Référence : Académie des sciences, papiers de Jean-Baptiste Dumas, dossier *soie*.
Eugène Moline, *Observations relatives à la maladie des vers à soie*, Aubenas (Ardèche), Léopold Escudier, 1867. Cinquième note publiée par le journal *Le Moniteur des soies* du 8 décembre 1866.

Note n°14

La note de cette *Instruction pratique* a été soumise à Louis Pasteur qui en a autorisé la publication :

« M. Pasteur va poursuivre ses expériences pendant la campagne de 1867, afin de contrôler les conclusions de celles qu'il a faites en 1866. Il est le premier à proclamer qu'il ne possède pas les preuves définitives de ses opinions. Mais, comme il importerait beaucoup de gagner une année, et qu'il y a, dans tous les cas, un puissant intérêt à multiplier le plus tôt possible des essais tentés d'après des vues qui, dès à présent, s'offrent avec des caractères nombreux de vérité et de déduction logique, nous pouvons supposer un instant très exactes les vues qui servent de guide à M. Pasteur, et admettre avec lui que le *criterium* de la bonne graine pourrait bien être, en effet, l'absence des corpuscules chez les papillons reproducteurs...

« Quant aux petites éducations pour graines, tant préconisées et si peu suivies, les résumés de M. Pasteur nous apprennent à quelle condition elles peuvent réussir... Prenez des pontes appartenant à des papillons, mâles et femelles, exemptes de corpuscules, et élevez ces pontes en petites éducations. Elles vous donneront d'excellents reproducteurs et nombreux. Songez qu'avec un seul couple non corpusculeux de nos belles races, vous aurez en général un kilogramme de cocons, lesquels ne vous donneront pas moins de deux à trois onces de graines. Quoi de plus facile que l'éducation soignée, loin de la magnanerie, dans votre cuisine ou dans votre chambre à coucher, d'une ou de deux ou trois pontes dont vous vous serez assuré que les deux, quatre ou six papillons étaient privés de corpuscules...

« Le microscope vous fait-il peur ? Sachez bien qu'en Allemagne, dans beaucoup de localités, il est défendu de vendre de la viande de porc sans la garantie de l'observation microscopique et que dans les plus petites communes, moyennant un à deux francs, on se procure, auprès d'une personne désignée à cet effet, un certificat de constatation microscopique. »

Référence : *L'Aigle des Cévennes*, numéro du samedi 2 mars 1867.

Note n°15

Les écrits de Pasteur, ainsi que la mise en pratique de ses idées ne sont pas toujours bien compris de la majorité des sériciculteurs, même de ceux qui sont censés avoir un *petit niveau scientifique*. Pour preuve, le texte ci-dessous paru bien après les premières communications du savant.

Le chevalier Michel Delprino (de Vesine, Italie), docteur en médecine, publie un ouvrage qu'il dédie à l'empereur Napoléon III. Il n'a apparemment pas encore pris connaissance des travaux de Louis Pasteur sur la sélection cellulaire de la graine (ou s'il les connaît, il refuse de les appliquer). Écrit directement en français, le texte de ce traité, illustré de nombreuses planches lithographiées, est parfois difficile à comprendre, mais il montre l'exemple parfait des fausses routes sur lesquelles le monde de la sériciculture, français et étranger, s'était égaré. Nous faisons le choix de le citer *in extenso* en dépit de la ponctuation erratique, du style bizarre et de l'orthographe fantaisiste :

« L'expérience a démontré d'une manière incontestable, que la semence saine et robuste produit des vers fortement trempés qu'ils peuvent plus aisément résister aux pernicieuses épizooties, et donner même un riche produit de cocons...

« Conséquemment la première condition et la plus indispensable pour obtenir un heureux succès dans l'éducation des vers à soie est celle d'avoir de la bonne graine, la bonté de cette graine dépend du degré de sa robusticité, mais comme la nature ne la doué que du germe que le temps doit développer, c'est à l'esprit de l'homme de chercher les moyens de reconnaître cette force, pour en tirer le plus grand profit.

[...]

« Je fais faire chez moi, ou chez quelques propriétaires, mais toujours dans un lieu aéré, l'éducation d'une petite partie, je choisis, avec le plus grand soin, les cocons dont la forme est plus parfaite (*ceulurina*) plains aux deux extrémités, d'égale grosseur, de couleur (rose pâle) et d'un grand uniforme. (Je tâche d'écarter les cocons de couleur orange, ou jaune terne, ou trop pales, ainsi que ceux aux formes irrégulières ou manquants aux bouts, et de grain trop fin ou trop gros.)

« Une fois parfaitement nettoyés, je les porte dans l'endroit destiné à la confection de la graine, en ayant soin que le lieu soit aéré et exposé au nord. Comme j'ai fait remarquer ci-devant, j'ai reconnu convenable, pour pouvoir connaître et distinguer la graine, d'adopter le système d'isolement. Pour atteindre ce but je fais usage d'engins de mon invention qui sont fort simples, et d'une application aussi facile que avantageuse.

« Ces appareils sont *la coconière* (*bozzolière*), *le casier à papillons* (*farfallière*) et *l'isolateur* (*isolatore*)... Le premier sert à renfermer les cocons ; le second à renfermer les papillons en état d'accouplement ; le troisième enfin est destiné à recevoir les chenilles au moment qu'elles pondent...

« On laisse la toile avec la graine de chaque papillonne séparée sur la table, ou on le suspend à un crochet et on les y laisse jusqu'à complète formation, c'est-à-dire pendant tout le temps que la graine met à se colorer à point. (La couleur de la graine saine, même dans une race identique de vers n'est pas toujours exactement semblable ; généralement cependant, elle prend une couleur propre que je ne saurais décrire autrement que comme : cendré-bleuâtre-sombre-vif (*cenero-bruastro-scuro-vivace*).

« On doit toujours tenir la graine dans un lieu aéré et exposé au nord, où la température dans les journées les plus chaudes, ne dépasse jamais 17-18 degrés Réaumur. L'abaissement de la température ne lui nuit pas, mais il faut éviter les changements, la saison étant avancée, afin que la graine ne se détériore pas. »

<u>Référence</u> : Chevalier Michel Delprino, *La nouvelle sériciculture... avec laquelle l'éducation des vers à soie a été changée en agréable passe-temps...* Acquis, Typographie Borghi, 1867.

Note n°16

Émile Maillot, dans le rapport qu'il rédige pour la section *Exposition séricicole*, Groupe VIII – Classe 83 à l'Exposition universelle internationale de 1878, jette un regard rétrospectif sur la situation dans laquelle se trouvait l'industrie séricicole au moment où il travaillait avec Pasteur dans le Midi.

« Comme tous les êtres vivants, les vers à soie obéissent, dans le cours de leur développement, à deux sortes d'influences : l'hérédité d'une part, et, de l'autre, l'action des milieux où s'accomplit leur existence. Il faut, par suite, deux conditions pour que l'élevage de ces animaux soit couronné de succès :

1° posséder pour point de départ des œufs purs de tout vice héréditaire, ou, comme l'on dit, une bonne graine ;

2° gouverner les vers d'une manière convenable ; c'est ce que les Italiens expriment brièvement par ces mots : *buona semente, buon governo.*

« Sous l'un et l'autre point de vue, d'immenses progrès ont été accomplis dans ces derniers temps.

« Considérons d'abord ce qui a trait à la graine.

« Il est extrêmement probable que, dès l'origine des éducations, les vers à soie ont été sujets aux mêmes maladies que de nos jours, notamment à la *pébrine.* Mais dire pourquoi, depuis 1849, cette dernière maladie a pris une extension extraordinaire en France d'abord, puis en Italie et en Espagne, puis finalement dans tous les pays séricicoles, c'est ce que nous n'oserions entreprendre.

« Cependant il n'y a pas de doute que, parmi ces causes, on ne doive compter la transformation des magnaneries, jusqu'alors restreintes à des dimensions modérées, en véritables usines (Voir de Quatrefages, *Études sur les maladies actuelles des vers à soie.* Paris, 1859) où les vers furent accumulés sans mesure ; à quoi il faut joindre la confection industrielle de grandes masses de graine. Peut-être aussi, comme le croient certains savants (voir Cristoforo Belloti, *Sulla flaccidezza del baco da seta.* Milano, 1879), les maladies parasitaires (pébrine, muscardine, etc.) ne sont-elles qu'une suite de quelque affaiblissement des races, causé par l'agglomération des vers, la sélection malentendue de certains types de cocons, et surtout la consanguinité des reproducteurs. Quoi qu'il en soit, en France on crut remédier à la mortalité qui se déclara dès lors, en doublant et triplant même les quantités de graines employées et en tirant ces graines des pays étrangers. Mais le fléau suivit partout les graineurs : en Italie, en Espagne, en Turquie, en Chine, au Japon. En même temps, comme la culture des mûriers ne paraissait pas assez lucrative, on se mit à les arracher. De 1849 à 1870, la moitié au moins de ces arbres furent sacrifiés.

« Ce n'est pas qu'on méconnût la véritable origine de ces désastres ni le genre de remède qu'il fallait y appliquer. "C'est bien la graine, disait M. Dumas en 1857, qui est la cause la plus sérieuse des mauvais effets constatés dans ces dernières années." – "Tous nos efforts, écrivait M. de Quatrefages en 1859, doivent tendre à produire nous-mêmes les graines nécessaires à nos récoltes."

« Mais nul ne fournissait un moyen certain, efficace, pour obtenir cette santé des graines.

« L'Italie, dont la situation était devenue à peu près la même que la nôtre, trouva pourtant un palliatif au mal, en choisissant habilement les graines à l'aide du microscope. Suivant en cela les indications données en 1859 par M. Vittadini (*Atti dell'Istituto Lombardo.* Milano, 1859, t. I), les sériciculteurs de cette contrée eurent soin de rejeter toutes les graines où l'on apercevait certains *corpuscules ovoïdes*, que M. Guérin-Méneville et M. de Filippi avaient déjà signalés dans les vers. Seulement cette méthode, si avantageuse qu'elle fût en tant que méthode provisoire de sélection, supposait les graines déjà confectionnées, et demeurait impuissante à assurer dans l'avenir la production de graines exemptes des susdits corpuscules.

« Telle était la situation, quand M. Pasteur, en 1865, entreprit l'étude des maladies des vers à soie. »

Ce texte capital de l'un des premiers collaborateurs de Louis Pasteur a le mérite et l'honnêteté de montrer que le savant a eu de nombreux prédécesseurs dans l'étude des maladies des vers à soie ; de plus, il établit clairement la part qui revient à chacun. Enfin, comme Émile Duclaux l'écrivait en d'autres circonstances, ce texte est assez clair pour les plus bornés et assez court pour les plus occupés, mettant à la perfection en évidence l'originalité de la méthode connue sous le nom de *grainage cellulaire*, méthode que le savant proposa au public dès 1865. D'une autre façon aussi, il règle définitivement leur compte aux détracteurs du savant et en particulier au premier d'entre eux, Eugène de Masquard qu'il estocade en quelque sorte.

Note n°17

En tête des ennemis personnels de Louis Pasteur se trouve Eugène de Masquard qui interviendra sans cesse, le plus souvent par écrit, durant ses séjours alésiens. Même bien longtemps après le départ du savant, alors que ce dernier poursuit d'autres recherches et que la maladie des vers à soie a depuis longtemps été réglée pour lui et pour le monde des sériciculteurs, Masquard ne lâche pas sa prise. Il essaie toujours de nuire à la réputation de Pasteur par des propos d'une rare mauvaise foi. En voici un exemple tiré de l'une de ses publications de 1877 :

« À Messieurs les membres de l'Académie des sciences,

« J'ai eu l'honneur, il y a quatre ou cinq ans, de vous adresser sur la sériciculture, une note dans laquelle je vous disais : une certaine amélioration commence à se produire dans la santé des vers à soie indigènes sans que le microscope y soit pour rien, etc.

« Cette amélioration, qui a progressé d'une manière assez sensible jusqu'au printemps de 1873 inclusivement, fut signalée dans divers rapports adressés à l'Institut ou au gouvernement par l'illustre et regretté Guérin-Méneville, qui avait trop d'expérience et d'honnêteté pour l'attribuer à l'emploi du microscope.

[...]

« À quelles causes doit être attribuée cette reconnaissance de la maladie des vers à soie et notamment l'échec inouï et général de la dernière récolte ?

« Un sériciculteur, théoricien habile et praticien expérimenté, M. B. Nicollet, secrétaire du Conseil départemental d'agriculture de l'Isère, prétend *qu'il est probable que la flacherie* forme actuelle de la maladie des gattines devenue si générale quand autrefois elle n'était que très accidentelle, a pour cause le *grainage cellulaire* qui lui paraît *anti-naturel.*

[...]

« On ne peut pas partager l'opinion de l'éminent secrétaire de la Société d'agriculture de l'Isère, mais on est forcé d'avouer que les faits témoignent en sa faveur ; c'est en effet depuis que l'emploi du microscope a été généralisé pour le grainage industriel, que la flacherie a sévi avec une nouvelle force.

« ... Mais vers la fin de cette année [1873], le gouvernement, illusionné sans doute par l'amélioration naturelle qui s'était produite dans la santé de nos précieux insectes, la croyant plus considérable et l'attribuant, malgré les demandes d'enquêtes qui lui furent adressées par diverses sociétés d'agriculture, l'attribuant au procédé de grainage Ozimo, Joly, Cantoni,

Béchamp, etc., vulgarisée par M. Pasteur qui demandait à l'Assemblée nationale une récompense de 12 000 francs de rente pour le *sauveur de la sériciculture*, votre illustre collègue.

[...]

« En un mot, la glorification du microscope eut pour résultat immédiat l'abandon du grainage domestique et l'extension du grainage industriel même dans les localités encore contaminées. En effet, à partir de cette époque, les graineurs qui deviennent presque aussi nombreux que les éducateurs, ne livrent plus que des graines cellulaires microscopisées système Pasteur, qu'ils vendent aux prix de 25 à 40 francs l'once, laquelle coûtait autrefois 2 ou 3 francs. [Soit aujourd'hui environ 44 000 € pour 12 000 francs, 95 € pour 25 francs, 150 € pour 40 francs, 8 € pour 2 francs et 12 € pour 3 francs (données Insee communiquées à titre purement indicatif car reposant sur des hypothèses relativement fragiles)].

[...]

« Mais on est cependant contraint d'avouer, avec votre savant et véridique collègue de Toulouse, M. le docteur Joly, que le microscope n'a rien sauvé, rien préservé, et que le découragement et la misère des éleveurs de vers à soie ne font qu'empirer d'année en année.

« Je viens donc, Messieurs, faire appel à votre haute science, persuadé que si vous voulez prêter au problème séricicole toute l'attention qu'il mérite, vous n'arriveriez à trouver enfin la solution ; mais permettez-moi de vous le dire, avec toute l'humilité qui convient à un ignorant breveté s.g.d.g. (M. Pasteur a, dès le début, gratifié tous ses contradicteurs d'un brevet d'*ignorance* : c'est même là la plus anodine des nombreuses amabilités dont il les a honorés) vous vous tromperiez comme l'a fait votre modeste collègue, M. Pasteur, en croyant que vous n'avez qu'à *venir et voir pour vaincre* une épidémie qui a déjà défié la science séricicole...

« J'ajouterai, à titre de renseignement, que la question vers à soie n'est, comme je l'ai dit plusieurs fois, ni une question de chimie, ni une question de microscopie, mais une question de biologie animale, et qu'il n'y a que ceux qui se sont occupés d'histoire naturelle toute leur vie, et principalement les insectologues, qui puissent l'aborder avec quelques chances de succès, et certes les savants naturalistes, les insectologues ne manquent pas parmi vous.

« Dans l'espoir que, prenant ma requête en considération, vous voudrez bien sortir de l'état d'indifférence dans lequel, par suite de renseignements erronés, vous paraissez rester, en présence de la ruine d'une des branches la plus importante de la richesse nationale. Je vous prie d'agréer, Messieurs, l'expression de mon respectueux dévouement. »

Référence : Eugène de Masquard, *Note sur l'état déplorable de la sériciculture en France*, Nîmes, 1877.

Note n°18

Voici la délibération du conseil municipal d'Alès qui fut adressée quelques jours après à Louis Pasteur, avec la réponse de ce dernier à monsieur Espérandieu, maire de la ville :

« Extrait du registre des délibérations du Conseil municipal. – Séance du 29 octobre 1889. –Présents : MM. Espérandieu, maire, président ; Félix, adjoint ; Pin, Maurin, Pagès, Laurent de l'Arbousset, André Auguste, André César, Chauvet, Gascou, Robert, Gueidan, Combes, Gouyon et Monteils. M. Maurin est élu secrétaire. Le Président donne lecture de la proposition suivante :

« Messieurs,

« Le Conseil municipal, dans une discussion récente et à propos de la dénomination des rues de la Ville, s'était montré divisé et hésitant pour accorder un semblable hommage à des hommes politiques vivants, en faisant remarquer que la postérité, seul juge réellement impartial, ne ratifiait pas toujours les décisions. Mais, d'un autre côté, nous pouvons le dire avec une certaine fierté, l'assemblée communale n'hésita pas à proclamer dans cette même séance, qu'il y avait des cas exceptionnels et des services éminents qui pouvaient justifier ce mode de glorification.

« Ce cas se présente aujourd'hui ; malgré son âge, ses fatigues et, hélas ! aussi malgré son état de santé, un homme illustre entre tous, est venu présider l'inauguration de la statue de notre compatriote J.B. Dumas, et donner par sa présence un éclat incomparable à cette fête.

« Cet homme a rendu à notre pays d'immenses services. Il a fait dans notre ville ses belles expériences séricicoles qui ont eu pour résultat de ramener la richesse dans notre région. De plus, par ses travaux d'un autre ordre, il sera considéré par la postérité comme un des bienfaiteurs de l'humanité.

« Nous venons vous proposer, Messieurs, au nom de la Municipalité, de consacrer le souvenir de cette fête, et la présence dans nos murs du glorieux savant, en prenant la délibération suivante :

« Le Conseil municipal délibère :

« La rue du Collège portera à l'avenir le nom de « Rue Pasteur ».

« Sans discussion et à l'unanimité, le Conseil vote la proposition de la Municipalité.

« Et ont les membres présents signé au registre. »

Réponse de Louis Pasteur :

« Monsieur le Maire,

« Je ne saurais dire jusqu'à quel point j'ai été touché de la délibération du Conseil municipal d'Alais, en date du 29 octobre dernier, que vous avez eu l'obligeance de me faire parvenir par votre lettre du 8 novembre courant.

« Que de souvenirs précieux pour moi dans cette délibération et qui me vont au plus profond de mon cœur ; la reconnaissance de la ville d'Alais, pays natal de l'un des plus illustres savants de la France, mon maître vénéré, pour les études qu'il m'avait demandées au nom de sa grande attention pour ses compatriotes, dont les récoltes étaient livrées à une épidémie sans cesse renaissante, la joie d'avoir cédé à ses bienveillantes instances, le bonheur de penser que les résultats de mes études ont été et sont encore utiles à une grande industrie, toutes ces circonstances, M. le Maire, m'émeuvent extrêmement.

« Permettez que j'y joigne l'expression de ma vive gratitude envers vous, M. le Maire, et envers MM. les membres du Conseil municipal d'Alais, auprès de qui je vous prie d'être l'interprète de tous mes sentiments. Ma famille et moi nous garderons toujours le souvenir des bien belles fêtes organisées par la ville d'Alais, à l'occasion de l'inauguration de la statue de M. Dumas, et dont le remarquable succès fait tant d'honneur, à vous, M. le Maire, au Conseil municipal d'Alais et à la population de votre cité.

« Recevez, etc. »

<u>Référence :</u> *Mémorial des Fêtes d'Alais. 19, 20 & 21 octobre 1889. Érection de la statue Jean-Baptiste Dumas…* Alais, Imprimerie J. Martin, 1890.

Note n°19

La préparation de l'inauguration des trois statues embarrasse beaucoup Alfred Fabre, alors sous-préfet d'Alès, qui fait part de son inquiétude à son supérieur à Nîmes. Jean Bonnier, préfet du Gard à cette époque, adresse le 28 juin 1896 une note au ministre de l'Intérieur ; il ajoute aux informations du sous-préfet Fabre d'autres rumeurs qui arrivent jusqu'à lui par ses réseaux personnels :

« Je suis avisé officieusement que des démarches seront faites auprès de divers membres du Cabinet [du Gouvernement] pour se rendre à des fêtes qui seront organisées 1° au Vigan [à l'occasion de l'inauguration d'une ligne de chemin de fer]... 2° à Alais à l'occasion de l'inauguration des statues élevées à la mémoire de Pasteur et de Florian [et aussi de l'abbé Boissier de Sauvages].

« La municipalité de ces deux chefs-lieux d'arrondissement sont (*sic*) aux réactionnaires ainsi que leurs Conseils municipaux. J'estime qu'il y a intérêt à décliner ces invitations dont seuls nos adversaires pourraient tirer profit. »

Le 21 août suivant, le préfet rappelle au ministre sa mise en garde du 28 juin et ajoute dans son charabia administratif :

« ... Chaque jour les journaux officieux de la mairie d'Alais annoncent comme certaine la venue du M. le Président du Conseil et M. le Ministre des Travaux publics. Ils fixent la date des fêtes, 4 octobre. Des commissions s'organisent et délibèrent sur ces journées... Malgré les affirmations des journaux... et celles qui me sont parvenues d'autre part, je n'ai cependant pas d'autres raisons de croire que Ramel, maire d'Alès, entend faire seul les invitations et tenir systématiquement à l'écart les autres représentants de l'arrondissement et du département et moi-même.

« Il est de mon devoir de vous aviser non pas seulement des dangers que présenterait l'acceptation des membres du Gouvernement, que je ne puis considérer comme probable, d'une invitation faite dans de semblables conditions. »

Référence : Archives départementales du Gard, dossier 1 M 973.

Note n°20

Hommage à Louis Pasteur, par A. Laurent de l'Arbousset, directeur et rédacteur du *Bulletin séricole français*. Ce journal hebdomadaire paraît chaque mardi. Son directeur n'hésite pas à proclamer sur le titre qu'il est le plus complet et le meilleur marché de tous les journaux séricoles, organe indépendant de l'agriculture et de l'industrie sérigène :

« L. Pasteur

« La France vient de perdre un de ses plus glorieux enfants, l'Humanité un de ses plus illustres bienfaiteurs, la science un de ses plus grands, un de ses plus fervents apôtres.

« L. Pasteur vient de mourir ; l'État, lui fait, en ce moment, des obsèques nationales, un cortège immense l'accompagne à sa dernière demeure ; des monceaux de couronnes venues de tous les points de la France et du Monde suivent son cercueil, mais ce qui le suit et ce que l'on ne voit pas toujours dans les pompes des cérémonies officielles, ce sont les unanimes regrets des peuples de tous les pays civilisés qui avaient appris à le connaître, à l'aimer, à lui garder au fond du cœur un vif sentiment de gratitude pour la sécurité qu'il leur avait donnée, pour les lumières dont il avait éclairé leur route.

« Nous n'avons pas à suivre l'illustre savant dans sa triomphale carrière de découvertes et de services rendus à l'humanité, d'autres que nous saurons le faire avec plus de compétence et de talent, mais nous ne voulons pas laisser fermer sa tombe sans exprimer les vifs regrets que causent sa mort, et les impérissables sentiments de reconnaissance que les services rendus ont laissés aux cœurs des sériciculteurs des Cévennes.

« C'est, en effet, parmi nous que l'illustre savant a commencé en quelque sorte sa carrière, et nous le revoyons encore au Pont-de-Gisquet, entouré de sa jeune famille, étudiant la terrible maladie des vers à soie qui avait ruiné des milliers de laborieuses familles.

« Nous avons été témoin de ses hésitations du début, de sa certitude absolue ensuite. Ayant eu l'honneur de recevoir les premières leçons de l'illustre savant, ayant vécu depuis, directement ou indirectement, des procédés qu'il avait enseignés, nous remplissons un pieux devoir de reconnaissance en venant déposer sur sa tombe notre humble, notre modeste mais notre ardent et profond sentiment de gratitude et d'admiration.

« Trois couronnes ont été envoyées par la ville d'Alais à ses obsèques : l'une par la Municipalité, l'autre par la Société d'Agriculture et la troisième par le Syndicat des Filateurs des Cévennes.

« Nous avons tenu à ce que la couronne de la Société d'Agriculture d'Alais rappelât les inoubliables services rendus par l'illustre défunt à nos Cévennes, et nous avons fait placer au centre une branche de bruyère garnie de cocons, pieux hommage des Sériciculteurs reconnaissants dont nous avons la certitude d'interpréter la pensée intime et les unanimes regrets. »

Référence : *Bulletin séricole français*, numéro du 7 octobre 1895.

Note n°21

Au domaine du Pont-Gisquet, le député et conseiller général Fernand de Ramel prononce un discours devant la plaque commémorative qui vient d'être dévoilée, ce 24 juin 1923, à l'occasion du centenaire de la naissance de Pasteur. L'emphase du tribun, l'orthographe fautive, la ponctuation aléatoire, les approximations historiques ou scientifiques ont été respectées :

« Alais n'oublie pas ses bienfaits.

« À peine l'humanité prenait-elle le deuil de Pasteur que, grâce au *sou de Pasteur* dû à une souscription largement populaire, dès 1896, la première, Alais, capitale de la sériciculture, élevait un monument digne de lui à ce génie qui pour elle pendant cinq ans, a travaillé et souffert.

« Mais ici, dans ce *Vallon du Pont-Gisquet* s'est dénoué le grand drame qui ouvre *l'Ère pasteurienne.*

« Dans ce vallon, au tournant d'une vieille route cévenole, au tournant du Pont-Gisquet, le plus grand berger du monde moderne a orienté l'humanité dans sa voie.

« Jusqu'alors, dans ce vallon, étroit comme un berceau, où le mûrier dispute le soleil à la vigne, le bon abbé Boissier de Sauvages, savant ami des sériciculteurs, s'acheminant vers son manoir, avait herborisé parmi le thym et la rosée où discutent encore les lapins de Florian et les lièvres de La Fontaine ; Sauvages s'attardait aux sources ferrugineuses dont le bruissement évoquait les chuchottements d'Estelle et les baisers de Némorin. Plus souvent il visitait les magnaneries et jouait aux vers à soie un air de son violon pour les encourager à monter à la bruyère.

« Dans ce vallon, notre grand Jean-Baptiste Dumas, le maître, l'ami de Pasteur, embrasé par la passion des recherches expérimentales, dès sa jeunesse avait médité sur les atomes, le sang, l'alcool, les maladies de la vigne ; philosophant sur la chimie et l'unité de la matière, Dumas avait fait de sa vie comme la préface de celle de Pasteur.

« Jusqu'à Pasteur, dans ce Vallon, au temps de la vendange, les vignerons chantaient et dansaient autour des cuves bouillonnantes, sans comprendre cette admirable effervescence que depuis Bacchus on fêtait.

« La ménagère, pourtant femme, pétrissait le pain et le levain sans deviner leur secret.

« La magnanerelle (sic) qui sur sa poitrine avait maternellement porté la précieuse graine de vers à soie, pleurait auprès de la chambrée sans air et sans soleil quand le vers (sic) refuse la feuille, se tache et meurt, ou, languissant, s'étend immobile et flasque pour mourir aussi.

« Jusqu'à Pasteur, le berger, ignorant le *charbon*, perdait son troupeau sans comprendre, évitant simplement les *champs maudits*.

« Depuis le moyen âge auprès de ce Vallon une léproserie isolait les âmes humaines en face de la mort... En 1720, l'Alaisien mourait encore de la peste et pour toute protection les savants préconisait le cordon sanitaire et le feu.

« ...

« Et voici que le ruban logique [du] sentier [de Pasteur] se déroule ; il s'élargira prodigieusement au tournant du Pont-Gisquet.

« À Strasbourg, Lille, Paris de pauvres greniers ont vu ce qu'un microscope et une âme peuvent arracher de secrets à la matière inanimée ; sur un pressentiment, Pasteur lui arrache un secret nouveau et chaque expérience est une victoire de l'évidence sur l'inconnu.

« ...

« Ici, au Pont-Gisquet, la route brusque tourne. Au Pont-Gisquet, Pasteur apprend que sa seconde fille, comme l'aînée se meurt de la typhoïde. Angoisse dramatique pour cette âme d'une exquise sensibilité... Gernez et Duclaux voient chaque jour le Maître s'abîmer en douloureuses méditations. Il n'y tient plus... Il part rejoindre son enfant... Elle meurt dans ses bras, tuée par le virus du microbe que les élèves de Pasteur anihileront (sic) un jour.

« Au Pont-Gisquet, le labeur, la souffrance, ont terrassé le Maître ; quelques semaines après c'est la paralysie, l'hémiplégie qui le partage pendant 30 ans entre la vie et la mort, comme à demi vêtu des pierres du tombeau, et cependant 30 ans encore, Pasteur disputera par le travail d'innombrables vies à la mort.

« Dramatique tournant : Berger ! sans ces 30 ans, où les hommes iraient-ils ?

« Il fallait que Pasteur vive : la dépendance tue, mais l'espérance ressuscite.

« Du Pont-Gisquet, en étudiant pour la première fois le conflit du microbe et de l'être vivant, le vers à soie, Pasteur avait entrevu dans un éclair de génie : choléra, diphtérie, tétanos, peste, rage et leurs cortèges.

« Et cependant, au Pont-Gisquet, Pasteur n'avait-il pas… tout simplement… vécu le roman du ver à soie, observé sa graine, sa chenille, sa chrysalide… questionné… son papillon.

« Ce n'est pas sans raison que Pasteur a pleuré en lisant le destin de Mireille : n'est-il pas venu à Alais par humanité au secours de la magnanerelle ?

« En 1865, son Maître, J.-B. Dumas, était ému avec le Sénat, des pétitions qu'inspirait (sic) la détresse de nos Cévennes en présence d'un fléau qui tue le ver à soie. Dumas, très épris de Mireille, la confie au plus aimé de ses disciples : Pasteur.

« Le 7 juin 1865, le corpuscule microbien est reconnu par lui et le 27 juin, en 20 jours, Pasteur sait comment le vaincre.

« Mais après l'intuition, 4 ans d'expérience s'imposent ; la sériciculture sera préservée de la pébrine héréditaire et contagieuse, et de la flacherie contagieuse seulement.

« Par la méthode préventive, Pasteur domine l'hérédité de la *maladie des corpuscules*, la pébrine : il isole au moment de la ponte le papillon femelle dans un nid… l'écrase… et par le microscope sélectionne les reproducteurs sains et leurs graines.

« Mais il y a aussi contagion : il faut prévoir l'épidémie : Pasteur hâte par la chaleur l'éclosion du papillon femelle et vérifie par lui la chambrée tout entière.

« Sa victoire est incomplète : il reste la flacherie ; le microscope et l'hygiène triompheront des microbes contagieux qui se propagent dans les magnaneries : ces grandes villes des vers à soie.

« Désormais le voile est déchiré : Pasteur, ses élèves, Duclaux, Gernez, Roux et tant d'autres soulèveront tout le voile pour sauver l'animal et l'homme.

« …

« Au tournant du Pont-Gisquet le plus beau des *roseaux pensants* de Pascal, plie sous le poids des deuils et des travaux : mais auprès du foyer de tendresse exquise où veillent sans cesse son admirable compagne et ses enfants aimés, Pasteur par ce doux rayonnement se ranime et soutenu par sa foi sert chaque minute plus activement et mieux l'humanité qu'il sut si bien aimer et par là si bien servir. Dans la main de Pasteur, l'avenir des souffrances humaines a tenu… à un fil de soie.

« Si l'horizon de l'homme, *pèlerin éternel*, recule pas à pas, si la science chaque jour découvre un nouvel au-delà à celui de la veille, l'âme du grand voyageur, de l'immense berger qu'est Pasteur, rallie l'infini. Sur sa tombe ceux qui l'aimaient ont gravé le secret suprême auquel Pasteur attribuait la paix de son âme : *Heureux celui qui porte en soi un Dieu.*

« Sa parole et sa propre volonté ont ainsi placé l'âge pasteurien au sein de l'ère chrétienne.

« À Alais en 1896, Duclaux définit son âme d'un trait : "Ce génie constructeur a économisé des souffrances humaines."

« Après Pasteur, Duclaux, Roux et tant d'autres glorieux savants, ont fait des prodiges : phagocitose (sic), culture des tissus, sérums, découvertes immenses nées de l'œuvre de Pasteur… »

Référence : F. de Ramel, *Pasteur au Pont-Gisquet près Alais*, Discours prononcé le 24 juin 1923 pour le centenaire de Pasteur au Domaine de Pont-Gisquet. Institut Pasteur, Musée, document 17022.

Le préfet de Nîmes et les sous-préfets d'Alès et du Vigan du temps de Louis Pasteur

Le préfet du Gard

Du mois de juin 1865 au mois de juin 1869, au moins trois préfets se succédèrent à Nîmes. Seul le préfet Boffinton jouera un rôle essentiel dans les recherches de Pasteur. Sans en être la cheville ouvrière, le préfet mettra en place tous les arrangements possibles pour faciliter les recherches du savant et surtout pour favoriser la diffusion de sa méthode et des microscopes qui permettent de l'appliquer.

Stanislas BOFFINTON (27 août 1817 – 10 décembre 1899). Successivement :
Sous-préfet de Jonzac (Charente-Inférieure) à 34 ans.
Sous-préfet de Saintes en 1852
Sous-préfet d'Alès, nommé le 31 octobre 1854
Préfet de la Charente-Inférieure en 1856
Préfet du Gard du 16 octobre 1865 à la fin du mois de janvier 1869
Préfet des Basses-Pyrénées en janvier 1869
Préfet de la Dordogne en novembre 1869

Le 27 septembre 1871, Boffinton sera admis « à faire valoir ses droits à la retraite, pour cause d'infirmité ».

Voici des éléments tirés de la fiche de renseignements fournie au cabinet du ministre de l'Intérieur par son supérieur hiérarchique, le préfet de la Charente-Inférieure, M. Ch. Brian, le 10 avril 1852 :

Né à Bordeaux, Stanislas Jean-Baptiste Boffinton appartient à une famille d'honnêtes commerçants. Marié. Madame Boffinton vient d'une famille honorable ; elle est infiniment distinguée sous tous les rapports. Ses biens consistent en quatre mille francs de rente provenant de valeurs et bien patrimoniaux situés dans la Gironde. Il présente un physique gracieux, des manières engageantes et une tenue parfaite. Avant son entrée dans le corps préfectoral, il vivait de ses rentes et se livrait quelquefois à des affaires de négoce. À la rubrique des opinions politiques, le préfet a noté : *sans précédents politiques connus* ; c'est un homme d'ordre et d'autorité, très dévoué à la cause et à la politique du prince-président. Il entend parfaitement les affaires politiques et administratives, conduit à merveille son arrondissement de la Charente-Inférieure, aujourd'hui Charente-Maritime, où il a su prendre à peu près toute l'influence qu'il est donné à l'administration locale d'y mettre (sic). Son caractère privé est qualifié de franc, fort et loyal, sans exclure la finesse de tact et d'aperçu. Ses goûts et ses penchants paraissent honorables. Il désire de l'avancement et il y a droit. Il a une ambition modérée et n'aspire qu'à une sous-préfecture de deuxième classe. Il paraît très actif et très valide.

Observations générales : M. Boffinton est un fort bon administrateur à tous égards et auquel le préfet Brian croit juste d'accorder de l'avancement. Il serait très bien placé à Saintes où il suppose que très prochainement il y aura une vacance par suite de la promotion de M. Moulin à un poste plus important. Ce serait un excellent choix, M. Boffinton connaissant déjà l'arrondissement de Saintes et pouvant plus nettement que tout autre continuer l'œuvre du titulaire actuel.

Les renseignements donnés dans le rapport envoyé par le préfet du Gard après son séjour à la sous-préfecture d'Alès, du 31 octobre 1854 au 8 janvier 1856, font apparaître quelques nuances sur le caractère ou la conduite du personnage, et aussi quelques remarques sur le comportement de son épouse :

M. Boffinton est un jeune homme d'avenir dont le caractère offre les meilleures et les plus sûres garanties. Il honore les fonctions qu'il remplit, s'en acquitte très bien et serait encore à sa place dans une position supérieure. Ses revenus ne sont plus que de trois mille francs à cette date. D'une taille médiocre, il offre une figure douce et intelligente et présente de bonnes manières. Il est catholique ; paraît et est réellement dévoué au Gouvernement. Le fonctionnement des bureaux est bon en dépit d'un personnel composé d'anciens serviteurs détestables. L'homme est sans prétentions ridicules. Enfin, sa santé est bonne en général, bien que sujet à des spasmes d'estomac qui le font souffrir.

Mme Boffinton présente un caractère très froid et très timide ; un peu effacée comme femme du monde ; paraît avoir l'esprit juste et très réservé, mais peu brillant ; n'ayant pas de prétention, ses relations sont toujours faciles ; elle ne s'occupe que son intérieur. C'est une personne très catholique.

Une anecdote, rapportée par Bernard Le Clère et Vincent Wrigth, éclaire d'un jour nouveau le personnage : Monsieur le préfet Boffinton, en août 1860, se trouvant dans un bain public à La Rochelle, sauva de la noyade le substitut du procureur impérial qui allait connaître une fin tragique sous l'œil indifférent des témoins… « M. le préfet en caleçon de bain… se précipita à l'eau… alors que M. Laporte – l'imprudent magistrat - n'était séparé de l'Éternité que par quelques secondes » nota complaisamment le commissaire de police dans son rapport.

Le préfet Boffinton informe le ministre de l'Intérieur, par une lettre du 8 novembre la prise immédiate de ses fonctions à la préfecture de Nîmes, où il pourra mettre en pratique « cette familiarité qui plaît aux populations du Midi ».

En fin de compte, le préfet Boffinton n'est peut-être pas de caractère aussi facile que le laissent entendre les rapports des différents préfets à son sujet. Ses affrontements avec le député Auguste Fabre sont nombreux. Ce dernier, farouche opposant au coup d'État du Deux décembre, fut condamné à cinquante-deux jours d'emprisonnement et à trois ans d'exil pour « excitation à la guerre civile ». Son élection lors de la législative partielle du 21 août 1864 fut validée malgré de nombreux abus que nous avons déjà mentionnés. Le peu facile député n'hésite pas à relater aux supérieurs du préfet des faits qui ressemblent plutôt à des ragots. Ainsi, le 28 avril 1866, une note d'audience du directeur général du ministère de l'Intérieur qui a enregistré les propos du député Fabre dit ceci :

« M. Fabre se plaint vivement de M. Boffinton, surtout de ses rapports avec l'évêque [de Nîmes], dans lesquels il découvre sans cesse le Gouvernement. Le vicaire général a dit dans un sermon que le préfet était l'ami de l'évêque mais que l'Empereur est son ennemi. Le lendemain, le préfet envoyait sa femme et sa fille faire ostensiblement une visite à l'évêque. M. et Mme Boffinton n'ont fait aucune visite [protocolaire] à leur arrivée. M. Boffinton n'a pas rendu les visites qu'on lui a faites. » Quelle confiance peut-on accorder à des propos venant d'un membre du Corps législatif ouvertement hostile au régime ? Le cabinet du ministre doit faire le tri, comme les préfets dans leur département, des calomnies et des fausses insinuations qui arrivent tous les jours des quatre coins du pays ; mais cela vaudra tout de même au préfet une mise en garde de Verbigier de Saint-Paul, directeur général du Cabinet du ministre de l'Intérieur. Notons aussi que Boffinton, « ennemi implacable de la République du début à la fin de l'Empire reniera après le Quatre septembre ses convictions anciennes pour devenir préfet de la République. »

À l'avantage du fonctionnaire, on peut rapporter les propos que le journaliste Ernest Roussel écrivit dans *le Courrier du Gard* du jeudi 8 février 1866 :

« Il y avait hier un bal particulièrement réussi dans les salons resplendissants de la préfecture où la société nîmoise tout entière avait fait honneur à l'invitation de M. le préfet et de Mme Boffinton … jusqu'à une heure avancée de la nuit. » Voilà une manifestation mondaine qui sera jugée « cordiale et charmante ».

Référence : Archives nationales, F/1bI/156/28.
B. Le Clère et V. Wright, Les préfets du Second Empire.

Le sous-préfet d'Alès

Comte Charles Auguste THÉZILLAT de CHALUSSET
(20 octobre 1824 – 10 janvier 1911), successivement :
Conseiller de préfecture de la Corrèze, le 27 août 1851
Conseiller de préfecture de la Haute-Saône, le 6 octobre 1853
Sous-préfet à Châteaulin, Finistère
Sous-préfet à Givray, Vienne, le 16 avril 1855
Sous-préfet à Langres, Haute-Marne, le 23 janvier 1861
Sous-préfet à Alès, le 25 octobre 1865
Préfet de la Lozère, le 31 janvier 1870

Voici quelques éléments de sa fiche de renseignements fournie au cabinet du ministre de l'Intérieur par son supérieur hiérarchique, le baron Michel, préfet de la Corrèze, le 13 juin 1852 :

M. Thézillat appartient à une famille honorable, originaire du département de la Creuse et qui s'est établie à Limoges, où son père, docteur en médecine, dirige l'asile départemental d'aliénés. Monsieur Thézillat dont les parents sont toujours vivants n'a pas encore de fortune personnelle, mais sa famille est dans une grande aisance. Les biens qu'elle possède sont situés dans les départements de la Creuse et de la Haute-Vienne. En quittant Alès, à la fin de l'année 1869, son patrimoine familial, suite au décès de ses parents et de sa femme, s'élevait à la somme de dix-huit mille francs.

Son aspect extérieur, sa tenue, ses manières, toujours selon le baron Michel, sont fort distingués. Quoique jeune encore, il a beaucoup l'habitude du monde. C'est un homme de la meilleure compagnie, et sous ce rapport, il ne laisse rien à désirer. M. Thézillat a étudié le droit à Paris ; il a été attaché pendant quelque temps au cabinet du préfet de la Haute-Vienne qui, sachant qu'il se destine à la carrière administrative, l'avait autorisé à suivre comme auditeur les séances du conseil de préfecture. À peine au début de sa carrière, il ne présente pas d'antécédents politiques. Il est profondément dévoué au prince-président, va beaucoup dans le monde où des agréments personnels lui assurent du succès et le font rechercher. Son style est clair, facile et élégant. Son concours est fort utile à son supérieur. Doué d'un charmant caractère, il réunit de précieuses qualités. Il a l'ambition d'avancer dans la carrière. Ses goûts et ses penchants l'attirent vers les classes élevées de la société. M. Thézillat désirerait obtenir une sous-préfecture et ferait un bon sous-préfet. Quoique d'une complexion un peu faible, il jouit d'une bonne santé et n'est atteint d'aucune infirmité.

Quelques années plus tard, le préfet du Finistère, dans une lettre du 30 janvier 1855 au ministre de l'Intérieur, précise un point important concernant la santé de Charles Thézillat :

« M. Thézillat… est dans un état de santé déplorable ; il ne s'est pas encore remis de la rude attaque de choléra qu'il a eu à supporter [lors de la visite qu'il rendit aux cholériques de la commune de Selles (Haute-Saône) le 26 juillet 1854] … À chaque instant il est obligé de suspendre son travail… J'ai l'honneur de proposer à votre Excellence de l'affecter à une résidence dont le climat plus chaud et moins humide que celui du Finistère pourra le ramener à la santé… »

Demande entendue ; Charles Thézillat est nommé à Alès, ville réputée pour son climat chaud et sec. Sa nomination est enregistrée le 25 octobre 1865 en remplacement de M. Larregay de Civrieux. Peu de temps après son arrivée, le tout nouveau sous-préfet eut à faire face à de sérieux troubles dans le bassin houiller. Il eut à « réduire les proportions d'une émeute » survenue sur le territoire minier de Portes ; il semble avoir parfaitement réussi sa mission de retour à l'ordre. À l'occasion d'un mouvement de postes au sein du corps préfectoral, il demande une nomination, en qualité de préfet cette fois-ci, après presque quatre années « à la tête d'un arrondissement important et très difficile ». Victor Duruy, écrit une belle lettre de recommandation, rendant de lui un témoignage *de visu et ex auditu :*

« Son langage ferme et son attitude résolue ont dissipé par deux fois des mouvements graves parmi les ouvriers des houillères, qu'il a ramenés au devoir, sans avoir besoin de recourir à l'emploi de la force, malgré l'état des désordres matériels. Par son service, par ses qualités personnelles, etc. »

Cette intervention emporte la décision du cabinet du ministre. Charles Thézillat est nommé ensuite préfet de la Lozère, le 31 janvier 1870. Après la chute de l'Empire à Sedan, un vaste *nettoyage préfectoral* s'impose au nouveau Gouvernement. En dépit d'une pétition signée par plusieurs centaines d'habitants, la ville de Mende ne réussit pas à conserver son préfet. Le 29 mai 1873, à quarante-neuf ans, il est « admis à faire valoir ses droits à la retraite pour cause d'infirmité ».

<u>Référence</u> : Archives nationales, F/1BI :174/6.

Les sous-préfets du Vigan

Marie Léon de CARRIÈRE (29 décembre 1823 - ?)

Conseiller de préfecture à Perpignan, Pyrénées-Orientales, en février1849
Conseiller de préfecture à Avignon, Vaucluse, le 19 juin 1852
Sous-préfet à Nyons, Drôme, le 19 juin 1861
Sous-préfet au Vigan, Gard, le 20 octobre 1863 en remplacement de M. de Champeaux
Sous préfet de l'arrondissement de Thonon, Haute-Savoie, le 30 octobre 1867.
Mis en non-activité le15 juillet 1869

Le préfet de Vaucluse n'est pas tendre à l'égard de son conseiller qu'il trouve sombre et assez misanthrope : il ne lui connaît de goût que celui de la chasse. Pour le reste, il est peu instruit, fuyant le travail, sans grands moyens naturels, ne voulant devoir son avancement qu'à la faveur. À ces yeux, c'est un fonctionnaire inutile, qui ne fait rien pour se rendre digne de la faveur et de la confiance du Gouvernement.

Le 1er mars 1863, le préfet de la Drôme, Boniface Jules de Castellane-Majastre, envoie le dossier de renseignements, très confidentiels, et plutôt flatteurs cette fois-ci, au cabinet du ministre. Notre conseiller s'est bien amendé. Voici quelques renseignements extraits de son dossier :

La famille de M. de Carrière, du côté paternel, est très ancienne et des plus honorables. Deux de ses ancêtres, Arnaud et Hugues de Carrière, prirent part aux Croisades. La plupart de leurs descendants ont servi la France comme officiers ou capitaines d'épée. Arnaud Léon de Carrière fut tué à la bataille de Poitiers [1356], cinq de ses arrières grands-oncles, tous frères, ont péri à la bataille de Dettingen [1743], pendant la guerre de Sept ans. Pendant les troubles de la Fronde, Pierre de Carrière, capitoul d'épée, maintint l'ordre dans la ville de Toulouse au péril de sa vie. Le grand-père de M. de Carrière était, avant la 1re Révolution [1789], officier supérieur au régiment du Vivarais. Son père a été officier du 5e cuirassier. Un oncle de M. de Carrière a été préfet. Son grand-père maternel a été ingénieur en chef de l'Aveyron et il a été retraité en cette qualité. La résidence de la famille est à Gaillac, département du Tarn.

Il arrive à son poste à Nyons en célibataire et possède six mille francs de rente que lui sert son père ; il aura un jour de sa famille douze mille francs de revenus. Sa santé est excellente ; il ne présente pas d'infirmités. Il appartient à la religion catholique. M. de Carrière est entré dans l'administration au début de l'empire ; il a toujours manifesté un attachement très vif à la dynastie napoléonienne. Il a habité Paris pendant plusieurs années où il s'occupait de littérature ; il écrit avec facilité et clarté ; juge généralement bien les hommes et les choses. Son influence et son action sur les hommes sont assez marquées, quoiqu'il ne soit dans l'arrondissement de Nyons que depuis peu de temps ; tout le monde se loue de ses bonnes relations sociales et publiques, la société comme les fonctionnaires ; ses manières franches et faciles plaisent aux habitants du Midi avec lesquels il cause et s'entretient sans compromettre sa dignité. Son caractère loyal, bienveillant, ferme, met toujours en avant sa bonne foi ; on pourrait lui reprocher d'être un peu enclin à se passionner. Rien de saillant dans ses goûts et ses penchants.

M. de Carrière s'occupe avec une diligence extrême des affaires administratives ; il peut faire un sous-préfet très exact et très consciencieux car il étudie avec fruit et persévérance tout ce qui touche à l'administration. On lui sait gré dans son arrondissement, de l'empressement qu'il met à traiter les affaires.

Léon de Carrière demande son changement de résidence au motif qu'il est atteint d'une affection organique et que les hommes de l'art considèrent les eaux de Nyons comme devant l'aggraver chaque jour, « circonstance qui n'est que trop réelle » souligne Boniface de Castellane, son préfet d'alors.

Quelque temps plus tard, le préfet du Gard adresse au ministère de l'Intérieur dans ses *motifs de présentation* (rapport non daté, rédigé sans doute à la fin de l'année 1864) un résumé des services du fonctionnaire dans les différents postes qu'il a occupés. Il vient d'être nommé chevalier de la Légion d'honneur :

« M. de Carrière est un des fonctionnaires les plus dévoués à leurs devoirs que j'ai rencontrés. Dans le département des Pyrénées-Orientales, son concours m'a été excessivement utile, à l'époque des événements de décembre 1851. Déjà, il avait rendu des services importants en coopérant à l'arrestation de Don Carlos, qu'il fut chargé d'accompagner à Paris, pour le remettre au ministre de l'Intérieur.

« Dans le département de Vaucluse, il s'est fait remarquer par sa brillante conduite, pendant les inondations du Rhône en 1856.

« Dans le Gard, enfin, il dirige avec distinction l'arrondissement du Vigan, et y a obtenu une autorité qui a beaucoup facilité les élections législatives de 1863 et 1864. À l'occasion des dernières principalement, il a montré un tact et un zèle intelligents qui ont singulièrement aidé au succès de la candidature de M. E. André, fils, qui, dans le principe, inspirait certaines répugnances.

« Enfin, c'est un homme très bien élevé et appartenant à une excellente famille de noblesse du département du Tarn ; il est assez favorisé des dons de la fortune, et l'on peut être certain qu'il respectera toujours la croix qui brillera sur sa poitrine. »

Le nouveau préfet du Gard, Stanislas Boffinton, conclut sa fiche de renseignements de la façon suivante :

« M. de Carrière est un fonctionnaire très dévoué qui fait tout ce qu'il peut pour rendre de vrais services ; il est très aimé dans son arrondissement, et je le considère comme un collaborateur excellent. Sa résidence n'est pas agréable, il y a longtemps qu'il appartient à l'administration et il trouve que sa carrière est si lente qu'il ne serait pas éloigné d'y renoncer. »

Sa nomination à Thonon, en Haute-Savoie, abrège l'impatience du sous-préfet. Il ne se distingue pas, là-bas, dans une sale affaire, d'où il sortira couvert d'opprobre et de confusion. Dans le courant de l'année 1869, au mois d'avril, les salons de la préfecture bruissent de propos peu glorieux pour leur auteur, alors pas encore identifié. Il est question d'une lettre anonyme, de calomnies, de guet-apens, etc. : le Consul général de France à Genève, Martial Chevalier, accuse M. de Carrière d'être l'auteur de cette lettre non signée qu'il lui a été adressée et dont voici les termes mot à mot :

« Je reviens d'une course à Thonon, Évian, &c. Ma foi, on y fait peu de cas de vous.

« Vous y êtes en petite estime ; comme ici on y dit que vous n'êtes qu'un petit crapaud, plein d'une morgue injustifiable, qu'un petit mouchard qu'on feint de tolérer pour complaire à vos maîtres, mais qu'on fera foutre à la porte à la première trinée [?], (sans parler de la raclée que les Français à Genève vous préparent pour certaine époque). Il y aura chorus, car vous vous faites également détester des Genevois et Michel [le ministre des Affaires étrangères ?] ne pourra pas alors vous protéger. Les intrigants, petits parvenus, seront remis à leur place.

« Votre vrai nom est merde, celui de l'écrivain est tout le monde. »

L'affaire fit grand bruit jusqu'à Paris dans les ministères. Il y aura une enquête, une expertise graphologique, des foules de témoignages à charge et à décharge. Résultat : Léon de Carrière est mis en non-activité le 15 juillet 1869. En dépit d'une pétition des conseillers généraux et des maires du canton de Thonon, le fonctionnaire ne sera jamais réintégré.

Référence : Archives nationales, F/1bI/157/8.

Louis Achille Girard de Charbonnière, vicomte DU ROZET
(29 janvier 1832 - ?), successivement :

Attaché au ministère de l'Intérieur
Conseiller de préfecture de Saône-et-Loire à Mâcon, le 15 juillet 1861
Conseiller de préfecture des Côtes-du-Nord à Saint-Brieuc, le 15 juillet 1867 (poste refusé)
Conseiller de préfecture du Calvados à Caen, le 3 juillet 1867 (nouveau refus de poste)
Sous-préfet au Vigan, le 4 septembre 1867. (Refus et démission)

Le 15 mars 1862, le préfet de la Saône-et-Loire envoie le dossier de renseignements, très confidentiels, du jeune vicomte au cabinet du ministre, le duc de Persigny :

Fils du défunt M. du Rozet, ancien officier de cavalerie, chevalier de Saint-Louis, membre du Conseil général de la Loire et maire durant de longues années de Pouilly-le-Feurs. Son aïeul maternel était médecin-major de l'Hôtel-Dieu de Lyon. Madame du Rozet, sa mère, seule survivante, habite Paris. Le jeune conseiller est célibataire ; il épousera trois ans plus tard Marguerite Puvis de Chavannes, à Saint-Amour dans le Jura, le 4 juillet 1865. Sa fortune consiste en deux cent mille francs de biens fonciers. Les propriétés sont situées à Pouilly, canton de Feurs, arrondissement de Montbrison (Loire). Santé parfaite ; aucune infirmité à signaler. Il est d'un physique fort agréable, et d'une tenue recherchée, ses manières paraissent à tous très distinguées. Aucune profession antérieure à son arrivée dans le corps préfectoral. Il est catholique. D'origine légitimiste ; n'a jamais eu antérieurement de direction politique bien arrêtée. Son instruction générale est ordinaire ; il n'a pas de connaissances spéciales. Observateur fin et judicieux, il joint à une heureuse perspicacité une grande aménité de forme et de langage qui attire. Malgré une regrettable défiance de lui-même, il s'exprime avec netteté et facilité. Il juge froidement et apprécie sainement les hommes et les choses. Il comprend bien et sait appliquer la politique du Gouvernement. Cette même intelligence se reproduit dans la pratique des affaires administratives. Il est actif ; et sans avoir une sérieuse habitude du travail, il s'acquitte consciencieusement de tous ses devoirs. Il donne au préfet le concours le plus entier et le plus dévoué. Il est très bien posé dans le département et notamment à Mâcon où il y jouit de la meilleure considération. Ses rapports avec les fonctionnaires et les administrés sont excellents. Il recherche la société des hommes bien élevés, fréquente le monde sans préférences ni antipathie. Son caractère est franc et réservé mais affable et conciliant : il a la fermeté qui commande le respect et la bienveillance qui attire et inspire la confiance. Il a peu et même pas assez d'ambition, n'émet aucune prétention à un avancement auquel, du reste, le peu de temps qui s'est écoulé depuis son entrée dans la carrière administrative ne constitue pas un droit. Ses goûts et ses penchants sont ceux d'un homme distingué.

À son arrivée dans le département, M. du Rozet s'est posé en homme sérieux et s'est bientôt concilié l'estime et la considération de tous par son attitude parfaite, la courtoisie de son caractère et la droiture de son esprit. Ses débuts dans l'administration ont permis de constater son aptitude que gênaient, d'abord, une défiance exagérée de lui-même et une très grande modestie. Délégué durant plusieurs semaines pour remplir les fonctions d'un sous-préfet absent pour congé, puis chargé de présider les opérations du tirage au sort pour le recrutement des soldats du chef-lieu de l'arrondissement, il s'est acquitté de ces différentes missions avec un zèle, une intelligence et un tact remarquables. Les qualités dont est doué ce fonctionnaire, son attachement à ses services et son dévouement au Gouvernement de l'empereur permettent d'affirmer, dès à présent, qu'il y a en lui l'étoffe d'un bon, utile et loyal administrateur.

Quatre ans plus tard, le nouveau préfet de la Saône-et-Loire qui communique sa fiche de renseignements au marquis Charles de la Valette, nouveau ministre de l'Intérieur, apporte quelques nuances au portrait déjà esquissé par son prédécesseur :

La vie publique ne lui plaît pas. Il conserve ses fonctions plutôt par raison que par goût. Toutefois il est dévoué à ses devoirs. Son défaut est de s'effacer trop et d'avoir l'air misanthrope… Ses goûts sont simples. Il aime la vie paisible. Il est probable qu'il ne restera pas dans l'administration et qu'il ira se fixer à la campagne. M. du Rozet a toutes les qualités nécessaires pour faire un bon sous-préfet ; mais pour cela, il faudrait qu'il prenne la ferme résolution de suivre la carrière administrative. Peut-être que son mariage influera sur son caractère et que ce conseiller apportera dans l'exercice de ses fonctions, toutes les qualités dont il est doué.

Sur les instances de sa femme qui ne se remet pas de la perte de leur premier enfant, le vicomte du Rozet refuse le poste de Saint-Brieuc qui vient de lui être attribué par le ministre.

Nouvelle nomination à la préfecture du Calvados. Nouveau refus du vicomte qui donne sa démission, le 9 juillet 1867, sans « rechercher les motifs du ministre » :

« Ma dignité personnelle exige le sacrifice de ma position. Je n'hésite pas. Je me retire, mais dans la vie privée, comme au service de son Gouvernement, je reste dévoué à l'Empereur et à sa dynastie. »

Démission refusée et nomination à la sous-préfecture du Vigan où il fait un séjour éclair, juste le temps de renouveler sa démission au ministre de l'Intérieur, cette fois-ci acceptée :

« Un intérêt de famille m'oblige à me retirer, momentanément, des fonctions publiques. J'ose espérer que Votre Excellence, en me donnant un successeur, m'accordera la mise en disponibilité que j'ai l'honneur de lui demander. »

Référence : Archives nationales, F/1Bi/172/20.

Claude, Louis, Joseph Léon THOMAS (né le 6 janvier 1837 - ?)

Conseiller de préfecture à Nancy, Meurthe, en 1861
Conseiller de préfecture à Valence, Drôme, le 4 novembre 1863
Conseiller de préfecture à Avignon, Vaucluse, le 15 juin 1866
Sous-préfet du Vigan, Gard, le 4 décembre 1868
Sous-préfet de Sarrebourg, Meurthe, le 31 janvier 1870
Sous-préfet de Toul, Meurthe-et-Moselle, le 24 janvier 1872
Sous-préfet d'Épernay, Marne, le 23 décembre 1873
Sous-préfet de Thonon, Haute-Savoie, le 23 mai 1876. Refus du poste ; demande de mise en disponibilité le 7 juillet 1876.

Le préfet de la Meurthe en résidence à Nancy adresse au cabinet du ministre de l'Intérieur, le 20 décembre 1861, la fiche de renseignements, très confidentiels, de Léon Thomas dont voici le résumé en quelques points :

La famille de Léon Thomas jouit d'une très grande considération. Son père président du tribunal de Lunéville et chevalier de la Légion d'honneur est un magistrat d'une grande intégrité. Son grand-père paternel était chevalier de la Légion d'honneur et conservateur des hypothèques à Soissons, où il est mort. Il a dû quitter le service militaire à la suite de blessures reçues pendant qu'il était attaché à l'État-major du général Kléber. Le grand-père maternel, receveur des finances à Lunéville, a occupé ses fonctions pendant plus de cinquante ans. Son grand oncle, le baron Mallarmé, après avoir fait partie du parlement de Nancy, est devenu membre du Tribunat, puis préfet de la Vienne sous le Premier Empire ; il était membre de la Légion d'honneur et de plusieurs sociétés savantes. Il a en outre longtemps présidé le Conseil général de la Meurthe. La famille de Léon Thomas habite Lunéville.

Lors de son arrivée à ce premier poste, en 1861, Léon Thomas est célibataire ; il se mariera à Éléonore d'Heilly, « femme très gracieuse et raisonnable », à l'âge de 38 ans ; il n'a pas de fortune personnelle. En revanche en 1872, sa fortune est estimée à six ou sept cent mille francs, mais ses auteurs en possèdent une que l'on évalue généralement à quarante mille francs de rente ; ils pourvoient largement à toutes ses dépenses. Leurs biens sont situés dans le département de la Meurthe ; leur état de maison est à la hauteur de leur fortune et de leur position sociale.

Sans avoir montré une grande application dans ses études, Léon Thomas est néanmoins arrivé à obtenir le diplôme de docteur en droit. Il est intelligent et ne manque pas de jugement.

Son physique est agréable, sa tenue bonne et ses manières convenables. Il est de religion catholique. Ses sentiments politiques n'ont rien que de satisfaisant. Léon Thomas a des relations peu nombreuses, mais bien choisies ; il jouit de la considération publique, mais il a terminé ses études depuis trop peu de temps pour avoir pu acquérir de l'influence. Il n'a aucune préférence ou antipathie pour une classe de la société.

L'intelligence de Léon Thomas est évidente ; il pourra très bien acquérir, dans sa position actuelle, les connaissances administratives nécessaires à un Conseiller de préfecture ; il paraît vouloir se mettre sérieusement au travail.

Son caractère est jugé doux et facile ; il a eu jusqu'ici des goûts un peu dissipés que son âge suffit peut-être à expliquer. Sa santé est bonne ; il ne présente pas d'infirmités.

Le préfet conclut ainsi :

« M. Thomas est très intelligent, et s'il veut se mettre sérieusement au travail, je ne doute pas qu'il ne soit bientôt en situation de rendre d'utiles services à l'Administration. »

Le marquis de Castellane, préfet de la Drôme, le 24 juin 1864, apporte quelques précisions sur son conseiller :

Le père de Léon Thomas sert à son fils une pension de 6 000 francs ; il a 2 000 francs de revenus qui lui sont propres ; plus son traitement, soit en totalité 10 000 francs. Ses sentiments politiques sont ceux d'un homme dévoué à la dynastie napoléonienne. Léon Thomas a reçu une éducation accomplie ; il recherche les occasions de s'instruire de plus en plus dans la jurisprudence et l'administration ; il s'exprime bien, a un jugement sain, dégagé de préventions. Il se montre réservé dans son appréciation des hommes. Sans témoigner d'antipathie à l'égard d'aucune classe de la société, il recherche de préférence les personnes qui se distinguent par leur fortune et leur éducation.

Le conseiller de préfecture Léon Thomas, au « nom d'une mère malade » fait intervenir un ami de la famille qui a des relations au ministère de l'Intérieur ; son père, très informé des vacances de postes dans les départements voisins du sien, intrigue dans les couloirs pour obtenir à son fils une affectation plus près de Lunéville. Résultat : Léon Thomas est nommé à Avignon. On ne peut pas imaginer plus loin. Le choix de ce poste affecte sa mère : il fait empirer le mal dont elle souffre.

Dans la cité des papes, le jeune conseiller loge en hôtel meublé et vit au restaurant. Le préfet de Vaucluse trouve son esprit ordinaire et un peu léger et l'individu peu appliqué à l'étude des affaires.

Léon Thomas, sous-préfet du Vigan n'ayant pas su, suivant son supérieur, gérer les élections législatives de 1869, est l'objet d'un rapport du nouveau préfet, Janvier successeur de Boffinton :

« Avant de quitter le département du Gard, je tiens à exposer à Votre Excellence une situation politique qui est digne de toute son attention.

« Dans l'arrondissement du Vigan, les dernières élections législatives ont donné lieu à des luttes violentes. Elles présentent ce double caractère que le parti démocratique a suivi sa ligne de conduite ordinaire et, qu'en outre, les conservateurs se sont divisés entre le candidat officiel et M. de Chabaud-Latour, candidat indépendant… L'administration a soutenu son candidat avec fermeté, elle s'est défendue ; mais ceux qui l'ont combattue, quels que soient leurs motifs, ne sont pas moins, vis-à-vis de l'administration ou plutôt vis-à-vis des administrateurs présents, des adversaires qui resteront tels. À ce mal, il serait facile, il serait urgent de remédier, Monsieur le Ministre : des hommes nouveaux sont nécessaires…

« C'est pour ce motif, Monsieur le Ministre, que je crois devoir insister… pour que le sous-préfet du Vigan, M. Thomas, reçoive un prompt changement… [il faut] lui accorder un avancement… grandement mérité. Croyez bien qu'en vous parlant ainsi, je ne vois pas seulement ce qui intéresse personnellement M. Thomas, je me préoccupe avant tout de l'intérêt gouvernemental : un nouveau sous-préfet verra se grouper autour de lui tous les dissidents, qui au fond ne sont pas hostiles, qui n'attendent qu'une occasion pour se rapprocher tout en ménageant leur petite vanité… »

Le sous-préfet du Vigan aurait tout à gagner à être déplacé. Dans la préfectorale les fautes sont toujours sanctionnées par une promotion : Léon Thomas sera enfin rapproché de sa famille et nommé sous-préfet à Sarrebourg dans la Meurthe.

Référence : Archives nationales, F/1bI/174/7.

Les collaborateurs de Louis Pasteur

Eugène Maillot (né à Ainvelle, Haute-Saône le 10 mai 1841- mort à Remoulins, Gard, le 28 octobre 1889). Reçu au concours de l'École polytechnique et de L'École normale à Paris, il opte pour cette dernière. En 1865, il entre comme agrégé préparateur, en remplacement d'Émile Duclaux, au laboratoire de Louis Pasteur à l'ENS. Il participe avec Désiré Gernez aux travaux sur la recherche de la maladie des vers à soie dans les environs d'Alès. De 1873 à 1889, il est attaché à la direction de la station séricicole de l'École d'agriculture de Montpellier. À compter de cette affectation, son temps est entièrement consacré à la sériciculture : conférences aux éducateurs de vers à soie, articles de vulgarisation, traductions et édition d'ouvrages de sériciculture, recherche de méthodes nouvelles d'éducation et de grainage des vers à soie. Il représente souvent la France aux différents Congrès séricicoles internationaux.

Désiré Gernez (né à Valenciennes, Nord, le 24 avril 1834 – mort à Paris, le 31 octobre 1910). Après avoir été élève à l'École normale supérieure de Paris, il entre en 1860 comme agrégé préparateur de physique au laboratoire de Louis Pasteur à l'ENS où il reste jusqu'en 1864. Il suit à plusieurs reprises le savant lors de ses missions scientifiques dans le Midi. En 1868, il est choisi pour veiller sur Pasteur qui vient d'être victime d'une attaque cérébrale.

Jules Raulin (né à Mézières, Ardennes, le 6 septembre 1836 – mort à Lyon, le 25 mai 1896). Il entre à l'École normale supérieure de Paris où Pasteur le remarque et en fait son agrégé préparateur de chimie physiologique en 1859 ; il reste auprès du savant jusqu'en 1861, date à laquelle il accepte la chaire de physique au lycée de Brest d'abord, puis de Caen d'où Pasteur le tire pour lui proposer de l'accompagner dans le Midi. Il est son disciple préféré. C'est lui qui met au point avec Pasteur la méthode de grainage cellulaire à l'aide du microscope. À partir de 1876, il s'installe à Lyon comme professeur de chimie appliquée à la faculté des sciences ; il y fonde l'École de chimie industrielle en 1883 et est nommé doyen de la faculté des sciences en 1893. Le Comice agricole d'Alès lui a décerné plusieurs médailles pour ses travaux séricicoles.

Émile Duclaux (né à Aurillac, Cantal, le 20 juin 1840, mort à Paris le 2 mai 1904). C'est sans aucun doute le plus brillant des assistants de Pasteur. Il concourt pour Polytechnique et pour l'École normale supérieure. Reçu aux deux, il choisit d'entrer à l'École normale en 1859 où il est préparateur de chimie physiologique et aussi garçon de laboratoire de Louis Pasteur de 1862 à 1865, faute de crédits pour les deux postes. Puis il suit une carrière universitaire d'abord à Tours, ensuite à Clermont-Ferrand d'où il part pour rejoindre Pasteur dans le Midi. Plus tard, il poursuivra sa carrière universitaire à Lyon, à la Sorbonne et à l'Institut agronomique avant de rejoindre l'Institut Pasteur en qualité de sous-directeur, lors de sa fondation en 1888. À la mort de Pasteur en 1895, il en devient le directeur. C'est là qu'il fonde les *Annales* dont il est à la fois le bailleur de fonds et le rédacteur.

Peter Lackerbauer (1823-1872). Photographe et dessinateur né en Suisse, vint à Paris apprendre le dessin. À dire vrai, ce n'est pas un assistant de Louis Pasteur bien qu'il fit le voyage dans les Cévennes lors de la deuxième mission du savant dans le Midi. Sa fonction à lui est fort simple : photographier et dessiner les préparations microscopiques ou les illustrations que Pasteur à l'intention de placer dans son futur ouvrage qui ne paraîtra qu'en 1870. Cet artiste photographe est signalé, avec un peu de mépris, comme « un amateur doué », surtout pour la microphotographie. Pasteur en fit son « complice » à partir de 1865. De ses illustrations reproduites dans le premier volume des *Études sur la maladie des vers à soie,* nous retiendrons plus particulièrement la photographie, devenue classique, représentant une vue générale du domaine du Pont-Gisquet et une eau-forte d'après sa photographie montrant la cueillette de la feuille du mûrier telle qu'on la pratique dans les Cévennes : la jeune fille dans l'arbre ne serait autre que la jeune Marie-Louise, dernière fille vivante de Louis Pasteur. Le dessin reproduit sur la couverture, représentant Marie et Louis Pasteur sur la terrasse du Pont-Gisquet en avril-mai 1866, a été exécuté d'après une photographie. Tout porte à penser que cette photographie est de Peter Lackerbauer.

Petit vocabulaire séricicole à l'usage des néophytes

ÂGE. Temps qui s'écoule entre deux mues du ver à soie.

BOIS, BOSQUET, BRUYÈRE. Ces mots désignent les rameaux ou fagots sur lesquels les vers à soie déposent les cocons.

BOMBYX DU MÛRIER. C'est le *bombyx mori* (latin), papillon du ver à soie.

CANISSE. Plateau en osier ou en roseau sur lequel sont placés les vers à soie (on rencontre parfois, mais plus rarement, l'orthographe *canis*). Voir aussi *Claies*.

CHAMBRÉE. C'est le nom donné au lieu, à la pièce où sont élevés les vers à soie.

CHENILLE. C'est le ver à soie proprement dit.

CHRYSALIDE. Après avoir vécu sous forme de chenille, le ver à soie se transforme en chrysalide, sorte d'état léthargique d'où sortira le papillon. Voir *Bombyx*.

CLAIES. Plateau d'osier ou de roseau sur lequel sont déposés et nourris les vers jusqu'à leur dernière mue. Voir *Canisse*.

DÉCOCONNER. Opération qui consiste à tirer les cocons des branches de bruyère.

DÉLITER. Opération qui consiste à enlever la litière souillée qui s'accumule sur ou sous les claies (excréments, vers morts, déchets des feuilles de mûrier).

ÉDUCATION. L'éducation est l'art que pratiquent ceux qui ont en charge le soin des vers à soie. En aucun cas, on ne dit *élevage*. Voir aussi *Magnan* et note n°49 en bas de page.

ÉDUCATEUR, ÉDUCATRICE, Nom donné à celui et à celle qui s'occupent des vers à soie depuis leur naissance jusqu'à la ponte des papillons. Ils s'occupent aussi du traitement et de la vente des cocons. Voir aussi *Magnanier, Magnanarelle*.

GRAINAGE. Sélection de la graine (œufs) des papillons (bombyx). On ne parle jamais d'œufs.

GRAINAGE CELLULAIRE. Sélection de la graine pour les prochaines éducations suivant la méthode mise au point par Louis Pasteur (à l'aide du microscope).

GRAINE. Nom donné aux œufs de la femelle du papillon. Elle est produite en fin de saison, un peu avant les grandes chaleurs. Elle doit être conservée au frais, jusqu'au début du printemps suivant. On rencontre dans les textes indifféremment le mot au singulier ou au pluriel, sans qu'il soit possible de dire à quelle règle obéit cette orthographe erratique.

MAGNAN. Nom en patois languedocien du ver à soie.

MAGNANIER, MAGNANARELLE. Nom donné à celui et à celle qui éduquent de A à Z les vers à soie. Voir aussi *Éducateur, Éducatrice*.

MAGNANERIE. Bâtiment ou lieu servant à l'éducation des vers à soie.

MALADIES. Le vocabulaire ancien est très riche : Luzette, luisette, clairette, passis, rouge, dragée, vert-court, momie noire, mort-blanc, tripé, perle soyeuse, et bien d'autres encore. La définition de tout ce bric-à-brac poético-folklorique n'a jamais été bien établie. Dans le texte, nous n'avons retenu que les quelques termes employés communément par Armand de Quatrefages et Louis Pasteur :

FLACHERIE. Nom ancien d'une maladie intestinale, épidémique et héréditaire des vers à soie, on l'appelle aussi maladie des morts-flats.

GATTINE. Autre nom de la pébrine.

GRASSERIE ou MORT-GRAS ou VACHES. Maladie contagieuse des vers attribuée à l'humidité et à la fermentation des litières ; elle arrive à la troisième mue. L'insecte devient luisant, puis mou et raccourci. Le liquide qui suinte du corps du ver infecte ceux sur lesquels il se répand.

MORT-FLAT. Maladie intestinale des vers à soie ou du papillon qui provient d'un état de suffocation entraînant la mort subite de l'insecte. On la connaît aussi sous le nom de flacherie.

MUSCARDINE. Maladie des vers à soie ou du papillon s'annonçant par le changement de la couleur de la peau des vers ; elle est due à une sorte de petit champignon.

PÉBRINE. Maladie qui se manifeste par des points noirs sur le ver. Elle est causée par un protozoaire microscopique qui passe de la chenille à la chrysalide, puis au papillon, lequel le dépose dans ses œufs. Elle tire son nom du mot *pèbre* (mot du patois languedocien qui veut dire poivre). C'est le naturaliste Quatrefages de Bréau qui baptisa ainsi cette infection dans son rapport de 1859 (voir note en bas de page n°110) ; Pasteur, à la suite de bien d'autres, l'a observée et combattue.

MUE. Transformation, changement de peau des vers à soie qui prennent une teinte cannelle.

ONCE. Unité de poids traditionnelle de la graine qui vaut environ de 20 à 30 grammes ; d'une région à l'autre, l'équivalent en grammes de l'once peut varier. Chaque once donnait naissance à environ cinquante mille vers qui pouvaient produire jusqu'à soixante kilogrammes de cocons.

PAPILLON. C'est l'ultime état du ver à soie qui n'a d'autre but que la reproduction. La femelle a un ventre plus gros que celui du mâle. Il ne se nourrit pas ; sa vie est de dix à quinze jours suivant la température ambiante ; le plus souvent, il meurt tout de suite après la ponte.

STIGMATES. Trachées ou organes exhalants et expirants par lesquels l'insecte respire.

Bibliographie

La plupart des ouvrages ou documents cités en notes en bas de page ou dans le corps du texte n'ont pas été repris dans la biographie.

Ouvrages généraux

- *Annales du Sénat et du Corps législatif*... Paris, Moniteur Universel, 1867, t.V, pp. 158 à 178.
- *Comité national de la sériciculture. Manuel-guide d'instruction séricicole scolaire*... Sans lieu, septembre 1947.
- *Mémorial des Fêtes d'Alais. 19, 20 & 21 octobre 1889. Érection de la statue Jean-Baptiste Dumas*... Alais, Imprimerie J. Martin, 1890.
- *Procès-verbaux des séances du Sénat*... Paris, Ch. Lahure, années 1858, 1865 et 1866.
- *Répertoire par ordre de matières des pétitions adressées au Sénat*... Paris, Ch. Lahure, Années 1862 à 1865.
- *Rapport fait au nom de la Sous-Commission chargée par l'Académie d'étudier la Maladie des Vers à soie dans le midi de la France*... Séance du 21 mars 1859.
- *Recherches historiques sur la ville d'Alais. Ouvrage publié sous les auspices de la Municipalité*... Alais, J. Martin, 1860.

ALLOGE (Lucile), *La fabuleuse odyssée des plantes*... Paris, J.C. Lattès, 2003.

BELLOT (E.), *Eugène Masquard, économiste rural* in : *Les hommes du jour à Marseille, Revue biographique*... Marseille, 1892.

BRUYÈRE (chanoine Marcel), *Alès capitale des Cévennes. Vie politique, religieuse, intellectuelle, économique et sociale*... Nîmes, 1948.

DEBY, *Manuel complet du Magnanier, ou l'art d'élever les vers-à-soie et de cultiver le mûrier*... Paris, À la direction de l'Union encyclopédique, 1831.

CHARREL (J.), *Traité des magnaneries*... Paris, Marc-Aurel, 1848.

CHAVANNES de LA GIRAUDIÈRE, *Conseils aux magnaniers*..., Paris, Masson, [1872].

CLAVAIROLLE (Françoise), *Séricicultures en Cévennes : Essai d'anthropologie historique et sociale sur la dynamique des savoirs et de la production*... Paris, 1997 (thèse de doctorat).

CLAVAIROLLE (Françoise), *Le magnan et l'arbre d'or. Regards anthropologiques sur la dynamique des savoirs et de la production. Cévennes 1800-1960*... Paris, Maison des sciences de l'homme, 2003.

DANDOLO (comte), *L'art d'élever les vers à soie*... Lyon, Bohaire, 1830.

DELANGE (Yves), *Jean-Henri Fabre l'homme qui aimait les insectes*... Paris-Genève, Slatkine, 1986 (réimpression de l'édition de 1981).

DELCOURT (Philippe), *Les vérités indésirables... Comment on falsifie l'histoire : le cas Pasteur*... Paris, Archives internationales Claude Bernard, 1989.

DELPRINO (Chevalier Michel), *La nouvelle sériciculture... avec laquelle l'éducation des vers à soie a été changée en agréable passe-temps*... Acquis, Typographie Borghi, 1867.

DUCLAUX (Émile), *Eugène Maillot*... Paris, 1890.

[DUMAS (Jean-Baptiste)], *Inventaire des 31 cartons contenant les papiers de J.-B. Dumas qui n'ont pas été dispersés dans les différents dossiers des Archives de l'Académie des sciences*, cartons n°1, 2, 14 et 25.

GOBIN (A.), *Mûriers & Vers à soie. Production, industrie, commerce de la soie*... Paris, Audot, 1874.

GODÉLIER (Claire), *Pensées, lettres, heures de recueillement*... Évreux, Charles Hérissey, 1904.

HOFFMANN (A.-W.), *Biographie de M. J.-B. Dumas* (traduction de l'anglais de Charles Baye), in : *Le Moniteur scientifique-Quesneville*, Année 1880, pp. 355 à 424.

HOMBRES-FIRMAS (baron L.A. d'), *Recueil de mémoires et d'observations de physique, de météorologie, d'agriculture et d'histoire naturelle*... Nismes, Imprimerie Ballivet et Fabre, 1838.

JEANJEAN (A.), *La maladie des vers à soie. Conseils aux éducateurs*... Montpellier, Gras, 1862.

LACHADENÈDE (Paul de), *Rapport sur l'emploi du microscope pour la fabrication de la graine de vers à soie.* Fait, le 2 avril 1868, à la Commission départementale de sériciculture, [Nîmes, 1868].

LAFFEMAS (Barthélemy de), *La façon de faire et semer la graine de meuriers... gouverner et nourrir les vers à soye au climat de la France*, Nouvelle édition revue sur celle de Pierre Pautonnier, Paris, 1604.

LAMOUSSIÈRE (Christiane) & LAHIRE (Patrick), *Le personnel de l'administration préfectorale, 1800-1926*, Paris, Archives nationales, 1998-2001, 2 vol.

LAURENT, de l'Arbousset (Antoine), *Les Cévennes séricoles, autrefois, aujourd'hui*... Lyon, Le moniteur des soies, 1875.

LEGAY (Jean-Marie) & CHAVANCEY (Gérard), *La phase pastorienne de la sériciculture. La crise de la pébrine et ses conséquences*, in : *Nature Sciences Sociétés. Recherches et débats interdisciplinaires*, 1962, vol. 12, pp. 413-417.

LE CLÈRE (Bernard) & WRIGHT (Vincent), *Les préfets du Second Empire*, A. Collin, 1973.

MASQUARD (Eugène de), *Les maladies du ver à soie... Cause, nature et moyen de les prévenir*... Paris & Nîmes, 1868.

MASQUARD (Eugène de), *Note sur l'état déplorable de la sériciculture en France*, Nîmes, 1877.

MASQUARD (Eugène de), *Le troisième fléau régnant, nouvelle édition, augmentée de quelques renseignements sur les succès anciens et récents des théories de M. Pasteur en vini et sériciculture*, Nîmes, Chez l'auteur, s.d.

[MASQUARD (Eugène de)]. *Biographie*, extraite du *Dictionnaire biographique du Gard*, Noyon, H. Copillet, 1905.

MOZZICONACCI (A.), *Le ver à soie du mûrier*, Paris, Hachette, 1921.

NACHET (Albert), *Instruction sur l'application du microscope dans la production de la graine des vers à soie*… Paris, E. Martinet, 1872.

NACHET (Albert), *Catalogue des microscopes construits par A. Nachet, Années 1854-1910*… Paris, Alain Brieux, 1981.

OUEKAKI-MORIKOUNI, *De l'éducation des vers à soie au Japon*… Saint-Marcelin (Isère), J. Vagnon, 1866.

[PERRIN (Pierre)], *Divers insectes ; pièces de poésie*… Paris, Chez Jean Duval, au Palais, sur les degrez de la grand'Salle, devant la porte de la Salle Dauphine, 1645.

POIRSON (Auguste), *Essai historique sur l'industrie de la soie en France au temps d'Henri IV*… Montpellier, C. Coulet, 1877.

QUATREFAGES (A. de), *Rapport fait au nom de la Sous-Commission chargée par l'Académie d'étudier la maladie des vers à soie dans le midi de la France*…CRAS, séance du 21 mars 1859, t. XLVIII.

QUATREFAGES (A. de), *Études sur la maladie actuelle des vers à soie*… Paris, V. Masson, 1859.

QUATREFAGES (A. de), *Essai sur l'histoire de la sériciculture et sur la maladie actuelle des vers à soie*… Paris, V. Masson, 1860.

QUATREFAGES (A. de), *Sériciculture*. In : *Rapports du jury international de l'Exposition universelle de 1867*… Paris, Paul Dupont, 1867.

RAULIN (Jules), *Mémoire sur les éducations de vers à soie en vue du grainage*, extrait du *Bulletin des séances de la Société centrale d'agriculture de France*, année 1873.

ROCHE (Daniel), *Humeurs vagabondes. De la circulation des hommes et de l'utilité des voyages*… Paris, Fayard, 2003.

ROLAND (Marcel), *Les bois, les champs et les jardins. La grande leçon des petites bêtes… Le ver à soie. Pasteur chez les « magnans »*, Paris, Mercure de France, 1939.

ROUX (J.F.) & GRAVILLON (A. de), *Les vers à soie*… Lyon, 1857.

STAUB (A.M.), *Vie et œuvre d'Émile Duclaux*, in : *Histoire des Pastoriens*, Paris, Institut Pasteur, s.d.

VIGNERTE (Benjamin), *La vie et les travaux d'Olivier de Serres Père de l'Agriculture*… Bagnères [de Bigorre], D.L. Péré, 1868.

YVERT (Benoît), *Dictionnaire des ministres de 1789 à 1989*, Paris, Perrin, 1990.

Ouvrages sur Louis Pasteur

Discours prononcés à l'inauguration du monument élevé à la mémoire de Pasteur à Paris le samedi 16 juillet 1904... Paris, F. Didot, 1904.

Livre d'or de la commémoration nationale du Centenaire de la naissance de Pasteur célébrée du 24 au 31 mai 1923, Paris, Imprimerie nationale, 1928.

BELLOT (Étienne), extrait de la revue *Les hommes du jour*... Marseille, octobre et novembre 1892.

BOURNAND (François), *Un bienfaiteur de l'humanité. Pasteur. Sa vie. Son œuvre*... Paris, Tolra, 1895.

BOUTET (J.-F.), *Pasteur et ses élèves. Histoire abrégée de leurs découvertes et de leurs doctrines*... Paris, Garnier Frères, 1898.

BROUARDEL (Paul), *Louis Pasteur*... Extrait de la *Revue internationale de l'enseignement* ... Paris, A. Colin, 1895.

CHANLAINE (Pierre), *Pasteur et ses découvertes*... Paris, Fernand Nathan, 1966.

CHAPPUIS (C.), Pasteur 1822-1895... Extrait de l'*Annuaire de l'Association des anciens élèves de l'École normale supérieure*, s.d. [vers 1896].

DEBRÉ (Patrice), *Louis Pasteur*... Paris, Flammarion, 1994.

DESCOUR (L.), *Pasteur et son œuvre*... Paris, Delagrave, 1921.

DUCLAUX (Émile), *Pasteur. Histoire d'un esprit*... Sceaux, Imp. Charaire, 1896.

DUCLAUX (Émile), *Inauguration de la statue de Pasteur à Alais le samedi 26 septembre 1896*... Paris, Firmin-Didot, 1896

DUCLAUX (Madame Émile, Mary Robinson), *La vie d'Émile Duclaux*... Laval, L. Barnéoud, 1906.

FABRE (Jean-Henri), *Souvenirs entomologiques (neuvième série). Études sur l'instinct et les mœurs des insectes. Édition définitive illustrée*... Paris, Delagrave, 1923.

GEORGE (André), *Pasteur* ...Paris, Albin Michel, 1958.

GERNEZ (Désiré), *Discours prononcé le 26 septembre 1896 à l'inauguration de la statue de Pasteur à Alais*... extrait des *Annales de l'École normale supérieure*, 3e série, t. XIII, 1896.

GIROU (Jean) & BURUCOA (Christiane), *Causses et Cévennes, Gorges du Tarn*... S.l., Athaud, 1957.

GRANCHER (J.J.), *M. Pasteur et la médecine contemporaine... Conférence faite à la Sorbonne à l'Association des Étudiants le 18 novembre 1893*... Paris, G. Masson, 1894.

LEGROS (docteur G.-V.), *La vie de J.H. Fabre naturaliste*... Paris, Librairie Delagrave, 1936.

LOIR (Adrien), *À l'ombre de Pasteur (souvenirs personnels)*... Paris, Le mouvement sanitaire, s.d.

LOMONT (A.), *Pasteur, sa vie, son œuvre, ses continuateurs*... Paris, Librairie Gedalge, 1923.

NICOLLE (Jacques), *Un maître de l'enquête scientifique Louis Pasteur*... Paris, La Colombe, 1953.

NICOLLE (Jacques), *Pasteur, sa vie, sa méthode, ses découvertes…* Verviers (Belgique), Marabout université, 1969.

PASTEUR (Marie), *Lettres…* BnF, département des manuscrits, NAF 18108.

Papiers Pasteur. Correspondance, lettres de membres de la famille de Louis Pasteur et lettres de divers concernant Pasteur… BnF, département des manuscrits, NAF 18110.

PASTEUR VALLERY-RADOT, *Images de la vie et de l'œuvre de Pasteur…* Paris, Flammarion, 1956.

POIRSON (Auguste), *Essai historique sur l'industrie de la soie en France au temps de Henri IV…* Montpellier, C. Coulet, 1877.

RAMEL (M.F. de), *Pasteur au Pont-Gisquet près d'Alais. Discours prononcé le 24 juin 1923 pour le Centenaire de Pasteur au Domaine du Pont Gisquet…* S.l. (Alès), 1923.

SIMON (Jules), *Figures et croquis…* Paris, Flammarion, s.d.

VALLERY-RADOT (Maurice), *Pasteur, un génie au service de l'homme…* Lausanne, P.M. Favre, 1985.

VALLERY-RADOT (René), *La vie de Pasteur…*Paris, Hachette, 1900.

VALLERY-RADOT (René), *Madame Pasteur…* Besançon, Marion Frères, 1913.

Ouvrages de Louis Pasteur

Lettres sur la sériciculture, Extrait du *Messager agricole*…Montpellier, Imp. De Gras, 1867.

Lettre de M. L. Pasteur à M. H. Marès… Montpellier, Pierre Grollier, 1867.

Note sur la confection de la graine de vers à soie et sur le grainage indigène, à l'occasion d'un rapport de la Commission des soies de Lyon… CRAS, 1869, t. LXIX, séance du 4 octobre.

Études sur la maladie des vers à soie, moyen pratique assuré de la combattre et d'en prévenir le retour… Paris, Gauthier-Villars, 1870, 2 vol.

Rapport adressé à l'Académie sur les résultats des éducations pratiques de vers à soie, effectuées au moyen de graines préparées par les procédés de sélection… CRAS, 1870, t. LXXI, séance du 18 juillet.

Sur les bons effets de la sélection cellulaire dans la préparation de la graine de ver à soie… CRAS, 1869, t. LXVIII, séance du 11 janvier 1869.

Correspondance de Pasteur 1840-1895 réunie et annotée par Pasteur Vallery-Radot… Paris, Flammarion, 1946-1951, 4 vol.

Œuvres de Pasteur, réunies par Pasteur Vallery-Radot… Paris, Masson, 1922- 1939, 7 vol.

Inauguration de la statue de J.-B. Dumas à Alais le lundi 21 octobre 1889. Discours… Paris, Firmin-Didot, 1889.

Carnets de laboratoire… BnF, département des manuscrits, NAF 17953 à 17981.

Index

Index des noms de personnes

Les noms de Louis Pasteur et de Jean-Baptiste Dumas n'ont pas été portés dans cet index car, sujets principaux de cet ouvrage, ils sont à toutes les pages.

ACQUAVIVA (duc d', sériciculteur italien) : 17, 104, 136, 142
ALTEIRAC (adjoint au maire de Méjanne-les-Alès) : 34
ALVERGNIAT (frères, constructeurs d'instruments scientifiques) : 141
ANGLIVIEL (d') : 41
ANDRAL (Gabriel) : 164
ANDRÉ (Alfred, député) : 136, 239
ARNAL fils (graineur) : 44
ARNAVIELLE (Albert, félibre) : 55
AUGUSTE (André, conseiller municipal d'Alès) : 227
AUQUIER (sériciculteur) : 93

BACCIOCHI (princesse) : 179
BADOUIN (attaché ministériel) : 56
BALME (Léonce, journaliste) : 55
BALME (Léopold, architecte) : 59, 194
BARRAL (Jean Augustin, directeur de journal) : 186
BASSI (Carlo) : 72
BAUDET fils et LEVIEIL (constructeurs d'instruments scientifiques) : 141
BÂVILLE (Nicolas de, ou BASVILLE, intendant du Languedoc) : 37, 110
BEAU (docteur, sériciculteur) : 156
BEAUVAIS (Camille, sériciculteur) : 70
BÉCHAMP (Antoine, médecin) : 120, 201, 227
BÉCHARD (Paul, député) : 97
BECQUEREL (Edmond) : 56
BÉHIC (Louis, ministre) : 53, 61, 125
BELLOTTI (Cristoforo, naturaliste italien) : 72, 225
BENOIST (Victor-Louis, baron de, député) : 25
BERNARD (Claude) : 74
BERNHARDT (Sarah) : 189
BERTHELOT (Marcellin) : 145
BERTHEZÈDE (sériciculteur) : 67, 156
BERTRAND : 195
BIMARD (marquis de) : 160, 185-186
BLAQUIER (négociant en vins) : 87
BLAVET (Alcide, félibre) : 197, 209
BOFFINTON (Stanislas, préfet du Gard) : 93-94, 126, 144-147, 149, 151, 153, 159, 233-235, 239
BOFFINTON (madame) : 233-235
BOISSIER (Émile) : 190, 194
BOISSIER (Gaston, littérateur) : 56
BOISSIER DE SAUVAGES (abbé François, médecin et naturaliste) : 36, 193, 210, 229, 231
BONAFOUS (chevalier Antoine de, agronome) : 34
BONAPARTE (Elisa) : 179
BONDANI (naturaliste italien) : 72
BONNARD (Abel, ministre) : 211
BONNIER (Jean, préfet du Gard) : 229
BOSELLI (Priamar, préfet du Gard) : 97
BOSSU (Henri, sous-préfet d'Alès) : 40
BOUCHOT (architecte) : 163
BOURGOGNE (monsieur) : 60
BOURGOGNE Père (fournisseur de préparations microscopiques) : 141
BOUILLAUD (Jean, médecin) : 215

BOURGUET (géomètre) : 67
BOURNAND (François) : 102
BOUSQUIER (Alphonse, sériciculteur) : 46
BOYER (Alexandre, sériciculteur) : 93
BRIAN (Ch., préfet de la Charente-Inf.) : 233-234
BROGLIE (Louis de) : 210
BRONGNIART (Paul, neveu de Jean-Baptiste Dumas) : 56-57
BROUARDEL (Paul, médecin) : 73
BRUNET de LAGRANGE (inspecteur de la sériciculture) : 27
BUFFON (Georges Louis Leclerc, comte de) : 70

CABANEL (Mme, séricicultrice) : 103
CAGNAT (juge de paix) : 113
CAHOURS (Auguste, chimiste) : 145
CAMBIS-D'OMS : 120
CAMILLE (fille de Pasteur) : 87-88
CANTONI (naturaliste italien) : 72, 87, 226
CARCOPINO (Jérôme, ministre) : 210
CARDINAL (famille) : 132, 137
CARLOS (don, infant d'Espagne) : 239
CARRIÈRE (Arnaud et Hugues de, Croisés) : 238
CARRIÈRE (Léon de, sous-préfet) : 238-240
CARRIÈRE (Pierre de) : 238
CASTELLANE-MAJASTRE (marquis Boniface Jules de, préfet) : 238-239, 244
CAZALIS-ALLUT (Louis César, écrivain agronome) : 28
CAZOT (Jules, homme politique) : 196, 210
CÉCILE (fille de Louis Pasteur) : 84-85, 103, 112-113, 130
CERRUTI (L., consul général d'Italie) : 142
CÉSAR (André, conseiller municipal à Alès) : 227
CHABAL (sériciculteur) : 46
CHABAUD-LATOUR (baron Henri de, homme politique) : 245
CHALEIL (Joseph, sériciculteur) : 46
CHAMBERLAND (Charles Édouard, bactériologiste) : 195
CHAMBON (Casimir, sériciculteur et filateur) : 40-41
CHAMPEAUX (de, sous-préfet) : 238
CHANTE (Paul, sériciculteur) : 157
CHAPELAIN (Clodomir de, sous-préfet d'Alès) : 41
CHAPPUIS (Charles, ami d'enfance de Louis Pasteur) : 162
CHARLES-ROUQUETTE (opticien) : 149
CHARLES-ROUX (Jean) : 78
CHARREL (naturaliste) : 67
CHAUVET (conseiller municipal d'Alès) : 227
CHAVANNES de LA GIRAUDIÈRE (inspecteur de la sériciculture) : 155
CHEVALIER (Martial, consul de France à Genève) : 240
CHIAPPE (Angelo, préfet du Gard) : 210
CHIOZZA (chimiste italien) : 179
CHOURAND (avocat) : 124
CICCONE (naturaliste italien) : 72
COMBALUSIER (sériciculteur) : 94, 96, 102
COMBES (Charles) : 120, 122, 227
CORNALIA (Emilio, naturaliste italien) : 67, 71-72, 78, 84, 201
CORRIU (Robert) : 210
CRIVELLI (naturaliste italien) : 72
CROZADE (Claude Joseph, propriétaire) : 219-220

DANDOLO (Vicenzo, scientifique italien) : 70
DARBOUSSE (graineur) : 46, 192
DARBOUX (Gaston, mathématicien) : 56
DAUBRÉE (attaché ministériel) : 56
DAUDET (Alphonse) : 196, 210

DECAISNE (Joseph, botaniste) : 51, 120
DE LA RUE (Warren, scientifique britannique) : 55
DELOCHE (inspecteur d'académie) : 143, 146, 149
DELPRINO (Michel, médecin italien) : 223
DERRIEN (Eugène, médecin) : 197
DESPEYRAC : 45
DESPEYROUX (enseignant) : 19, 149-150
DESTREMX (Léonce, député) : 45, 188-189-190
DUBOIS (Paul, sculpteur) : 90
DUCLAUX (Émile) : 21, 53, 74, 77, 83, 87, 95, 100-102, 106, 113, 121, 131, 135, 162, 169-172, 174, 178, 195-196, 225, 231
DUCLAUX (Mme) : 100, 111, 116
DUCLAUX-MONTEIL (Jules) : 89, 182
DUMAS (Émilien, propriétaire de mines) : 219
DUMAS (général, fils de Jean-Baptiste Dumas) : 221
DURUY (Victor, ministre) : 73-74, 117, 126, 128, 139-140, 166, 178, 217-218, 237
DUSEIGNEUR KLÉBER (filateur) : 125
DUVAL (Jean, libraire-éditeur) : 28

ESCALLE (Pierre, industriel) : 54
ESPÉRANDIEU (maire d'Alès) : 192, 227
ESTRELLA (baron d', ambassadeur) : 56
EUGÉNIE (impératrice) : 91, 121-122, 160, 166, 177
EUZIÈRE (doyen) : 197

FABRE : 45
FABRE (Aglaé, fille de J.-H. Fabre) : 78
FABRE (Alfred, sous-préfet d'Alès) : 46, 229
FABRE (Auguste, député) : 63, 136-137, 235
FABRE (Jean-Henri, entomologiste) : 73, 78-79, 82-83
FACHE (Victor, sériciculteur) : 34
FAYE (Léopold, ministre) : 56, 192
FÉLIX (adjoint au maire d'Alès) : 227
FILIPPI (naturaliste italien) : 72, 225
FLANDREYSY (Jeanne de, femme de lettres) : 78
FLORIAN (Jean-Pierre de, littérateur) : 193, 196, 210, 229, 231
FONTANA (Giovanni, naturaliste italien) : 34, 72
FORCADE de LA ROQUETTE (Adolphe de, ministre) : 17, 136
FORGUES (médecin) : 197
FRANCESCHINI (naturaliste italien) : 72

GAILLARD (instituteur) : 149
GALTIER (graineur) : 44
GARDIE (membre du Conseil général du Gard) : 14, 50, 68
GARIEL (Charles-Marie, médecin) : 56
GARNIER (sériciculteur) : 33
GARNIER (Francis, « pacificateur » de l'Indochine) : 55
GASCOU (conseiller municipal d'Alès) : 227
GASCUAL (Émilie, éducatrice) : 102
GAUDIN (de, sériciculteur) : 155
GAUDIN (Émile, Commissaire du Gouvernement) : 177
GAULTIER DU COUDOULET (marquis, Paul-Michel, érudit local) : 219
GAUTIER (Armand, chimiste) : 189
GÉLY (Paul) : 55
GÉRA : 67
GERNEZ (Désiré) : 50, 94-95, 99-101, 103, 106, 112-114, 126, 130, 134-135, 158, 162, 165, 169-170, 174-175, 178, 231, 246
GERVAIS (notaire et sériciculteur) : 19

GISOLME (Alfred, préfet du Gard) : 106
GISQUET (Jacques, propriétaire) : 219
GISQUET (Philomène, éducatrice) : 103
GODECHOT (doyen) : 197
GODÉLIER (Mme) : 69, 87, 115, 121, 131, 135
GODÉLIER (Charles, médecin) : 121, 130, 164, 167, 172-173, 175, 181
GOIRAND de LABAUME (Alexis, sous-préfet d'Alès) : 10, 150
GONCOURT (Edmond de) : 189
GOURNET (Alfred, sériciculteur) : 46
GOUYON (conseiller municipal d'Alès) : 227
GRANCHER (Jacques Joseph, médecin) : 21, 195, 202
GROS (architecte et sériciculteur) ; 19
GUÉRAULT (avocat et sériciculteur) : 19
GUEIDAN (Émile, préfet du Gard) : 40, 227
GUÉRIN-MÉNEVILLE (Félix Édouard, entomologiste) : 225-226
GUIGUE de CHAMPVANS (Jean, préfet du Gard) : 10
GUISQUET cf. Gisquet

HABERLANDT (naturaliste allemand) : 72
HEILLY (Éléonore d') : 243
HENRI IV : 25, 26, 212
HOMBRES (Maximin d', sériciculteur) : 93
HUGO (Victor) : 79

ISTCHNER (principal du collège d'Alès) : 150

JACQUES (juge de paix) : 123
JANVIER de LA MOTTE (Eugène, préfet du Gard) : 244
JEAN (André) : 51
JEAN-BAPTISTE (fils de Louis Pasteur) : 85, 103, 111, 113, 116, 135, 179, 195
JEANJEAN (Adrien) : 67, 117, 133, 145, 147, 156-157, 167-168, 170, 192, 202
JEANNE (fille de Pasteur) : 86
JEANNE de BOURGOGNE : 30
JOLY (Nicolas, zoologiste) : 70, 122, 226-227
JULIEN (juge de paix, éducateur) : 189
JULIO (Abbé) : 18

KLÉBER (Jean-Baptiste, général) : 243

LACHADENÈDE (Paul de) : 42, 45, 56, 59-60, 93, 144, 148-150, 153, 192
LACKERBAUER (Peter, photographe de Louis Pasteur) : 95, 247
LA FARE-ALAIS (Gustave de, félibre) : 56-57, 192, 210
LA FARELLE (Félix de, député) : 49
LAFFEMAS (Barthélemy) : 26, 30, 212
LA FONTAINE (Jean de, fabuliste) : 231
LAGARDE (Eugène) : 40
LAGET : 46
LAGRENÉE (Louis, artiste peintre) : 189
LALLIER (François) : 140
LANDWERLIN-BAYÈRE : 220
LAMPRE (Marie-Anne) : 220
LAPORTE (magistrat à La Rochelle) : 234
LARREGAY de CIVRIEUX : (sous-préfet d'Alès) : 237
LAURENT (recteur, père de Marie Pasteur) : 95, 123-124, 173, 176, 229
LAURENT (Amélie, mère de Marie Pasteur) : 124, 133
LAURENT DE L'ARBOUSSET (Antoine) : 39, 46, 94, 190, 193, 195, 227
LA VALETTE (Charles de, ministre) : 242

LAVERGNE (Léonce de) : 62
LÉBERT (Hermann, médecin) : 67
LEFEBVRE-DURUFLÉ (Noël) : 97
LÉPINE (Pierre) : 7
LÉVY : 46
LEYDIG (Franz von) : 52
LIMAGNE (instituteur) : 61, 214
LISTER : 208
LOIR (Adrien) : 78, 95, 121, 123-124, 165
LOMÈDE (sériciculteur) : 156
LONGET (François-Achille, médecin) :90
LOUIS XIII : 209
LOUIS XIV : 37

MAESTRI (naturaliste italien) : 72
MAGNAN (Marie, séricicultrice) : 150-151, 220
MAGNAN (Olivier, sériciculteur) : 220
MAILLOT (Émile) : 94, 99, 106, 111, 126, 147, 158, 162, 169-170, 224, 246
MALLARMÉ (baron) : 243
MARÈS (Henri, agronome) : 55, 57, 67, 87, 99, 125, 132, 139, 141
MARIE (femme de Louis Pasteur) : 85-86, 90-91, 95-96, 103, 112-116, 121, 123, 130-132, 135, 147, 158, 165, 167, 170-171, 173-177, 179-180, 220, 247
MARIE-LOUISE (fille de Louis Pasteur, dite Zizi) : 85-86, 103, 112-116, 130, 132-133, 147, 158, 170-171, 195, 247
MARTEL (graineur) : 46
MARTIAL (instituteur) : 19, 149
MARTIN (Isidore, instituteur) : 150
MASQUARD (marquis Eugène de) : 97-99, 152, 165, 182-183, 185, 187, 226
MASSANES (Jean) : 219
MAURIN : 227
McADAM (John) : 111
METCHNIKOFF (Élie, zoologiste) : 195
MEYROT (juge d'instruction) : 19
MICHEL (baron, préfet) : 236
MICHEL (ministre) : 240
MISTRAL (Frédéric) : 16, 29, 56, 114, 197
MONDO (Jacques) : 7
MOLINE (Eugène, éducateur) : 221
MONDOR (Henri, chirurgien et littérateur) : 88
MONTCLUS (Louis François de Vivet de, évêque d'Alès) : 32
MONTEILS : 227
MORICE (Léopold, sculpteur) : 211
MOULIN (sous-préfet à Saintes) : 234
MOZZICONACCI : 204

NACHET (fabricant d'instruments d'optique) : 141, 149, 153-154
NAPOLÉON 1er : 179
NAPOLÉON III : 89-92, 94, 129, 139, 156, 159, 162-166, 176, 200, 223
NAUSICAA : 102
NEWTON (Isaac) : 36
NICOD (Charles, graineur) : 49
NICOLLE (Jacques, biologiste) : 7
NICOLLET (M.B., sériciculteur) : 226
NOËL (Tony, statuaire) : 194
NOURRIGAT (Émile, éducateur) : 16, 47
NYSTEN (Pierre-Humbert, médecin) : 34, 201

OSIMO (Mario) : 72, 78, 201, 226
OURS (sériciculteur et juge de paix) : 93

PAGÈS (Victor, médecin et maire) : 93, 158, 193, 227
PALLIEZ (frère) : 149
PASCAL (Blaise) : 232
PASSERINI (naturaliste italien) : 72
PASTEUR (Marie, épouse de Louis) cf. Marie
PASTEUR (Cécile, fille de) cf. Cécile
PASTEUR (Jean-Baptiste, fils de) cf. Jean-Baptiste
PASTEUR (Jeanne, fille de) cf. Jeanne
PASTEUR (Camille, fille de) cf. Camille

PASTEUR VALLERY-RADOT (Louis, petit-fils de) : 77, 82, 105
PEDRO 1er (empereur du Brésil) : 55-56
PELIGOT (Eugène, chimiste) : 37, 51-52, 120
PELLETAN (J., biologiste) : 154
PERRIER : 46
PERRIER (François, général) : 210-212
PERRIN (Pierre, littérateur) : 25, 28, 34, 104, 107
PERSIGNY (Jean Fialin, duc de, homme politique) : 241
PÉTAIN (Philippe, maréchal et chef d'État)- : 196, 210-211
PÉTINIAUD de CHAMPAGNAC (Gustave, préfet) : 38
PÉCHINEY (A.R., industriel) : 55
PERRIER (général) : 196
PIERREDON (César, éducateur) : 35-36
PIN (conseiller municipal d'Alès) : 227
POLGE (maire de Méjanne-les-Alès) : 34
POLONCEAU (Camille, ingénieur) : 111
PORTALÈS (Casimir, sériciculteur) : 46
POUCHET (Félix, biologiste) : 72
PRIVAS (négociant en vins) : 87
PUECH (Denys, statuaire) : 55
PUVIS de CHAVANNES (Marguerite) : 241

QUATREFAGES de BRÉAU (Armand) : 13, 38, 51-52, 56, 66-67, 70, 78, 83-84, 178, 196, 201, 204, 210-212, 215, 225, 249
QUERBES (père Louis) : 149

RAMEL (Fernand de, maire d'Alès) : 229-230
RAPHAËL (opticien) : 154
RAULIN (Jules) : 73-74, 76-77, 95, 169-170, 174-175, 178, 246
RAYBAUD-LANGE (graineur) : 158
RÉBECCA : 102
REMAUDIÈRE (Georges, médecin) : 206
RENAN (Ernest) : 12
RETS (comte de) : 45
REYNIER (François, droguiste) : 219
RICHELIEU (Armand du Plessis, duc de) : 209
ROBERT (conseiller municipal d'Alès) : 227
ROCHEFORT (Henri, littérateur) : 189
ROLAND (Marcel) : 78, 83, 102, 201
ROLAND (sénéchal) : 30
ROLLAND (Germain, instituteur) : 150
ROSTAND (Jean, biologiste) : 82
ROUMIEUX (Louis, félibre) : 56
ROUSSEAU (Émile, fournisseur de produits chimiques) : 141
ROUSSEL (Ernest, journaliste) : 335
ROUSTAN (Max, maire) : 196, 210
ROUVILLE (M. de) : 57
ROUX (Émile, médecin) : 195, 201, 232
ROUX (Ferdinand) : 19, 45, 59
ROUX (Raymond, statuaire) : 210
ROZET (Louis Girard de Charbonnière, vicomte du, sous-préfet) : 240-242
ROZET (madame du, sa mère) : 241
RUHMKORFF (Henri, fabricant d'instruments scientifiques) : 175

SAINT-VIATEUR (congrégation de) : 149
SAINTE-BEUVE (Charles Augustin) : 88, 140
SAINTE-CLAIRE DEVILLE (Henri, chimiste) : 165-166, 175, 217
SALIMBENI : 164
SALLES (avocat et sériciculteur) : 19
SCHENK (André) : 219
SERRE (Auguste, médecin) : 19, 120
SERRES (Olivier de, agronome) : 18, 21, 25-26, 27, 34, 201
SILHOL (Émile) : 93
SI-LING-CHI (impératrice de Chine) : 178

SIMON (Jules, homme politique) : 200
SOULIER (Mme) : 67
SOUQUIÈRES (Achille, éducateur) : 41
SULLY (Maximilien de Béthune, duc de) : 24, 212

TALABOT (Paulin, ingénieur et industriel) : 64
TARTERON (sériciculteur) : 157
TEISSONNIÈRE (Fernand et Georges, banquiers) : 220
THÉZILLAT (comte Charles, sous-préfet d'Alès) : 86, 129, 160, 236-237
THOMAS (négociant en vins) : 87
THOMAS (Léon, sous-préfet) : 243-245
TISSERAND : 56, 179, 181
TRANCAT (François, pépiniériste) : 24, 26
TRÉCUL (Auguste, botaniste) : 120
TRIBES (avocat et sériciculteur) : 19

VAGO (Constantin, biologiste) : 206
VAILLANT (maréchal Philibert) : 37, 108, 139, 156, 163, 165-166, 179-181
VALLERY-RADOT (René, gendre de Louis Pasteur) : 9, 57, 86, 179, 195
VERBIGIER de SAINT-PAUL (baron Gaston, homme politique) : 235
VERSON (biologiste allemand) : 72
VIALA (Eugène) : 103
VIALA (Jules) : 103
VIALA (Marie, éducatrice) : 103
VICHOT (Mme Gustave) : cf. Virginie
VICTOR-EMMANUEL II : 142
VIGNERTE (Benjamin) : 25
VILLARS (Claude, duc de, maréchal) : 110
VIRGINIE (sœur de Marie Pasteur), 101
VITTADINI (naturaliste italien) : 225
VIVES (professeur) : 197

WALEWSKI (comte Alexandre de, ministre) : 217
WIESNEGG (fabricant de matériel scientifique) : 141
WOLF (Étienne, médecin) : 82
WURTZ (Charles, chimiste) : 145

ZIZI (diminutif de Marie-Louise, fille de Louis Pasteur) cf. Marie-Louise

Index des noms géographiques

La ville d'Alès, le département du Gard, et la région des Cévennes n'ont pas été portés dans cet index car ils sont les principaux sujets de cet ouvrage.

AIGOUAL : 23, 51
AINVELLE (Haute-Saône) : 246
AIX-EN-PROVENCE : 155
AIX (parlement d') : 37
ALEP : 44
ALGÉRIE : 31
ALLEMAGNE : 52, 121, 211, 223
ALPES-MARITIMES : 136
AMÉRIQUE : 65
ANDRINOPLE : 44
ANDUZE : 19, 33, 61, 110, 117, 150, 156, 217
ANGLIVIELS (LES) : 51
ANNONAY : 44, 49
ARBOIS : 86, 102, 113, 189, 195, 197
ARDÈCHE : 26, 36, 44, 49, 60-61, 123, 188, 221
ARDENNES : 246
AUBENAS : 61
AUMESSAS : 46
AURILLAC : 246
AURIOLLES (Ardèche) : 61
AVEYRON : 238
AVIGNON : 23, 26, 51, 77-78, 158, 238, 243-244

BAGNOLS-SUR-CÈZE : 61
BALARUC-LES-BAINS : 175
BARJAC : 34, 61, 150
BASSES-ALPES : 37-38, 158, 178
BASSES-PYRÉNÉES : 233
BEAUCAIRE : 30
BEAULIEU : 61
BEAUSEMBLANT (Drôme) : 212
BESANCON : 162
BESSÈGES : 22, 136, 150
BEYROUTH : 44
BLANNAVES : 61
BOIS DE BOULOGNE : 37
BORDEAUX : 159, 233
BOSQUET (jardin du) : 57, 196
BOURGOGNE : 28
BRÉSIL : 206
BREST : 246
BRIARE (canal de) : 212
BULGARIE : 46

CAEN : 74-76, 169, 178, 240, 246
CALVADOS : 240, 242
CAMBONNET : 67
CANTAL : 246
CARNOULÈS : 156
CAVAILLON : 138
CENDRAS : 61
CHAIMAS : 25
CHAMBÉRY : 103, 112-114
CHAMPAGNE : 28
CHANDOLAS : 61
CHARENTE-INFÉRIEURE : 28, 233
CHÂTEAULIN : 236
CHAUDEBOIS (ruisseau) : 134, 198
CHINE : 17, 40, 64, 125, 206, 225
CLERMONT-FERRAND : 95, 169, 172, 178, 246
COMPIÈGNE : 89-90, 122, 166
CONSTANTINOPLE : 44
CORÉE : 206
CORRÈZE : 236
CORSE : 13
CÔTES-DU-NORD : 240
CRUCIÈRES : 156

DAMAS : 44
DIGNE : 158
DIJON : 95
DÔLE : 196-197

DORDOGNE : 233
DRÔME : 38, 155, 185, 238, 243-244
DURFORT : 46

ÉPERNAY : 243
ERMITAGE (L', lieu dominant Alès) : 219
ESPAGNE : 35, 37, 225
ÉVIAN : 240

FAUGÈRES : 61
FENOUILHÈDE (vallat, 219)
FEUILLANTS (terrasse des) : 26
FINISTÈRE : 236-237
FLORAC : 156
FLORENCE (Italie) : 142
FONTAINEBLEAU : 25
FONTAIRAN (ruisseau) : 219
FRANCHE-COMTÉ : 88, 197

GAILLAC (Tarn) : 238
GANGES : 20, 61, 117, 138, 147, 174
GARDON (le) : 32, 96, 111, 115
GARONNE : 13, 137
GENÈVE : 240
GÉNOLHAC : 61
GIRONDE : 28, 233
GIVRAY (Vienne) : 236
GOBELINS (manufacture des) : 212
GRAND'COMBE (LA) : 22, 33, 64, 93, 136, 150
GROSPIERRES : 61
GYPIÈRES (montée de) : 219

HÉRAULT : 28, 35, 51, 61-62, 75, 145, 189

INDE : 40, 125, 206
ISÈRE : 75, 226
ILLYRIE : 181
ITALIE : 17, 30, 35-37, 46, 71, 97, 121, 125, 179, 202, 223, 225

JALCRESTE : 23
JONZAC (Charente-Maritime) : 233
JAPON : 17, 62, 64-65, 93, 125, 127, 131, 206-207, 217, 225
JOYEUSE : 123
JURA : 102, 241

LANGRES : 236
LANGUEDOC : 30, 54, 109
LARGENTIÈRE : 61
LA ROCHELLE : 234
LASCOURS : 156
LASSALLE : 44, 61
LÉDIGNAN : 61, 110, 150
LILLE : 231
LODÈVE : 189
LOIRE : 13, 241
LOMBARDIE : 142
LORIOL : 26
LOUIS-LE-GRAND (lycée) : 169
LOVES : 44
LOZÈRE : 61, 236-237
LUNEL : 16, 64
LUNÉVILLE : 243-244
LUSSON : 61
LYON : 21, 108, 121, 123-125, 133, 137, 160, 174, 177, 183, 195-196, 241, 246-247

MÂCON : 240-241
MARÉCHALE (promenade de la) : 55, 58, 196
MARNE : 243
MARNE (Haute-) : 236
MARNES-LA-COQUETTE : 190
MARSEILLE : 154
MAURICOTTE (ruisseau) : 219
MÉES (LES) : 158
MÉJANNE-LES-ALAIS : 34, 61
MENDE : 237
MEURTHE : 243
MEURTHE-ET-MOSELLE : 243
MEYRANNES : 61
MÈZE (étang de) : 87
MÉZIÈRES : 246
MILAN : 35, 48, 71-72
MONTAUBAN : 178

MONTBRISON (Loire) : 241
MONTÉMIMAR : 26
MONTPELLIER : 30, 51, 67, 87-88, 125, 145, 162, 178, 196-197, 203, 210, 246

NANCY : 243
NARBONNE : 178
NERS : 110
NICE : 17, 104, 136, 142
NÎMES : 30, 32, 46, 51, 63, 67, 77, 110-111, 144, 146, 149, 159-160, 170, 186, 196, 209, 229, 234-235
NORD (département) : 246
NYONS : 38-39, 238-239

ORANGE : 26, 51, 61, 214
ORLÉANS : 124

PAILLEROLS (château de) : 158
PALAIS DE L'INDUSTRIE : 139
PARIS : 26, 29, 38, 48-49, 55, 62-63, 65, 85-86, 108-109, 111, 113, 115, 117, 120, 126, 137-139, 161, 170, 179, 181, 193, 197, 209, 231, 236, 239-240-241, 246-247
PAYSSAC : 61
PERPIGNAN : 135, 238
PERSE : 40
PHILIPPOPOLI : 44
PIÉMONT : 34-35, 37-38
PLANS (LES) : 61
PLANZOLLES : 61
POMPIGNAN : 20, 195
PONT-DE-MONTVERT (LE) : 61
PONT-GISQUET (domaine du) : 8, 57, 86, 100-103, 110-113, 115, 117, 121, 125, 130, 132, 134-135, 147, 150-151, 158, 164, 167-168, 171-172, 174-175, 177, 197, 201, 219, 230-232, 247
PORTES (mines de) : 61, 237
PORTUGAL : 46
POUILLY-LE-FEURS (Loire) : 241
PRADEL (domaine du) : 24-25
PRAIRIE (LA) : 156
PYRÉNÉES : 37-38, 195
PYRÉNÉES-ORIENTALES : 238-239

QUISSAC : 64, 110

REMOULINS : 246
RHIN : 13
RHÔNE : 13, 137, 239
RIBAUTE : 61
ROCHEBELLE (faubourg de) : 95
ROCHELLE (LA) : 28
RODEZ : 55
ROUSSON : 61
ROUVIÈRE (LA) : 46
ROYAN : 159
ROZIÈRES : 61
RUSSIE : 139, 195, 206

SABLIÈRE : 61
SAINT-ALBAN-SOUS-SAMPZON : 61
SAINT-AMOUR (Jura) : 241
SAINT-ANDRÉ-DE-MAJENCOULES : 156
SAINT-AMBROIX, 14, 33, 61, 110, 117, 150, 217
SAINT-ANDRÉ-DE-VALBORGNE : 52
SAINT-BRIEUC : 240, 242
SAINT-CÉSAIRE : 98, 182
SAINT-CHRISTOL-LES-ALÈS : 61, 206
SAINT-ÉTIENNE-DE-L'OLM : 46
SAINT-ÉTIENNE-VALLÉE-FRANCAISE : 34-36
SAINT-FLORENT : 61
SAINT-GENEST-DE-BAUZON : 61
SAINT-GEORGES-DE-DIDONNE : 159-160
SAINT-GERMAIN-DE-CALBERTE : 61
SAINT-HILAIRE-DE-BRETHMAS : 61, 117, 135, 156
SAINT-HIPPOLYTE-DU-FORT : 20, 32, 46, 66-67, 110, 117, 134, 137,

145, 147, 156, 167-168, 170-172, 174, 178, 193, 202
SAINT-JEAN-DU-GARD, 14, 35, 61, 67, 110, 150, 206
SAINT-JEAN-DU-PIN : 61, 96, 135, 219
SAINT-JULIEN-DE-VALGALGUES : 61
SAINT-MARTIN-DE-LONDRES : 61-62
SAINT-MARTIN-DE-VALGALGUES : 61
SAINT-PAUL-LA-COSTE : 61
SAINT-SÉBASTIEN (place) : 55, 57, 192
SAINT-SÉBASTIEN-D'AIGREFEUILLE : 156
SAINTES : 233-234
SALINDRES : 23, 55, 61-62, 156
SALLES-DU-GARDON (LES) : 150
SAÔNE (Haute-) : 236-237, 246
SAÔNE-ET-LOIRE : 240-242
SARREBOURG (Meurthe) : 243, 245
SAUVE : 110, 117, 151, 156, 219
SAVOIE : 112-113
SAVOIE (Haute-) : 238, 240, 243
SEDAN : 237
SEINE : 13, 115
SELLES (Haute-Saône) : 237
SÉNART : 70
SÉNÉCHAS : 61
SÈTE : 87
SÈVRES : 37
SOMMIÈRES : 30
SORBONNE (la) : 160, 166, 208, 247
SOUSTELLE : 61
STRASBOURG : 197, 231
SUISSE : 247
SUMÈNE : 20, 156-157
SYRIE : 17, 44

TAMARIS : 22, 54
TARASCON : 77, 121, 170
TARN : 238-239
TEMPÉRAS (LE) : 156
TÉRAS (LE) : 55
THONON : 238, 240, 243
TOUL : 243
TOULOUSE : 70, 122, 159, 178, 227, 238
TOURS : 95, 246
TRESCOL : 22
TRIESTE : 179
TÜBINGEN : 52
TUILERIES (jardin des) : 26
TUILERIES (palais des) : 147
TURQUIE : 44, 225

ULM (rue d') : 53, 74, 77, 102, 121, 167, 217
UZÈS : 61, 149

VALENCE (Drôme) : 155, 243
VALENCIENNES : 246
VALLERAUGUE : 40-41, 51-52, 67, 149, 151, 156, 210-211
VALRÉAS : 203
VALS : 221
VANS (LES) : 60-61
VAR : 136
VATICAN (LE) : 31
VAUBAN (fort) : 196
VAUCLUSE : 35, 61, 203, 214, 238-239, 243-244
VERNON : 61
VESINE (Italie) : 223
VÉZÉNOBRES : 61, 150, 156
VIENNE (département) : 236, 243
VIGAN (LE) : 19-20, 41-43, 46, 52, 64, 67, 117, 133-134, 147, 149, 156-157, 217, 229, 238-240, 242-245
VILLA VICENTINA : 179, 181-182
VILLENEUVE-LES-AVIGNON : 24
VIVARAIS (LE) : 26-27, 31, 136

YOKOHAMA : 93

Imprimé en France par
LIGHTNING SOURCE
www.lightningsource.fr

IMPRIM'VERT
Votre imprimeur agit pour l'environnement

Printed in Dunstable, United Kingdom

91222337R00165